计算机信息技术与通信工程

程　刚　张　泽　曹学敏　著

吉林科学技术出版社

图书在版编目（CIP）数据

计算机信息技术与通信工程 / 程刚 , 张泽 , 曹学敏
著 . -- 长春 : 吉林科学技术出版社 , 2024. 6. -- ISBN
978-7-5744-1521-8

Ⅰ . TP3; TN91

中国国家版本馆 CIP 数据核字第 2024YY7497 号

计算机信息技术与通信工程

著	程 刚 张 泽 曹学敏	
出 版 人	宛 霞	
责任编辑	王宁宁	
封面设计	周书意	
制 版	周书意	
幅面尺寸	185mm×260mm	
开 本	16	
字 数	305 千字	
印 张	18	
印 数	1~1500 册	
版 次	2024年6月第1版	
印 次	2024年12月第1次印刷	

出 版	吉林科学技术出版社
发 行	吉林科学技术出版社
地 址	长春市福祉大路5788 号出版大厦A 座
邮 编	130118
发行部电话/传真	0431-81629529 81629530 81629531
	81629532 81629533 81629534
储运部电话	0431-86059116
编辑部电话	0431-81629510
印 刷	三河市嵩川印刷有限公司

书 号	ISBN 978-7-5744-1521-8
定 价	108.00元

前　言

　　在当今快速发展的信息时代，计算机信息技术与通信工程已成为推动社会进步和经济发展的关键力量。计算机信息技术作为信息获取、处理、存储和传递的核心，已经深入我们生活的各个方面，从日常生活的便利到企业运营的效率提升，其影响不容小觑。通信工程作为信息技术的重要组成部分，通过高效的数据传输和通信网络，实现了全球范围内的信息互联互通。这不仅促进了全球化的深入发展，还为跨国合作和文化交流提供了坚实的技术基础。因此，计算机信息技术与通信工程不仅代表了现代科技的发展水平，也是衡量一个国家竞争力的重要标准。它们的发展和应用已成为推动经济增长、提升国家竞争力、增强社会治理能力的关键因素。本书旨在深入探讨这一领域的重要性，分析其在各行各业中的应用，并对其未来的发展趋势进行预测。

　　近年来，计算机信息技术与通信工程技术快速发展，但也出现了一些亟须解决的问题。一方面，随着信息技术的普及和应用的深入，信息安全问题日益突出。如何保护个人隐私和企业机密信息，在确保数据交流的便捷性和高效性的同时，防止信息泄露和网络攻击，成了一个重大挑战。另一方面，随着技术的不断更新，技术融合和创新带来的技能落差也日益显著。如何在快速变化的技术环境中，培养和保持高素质的技术人才队伍，是另一个需要重点关注的问题。此外，随着技术的普及，数字鸿沟问题也日益显著。如何在推进技术发展的同时，实现技术的普惠性，缩小城乡、区域、国家之间的数字鸿沟，是计算机信息技术与通信工程领域面临的重要社会责任。本书在讨论计算机信息技术与通信工程的重要性的同时，也深入探讨了这些问题，并尝试提出解决方案，以期为相关领域的研究和实践提供参考。由于时间和水平的限制，书中可能存在疏漏之处。语言和文化是广阔而复杂的领域，涉及众多因素和细节。因此，我们欢迎广大读者对本书提出批评和指正，以帮助我们改进和完善内容。

目 录

第一章　计算机信息技术基础

第一节　计算机概念与组成

一、计算机的基本概念

(一)计算机的定义

计算机这个名词诞生于 20 世纪 40 年代，当时的世界见证了第一台电子计算装置的问世。计算机最初的开发是为了应对科学计算的需求，因此得名"计算机"（computer），标志着其作为一种自动化计算工具的身份。随着科技的快速发展，计算机的功能领域大幅拓展。如今计算机已经从单纯的计算工具转变为集数据处理、信息存储、智能分析等多功能于一体的复杂系统。

在本质上，计算机是一种能够根据预设的程序，自动且高速地处理和存储数据的系统。它由两大核心部分组成：硬件和软件。硬件部分，即由各种机械、电子器件构成的物理实体，包括运算器、存储器、控制器以及输入和输出设备五个基本组成部分。这些组件共同工作，执行计算机的基本操作。而软件部分，则由程序和相关文档构成，分为系统软件和应用软件两大类。系统软件是指控制和管理计算机硬件的程序，如操作系统；应用软件则是指为解决特定问题而设计的程序，如文字处理软件、图像编辑软件等。

随着技术的进步，计算机的应用领域不断拓宽。它已成为现代社会不可或缺的工具，无论是在科学研究、商业管理、教育教学还是日常生活中，计算机都扮演着至关重要的角色。计算机科学的发展也促进了诸如人工智能、大数据分析等新兴技术的兴起，极大地推动了人类社会的进步。

(二)计算机的分类

计算机技术作为现代科技的核心，已深入我们生活的方方面面。其分类体系多样而复杂，根据不同的标准，可以将计算机分为多种类型。

1.按处理数据的类型分类

计算机按照处理数据的类型，主要分为以下三大类。

①数字计算机：该类计算机主要处理数字数据，即由 0 和 1 的二进制数构成的数据。这类计算机在时间上处理的是离散的数据。即便是非数字数据如字符、声音和图像，只要转化为数字形式，也能被这类计算机处理。大多数我们日常使用的计算机都属于此类。

②模拟计算机：这类计算机处理的是模拟数据，如电流、电压或温度等。这些数据在时间上是连续的。模拟计算机在特定领域如过程控制模拟仿真中有其独特的优势，尽管它们在精确度和通用性上不如数字计算机。

③数字模拟混合计算机：这类计算机结合了数字和模拟技术，兼具上述两类计算机的特点和优势。

2. 按用途分类

根据用途，计算机可分为以下两大类。

①通用计算机：该类计算机具有广泛的应用范围，适用于科学计算、数据处理、过程控制等多种用途。

②专用计算机：该类计算机专为特定应用领域设计，如智能仪表、生产过程控制、军事装备的自动控制等领域。

3. 按规模分类

按照计算机的规模，可分为以下几类。

①巨型计算机：该类计算机具有极高的运算速度和存储容量，主要用于复杂的科学研究和军事计算。例如，我国研制的银河系列计算机及联想深腾 1800 计算机均属于此类。

②大 / 中型计算机：该类计算机的运算速度和存储容量较高，广泛应用于银行、铁路等大型系统的计算机网络。

③小型计算机：该类计算机的运算速度和存储容量略低于大 / 中型计算机，但易于与各种外部设备连接，适用于工业生产过程控制等领域。

④微型计算机：以高度集成的芯片为核心构成，体积小、价格低，功能齐全。常见的个人计算机（PC）就是此类计算机的代表。

（三）计算机的特点

1. 计算速度快

计算机的处理速度是其引人注目的特性之一。处理速度通常以每秒执行的百万条指令（MIPS）作为衡量标准。特别是在巨型机领域，其运算速度可以达到数千 MIPS，这种高速度的计算能力是计算机得以广泛应用的重要原因。

2.存储能力强

现代计算机的存储能力非常强大，家用计算机的存储容量通常可达数百 GB,甚至更高。另外，移动存储设备的广泛应用，不仅为数据的存储与传输带来了极大的便利性，也显著提升了工作与学习的效率。

3.计算精度高

在执行复杂的科学计算时，计算机能够保持高度的计算精确度。这种精度对于处理涉及海量数据的专业任务至关重要，如卫星发射的精确控制和天气预报的准确预测。

4.可靠性高、通用性强

得益于大规模和超大规模集成电路的应用，计算机展现出极高的可靠性。有些大型计算机能够实现数年的连续运行而不出现故障。此外，计算机的通用性也十分显著，同一台设备可以同时处理科学计算、事务管理、数据处理、实时控制和辅助制造等多种任务。

5.可靠的逻辑判断能力

计算机的另一个重要特点是其可靠的逻辑判断能力。基于"程序存储"原理，计算机可以根据之前的运行结果来逻辑地判断下一步的执行方案。这种能力使得计算机在非数值处理领域也有广泛应用，如信息检索和图像识别等领域。

(四) 计算机的应用

计算机技术的发展与应用已经成为当代社会发展的关键驱动力，其影响力遍及人类生活的方方面面，构成了信息化社会的重要基石。以下是计算机在各个领域的主要应用。

1.科学计算

在科学领域，计算机的应用始于数学计算，如数值分析；随后扩展到各种科学技术和工程设计问题，这包括核反应方程式的计算、卫星轨道的确定、材料结构分析以及大型设备的设计等。这些应用对计算机的速度、精度和存储能力均提出了极高的要求。

2.数据处理

数据处理已成为计算机应用的一个主要方向，涉及办公自动化、管理信息系统、专家系统等多个领域。数据处理在各行各业中都占据着核心地位，预计在未来相当长一段时间内，它将继续成为计算机应用的重心。

3.过程控制

在日常生活和工业生产中，过程控制是计算机应用的又一重要领域，尤其在工业制造和医疗行业更为显著。计算机在过程控制中通过模拟/数字转换设备来获取和处理外部数据，然后执行实时控制，这极大地提高了生产自动化水平、劳动生产率和产品质量。

4. 计算机辅助系统

计算机辅助系统的应用范围非常广泛，包括计算机辅助设计、计算机辅助制造、计算机辅助测试、计算机集成制造系统和计算机辅助教学等，这些系统在提高工作效率、优化设计和制造流程等方面发挥着重要作用。

5. 计算机通信

近年来，计算机通信技术迅速发展，尤其是在网络技术领域。多媒体技术的成熟为计算机网络通信带来了新的发展维度。随着全数字网络的广泛应用，计算机通信正步入一个更高速的发展时期。

（五）计算机的主要性能指标

计算机的性能指标是衡量其整体功能和效率的关键因素。以下是一些重要的计算机性能指标及其含义。

1. 主频即时钟频率

计算机的主频，亦称为时钟频率，是指计算机中央处理单元（CPU）在单位时间内产生的脉冲数量。这一指标在很大程度上决定了计算机的处理速度。主频的单位是赫兹（Hz），在现代微型计算机中，主频常常超过 2GHz。

2. 字长

字长是计算机能够同时处理的二进制数据的位数。这一参数直接影响了计算机处理数据的精确性。目前，多数微型计算机的字长是 32 位，而一些高端机型则达到了 64 位。

3. 存储容量

存储容量指的是计算机内存的存储量，并以字节为单位进行度量。随着现代微型计算机的发展，其存储容量已经普遍达到或超过了 1GB。这一存储能力的提升，直接影响着计算机能够处理和存储的数据量。

4. 存取周期

存储器完成一次完整的读写操作所需的时间被称为存取周期。其中，"读"是指将数据从外部传入内存储器的过程，而"写"是指将数据从内部存储器转移到外部存储器的过程。目前微型计算机的存取周期一般在几十纳秒。

除了上述的主要性能指标，还需要考虑计算机的其他方面，如机器的兼容性、系统的可靠性及可维护性等。这些指标共同构成了衡量计算机性能的全面框架，对于用户选择合适的计算机配置和理解其性能潜力具有重要意义。在不断进步的技术领域中，这些性能指标也在不断更新，推动着计算机技术向前发展。

二、计算机系统的组成

计算机系统的核心构成涵盖了计算机硬件和软件两大要素。计算机硬件（hardware），构成了计算机的物理实体。这些部件多由电子元件和机械元件等构成，是可以直观感知的物体。而计算机软件（software），主要指那些组织有序的计算机数据和指令的集合。软件的定义更为广泛，包括计算机程序、操作方法、规范及相关文档，以及计算机运行所需的所有数据。软件的存在，是与硬件相对应的。

(一) 计算机的硬件系统

在深入研究计算机硬件系统之前，需要先了解计算机发展的历程，这一历程跨越多个时期，并且有不同规模和类型计算机所遵循的基本原理。这些原则是由"计算机之父"冯·诺依曼提出的，其核心内容包括四个方面：一是采用二进制表示数据和指令；二是将程序和数据存放在存储器中，以方便计算机执行指令时能够自动完成计算任务；三是指令执行顺序通常按照存储顺序进行，程序分支通过转移指令实现；四是计算机由五大基础部件组成，包括存储器、运算器、控制器、输入设备和输出设备，每部分都承担着基本功能。

冯·诺依曼所提出的这一原理在现代计算机领域中具有极其重要的地位。基于此原理设计的计算机被称为冯·诺依曼机。最初的冯·诺依曼机以运算器为核心，但随着时间的推移，现代的电子数字计算机已转变为以存储器为中心。

在计算机的五大核心组件中，运算器和控制器共同构成了信息处理的关键部分，因此，这两部分合称为中央处理单元（Central Processing Unit，CPU）。在信息处理过程中，存储器、运算器和控制器是计算机硬件的重要组成部分，它们共同构成了计算机的主体，通常被称作主机。而输入设备和输出设备统称为外部设备，统称为"外部设备"或 I/O 设备。这些设备共同完成了信息的输入和输出过程，是与主机互动的重要部分。

1. 存储器

在现代计算机系统中，存储器起着至关重要的作用，它不仅是数据和程序的存储场所，更是整个计算机运行的基础。简言之，存储器是一个巨大的信息仓库，其中包含了众多的存储单元，每个单元能够存放一个数据或指令。这些存储单元各自被赋予了独一无二的编号——存储单元地址，以便信息的精确存取。存储器的容量，即其包含的存储单元总数，是衡量其性能的关键指标。而在结构上，存储器分为主存储器和辅助存储器两种形式。

（1）主存储器

主存储器是计算机的核心部件之一，与运算器和控制器直接相连，共同构成了计算机的主体。主存储器的特点在于其存取速度快，但是容量相对较小。它由多个关键部分组成，包括存储体、存储器地址寄存器（MAR）、存储器数据寄存器（MDR）和读写控制线路。因其与运算器和控制器紧密结合，主存储器也被称为内存。

（2）辅助存储器

与主存储器相比，辅助存储器不直接与运算器和控制器交换信息。它主要作为主存储器的一个补充和支持，存取速度虽慢，但容量却非常大。辅助存储器通常以外部设备的形式存在，独立于计算机主机，因此也被称作外存储器。

2. 运算器

运算器是计算机处理信息的核心部件。它的主要职责是进行各种算术和逻辑运算。运算器的核心是算术逻辑运算单元（ALU）。运算器的性能，特别是其精度和速度，对整个计算机系统的性能有着决定性的影响。

3. 控制器

控制器则是计算机系统的指挥中心。它负责读取和解释指令，同时向计算机的各个部分发送控制信号，以确保指令得以正确执行。一旦一条指令执行完毕，控制器便会自动读取下一条指令，确保程序连续、有序地运行。

4. 输入设备

输入设备使得人们能够将程序和数据输入计算机，而输出设备则负责将计算机处理的结果呈现出来。输入设备有多种形式，如键盘、鼠标、扫描仪等，而输出设备则包括显示器、打印机和绘图仪等。

5. 输出设备

计算机的这些部件通过两种信息流相互联系：数据流和指令流。数据由输入设备输入后存入存储器，在运算过程中由存储器读出并送入运算器处理，处理结果再存入存储器或通过输出设备输出。而所有这些过程都是由控制器执行存储器中的指令来实现的。

这些组件的相互作用，确保了计算机能够高效、准确地完成各项任务。它们不仅是计算机硬件的重要构成部分，更是现代信息技术的基石。了解这些部件的功能和作用，对于理解计算机系统的运作至关重要。

（二）计算机的软件系统

计算机软件作为计算机系统中不可或缺的无形组成部分，其作用和重要性与硬件相当。软件的存在使得计算机能够实现强大的功能和广泛的应用。计算机软件主要包括能够指导计算机工作的程序，这些程序在运行时需要特定的数据，并伴随着相关的文字说明和图表资料。这些资料通常被称为文档，对理解和使用软件至关重要。软件的存在使其他计算机硬件的优越性能得以充分发挥。在软件领域中，主要可以分为两大类：系统软件和应用软件。

1. 系统软件

系统软件是管理和维护计算机资源的基础软件。它不直接服务于特定的应用领域，而是提供计算机运行的基本功能。系统软件的种类繁多，包括操作系统、语言处理程序、数据库管理系统和服务程序等。

(1) 操作系统

作为计算机软件的基石，操作系统扩展了硬件的功能，并为运行其他软件提供了基础。它通过一系列的程序来统筹管理计算机的软硬件资源，优化计算机的工作流程，并协调系统内部以及系统与用户之间的交互。操作系统的主要功能包括存储管理、处理器管理、设备管理、文件管理和作业管理。

(2) 语言处理程序

为了使人们能够利用计算机解决实际问题，需要有一种介于人类语言和计算机指令之间的桥梁——程序设计语言。这些语言分为机器语言、汇编语言和高级语言三种。机器语言是计算机硬件可以直接识别的最底层语言。汇编语言通过助记符号代替机器语言的二进制代码，使得编程更加易于理解。高级语言则更加接近人类的自然语言，易于学习和使用，同时具有良好的通用性和可移植性。

(3) 数据库管理系统

随着计算机在信息处理和管理系统中的广泛应用，对于大量数据的处理和管理变得尤为重要。数据库就是按一定规律组织起来的相关数据集合，而管理这些数据库的软件称为数据库管理系统。这些系统可以高效地处理和检索大量数据和表格，极大地方便了用户的使用。

(4) 服务程序

服务程序是计算机软件系统中的一个重要组成部分，它在提高计算机的使用效率、维护系统稳定性和优化用户体验方面发挥着关键作用。常见的服务程序主要包括编辑程序、诊断程序和排错程序等。

编辑程序是为用户提供文本编辑功能的软件。这类程序不仅能够帮助用户撰写和修改文本内容，而且通常具有格式排版、拼写检查等辅助功能。在软件开发领域，专业的代码编辑器能够提供语法高亮、代码自动完成、错误提示等功能，极大地提高了编程效率。编辑程序的设计旨在使文本处理变得更为便捷和高效，从而帮助用户节省时间，提升工作效率。

诊断程序用于检测计算机硬件和软件的运行状况，帮助用户发现潜在的问题。这类程序能够对计算机的关键组件进行检查，如 CPU、内存、硬盘等，以确保它们工作正常。诊断程序在排查系统故障、预防潜在问题方面起着重要作用，它能够及时提供问题诊断和建议，帮助用户有效地维护和优化计算机系统。

排错程序又称为调试程序，是为了帮助程序员找出和修正程序中的错误而设计的。这类软件能够跟踪程序的执行过程，显示程序的运行状态，并允许程序员逐步执行程序代码，以便准确地定位问题所在。排错程序对于确保软件质量、提高开发效率具有不可替代的作用，它通过提供断点设置、变量监视、执行路径跟踪等功能，使程序调试变得更加直观和高效。

2. 应用软件

相较于系统软件，应用软件更专注于特定的应用领域。不同的应用软件针对不同的用户需求和服务领域，提供了各式各样的功能。这些软件使计算机能够广泛应用于科研、教育、工业、商业和日常生活的各个方面。

（三）硬件与软件的逻辑等价性

现代计算机已不再是单纯的电子设备，而是软件和硬件复杂融合的产物。在这个系统里，软件与硬件之间的边界并不明显，不存在绝对的规则来指定某些任务必须由硬件或软件来完成。这是因为软件能够执行的操作，硬件也同样能够实现；反之亦然。这种现象体现了软件与硬件之间的逻辑等价性。

举例来说，在早期的计算机和一些低端微型机中，由于硬件实现的指令较少，一些如乘法这样的操作需要通过子程序（软件）来实现。但若这些操作由硬件直接执行，其速度会大幅提升。另外，某些原本由硬件直接执行的操作，也可以通过控制器中的微指令编制的微程序来实现，实现了功能从硬件到微程序的转移。此外，许多复杂且常用的程序也可以硬件化，形成所谓的"固件"（firmware），这种固件在功能上类似软件，但在形态上属于硬件。就程序员而言，通常不需要关心一条指令是如何具体实现的。

微程序是硬件与软件结合的一种重要表现形式。自第三代计算机以来，大多数计算机采用了微程序控制方式，以确保系统具有最大的兼容性和灵活性。从外观上看，用微指令编写的微程序与用机器指令编写的系统程序非常相似。微程序深入计算机硬件内部，其目的是实现机器指令的操作，控制信息在计算机各个部件之间的流动。微程序也是基于存储程序的原理，将微程序存放在控制存储器中，因此也是一种借助软件手段实现计算机自动化工作的形式。这充分说明了软件和硬件是互相补充的。

从两个方面可以看出软件和硬件的密切关系。一方面，硬件是软件的物质基础，只有在硬件高度发展的基础上，软件才能得以存在和运行。没有足够的主存储器和辅助存储器，大型软件就无法发挥其作用；而缺乏软件的"裸机"则如同没有灵魂的躯壳。另一方面，软件和硬件相互融合、相互渗透和相互促进的趋势正变得越来越明显。硬件的软化（如微程序）可以增强系统的功能和适应性，软件的硬化则能有效利用硬件成本的不断降低。随着大规模集成电路技术的发展和软件硬化的趋势，软、硬件之间的明确划分变得越来越困难。

第二节　计算机的硬件与软件

一、计算机硬件技术

（一）诊断技术

诊断技术主要用于分析和解决计算机运行中出现的各类故障。其核心在于通过专门的诊断系统来检测和定位问题，确保计算机能够有效、准确地执行各项功能。在这个过程中，数据生成系统发挥着至关重要的作用。它将输入计算机中的数据转化为系统可识别的网络信号，进而对硬件进行全面检测。基于数据的诊断系统，通过分析系统提供的详细报告，能够快速、准确地确定故障点并提出针对性的解决方案，并生成相应的诊断报告。在诊断技术进行中，一般会有一台独立的计算机供诊断机使用，从而可以采取微诊断、远程诊断等多种多样的诊断形式。

（二）存储技术

随着计算机技术的飞速发展，存储技术也在不断进步，以满足不断增长的数据处理需求。目前，存储技术主要包括 NAS（网络附加存储）、SAN（存储区域网络）和 DAS（直连存储）等多种形式，各具特色。例如，NAS 以其卓越的扩展性和较少占用服务器资源而闻名，但其传输速度较慢，可能会影响计算机网络的高性能运行。而 SAN 在速度和扩展性方面均表现出色，但技术复杂度较高，且成本昂贵。至于 DAS，它以操作简单、成本低廉和高性价比著称，但在安全性和扩展性方面存在一定的不足。

（三）加速技术

加速技术的核心目标是提升计算机处理数据的速度，以满足日益增长的高效率需求。近年来，加速技术的研究和发展已成为计算机科学领域的热点。在这个领域内，一种重要的趋势是利用硬件的功能特性来取代传统的软件算法，这不仅提高了处理速度，也成为技术专家的研究焦点。在信息处理方面，硬件技术通过高效的调用程序和数据分析处理功能，大幅提升了计算机的工作效率。为了进一步提升计算机的加速技术，应考虑在计算机内部安装一款专门的软件，以辅助 CPU 进行同步运算，从而提升数据处理能力和整体性能。这些软件可以通过将多项功能集中起来，提高计算机的运行速度和数据处理效率，提供更好的用户体验。

（四）开发技术

在当今计算机科技蓬勃发展的背景下，开发技术的主要方向集中在嵌入式硬件技术平台方面。这些平台通常包括嵌入式控制器、处理器和芯片。控制器可在单片计算机的芯片中形成一个集成体系，实现多种功能，由此不仅降低了成本，还缩小了计算机的整体体积，为微型计算机的发展提供了坚实的基础。此外，数字信号处理器的研发也备受关注。该处理器能够显著提高计算机的处理速度和整体性能。

（五）维护技术

在计算机的日常使用中，不可避免地会遇到各种各样的问题。为了减少这些问题的发生，对易出故障的部件进行定期的保养和维护是必不可少的。这不仅包括对硬件的物理维护，如定期的清洁和除锈；也包括软件层面的维护，如定期更新系统和应用程序，以提高计算机的性能和安全性。同时，用户也应该掌握一些基本的维护知识，以便对计算机的日常小问题进行快速处理。例如，学会如何清理计算机内部的灰尘，如何检查和更新软件，都是提高计算机使用寿命的有效方法。

（六）计算机硬件的制造技术

硬件是计算机系统的基石，没有先进的硬件技术，高效的软件也无法发挥其应有的作用。我国的计算机硬件制造技术经历了飞速的发展，已能够制造包括光驱、声卡、显卡、内存、主板等在内的多种硬件。但是，在某些关键技术领域，如 CPU 制造技术，我国仍有较大的提升空间。目前，我国计算机硬件的核心制造技术主要依赖于微电子技术和光电子技术。这些技术的进步，不仅能够促进计算机硬件的质量和性能的提升，还能够推动整个计算机行业的发展。未来，随着技术的不断进步和创新，我国在计算机硬件制造领域的竞争力将进一步增强。

此外，计算机硬件的制造技术不仅是生产更快、更强大的硬件设备，还包括对生产过程的优化，如提高生产效率、降低成本、减少环境污染等方面。同时，随着新材料、新工艺的发展，未来的计算机硬件可能会呈现出完全不同的形态和功能，如更小型化、更节能，甚至是可穿戴设备。

二、计算机硬件技术的发展

(一) 计算机硬件技术的发展现状

计算机硬件技术自诞生以来，已走过了漫长而又辉煌的道路。当我们回顾这一技术的发展历程时，不难发现它已成为现代科技不可或缺的一部分，不仅深刻地改变了人们的生活方式，还在各行各业中扮演着越来越重要的角色。

我们必须认识到计算机硬件技术的发展现状是多方面的。随着计算机在全球范围内的广泛普及，其操作变得更加简单直观，同时，计算机的发展也呈现出多样化的趋势。在微型处理器方面，从最初的简单结构到现今的高度复杂和强大功能，微型处理器的进步不仅是技术上的飞跃，也是智能化时代的一个重要标志。它的存在不仅保证了计算机功能的实现，还在很大程度上提升了计算机的整体性能。正是由于这种高效强大的处理器，使得计算机能够在众多领域发挥重要作用，如大数据处理、复杂的科学计算等。同时，计算机硬件技术的发展也带来了一系列的挑战。例如，随着技术的不断进步，计算机的更新换代速度加快，这不仅给用户带来了选择的困难，也对环境造成了一定的影响。此外，高性能计算机的能耗问题也日益凸显，这要求技术人员在追求性能的同时，也要考虑到环保和能效问题。此外，随着量子计算机的研究逐渐深入，未来计算机硬件技术可能会迎来革命性的变化。量子计算机以其超强的计算能力和独特的运算方式，预计将在解决某些传统计算机难以解决的问题上展现出巨大的潜力。当然，量子计算机的发展还面临着许多技术和理论上的挑战，但它无疑开启了计算机硬件技术的新篇章。

(二) 计算机硬件技术的发展前景

计算机硬件技术的未来发展，预示着技术革新和突破的新纪元。展望未来，这一领域将向着微型化、高速化、智能化等多方面迅速发展。特别是智能化方面，计算机将展现出更加丰富的感知功能，提供更贴近人类的判断和思考能力，甚至在语言处理方面也将更加高效。

在智能化的浪潮中，除了传统的输入设备，我们将迎来更多直接与人体接触的设备。这些设备不仅提高了人机互动的便捷性，还增强了使用体验，使人们仿佛置身于一个由虚拟与现实交织而成的世界。这种体验的变革，体现了技术不断将虚拟世界转化为现实世界的能力。

计算机硬件技术中的核心——芯片技术，也正经历着前所未有的发展。例如，硅技术及硅芯片在中国的计算机行业中正日益壮大，成为全球研究人员探索新型计算机的重要基础。未来，随着硬件技术的快速发展，我们将见证新型分子计算机、纳米计算机、量子计算机、光子计算机等新兴技术的广泛应用。

（三）计算机硬件技术的发展趋势

1. 变得更加小巧

随着计算机硬件技术的进步，设备变得越来越小，已成为一种发展趋势。这种小型化不仅仅是为了便于携带，它还意味着可能性的拓展。想象一下，如果硬件发展速度更快，我们将能将其放置于口袋、衣物乃至皮肤之下。这一变革得益于生产速度的提升、芯片成本的降低和体积的缩减。例如，纳米技术的应用使得电子产品不仅功能更全面，还更智能。同时，如平板电脑和掌上电脑的数据处理能力正不断进步，这将为我们的生活和工作带来前所未有的便捷。

2. 变得更加个性化

计算机的未来发展不仅限于硬件，还包括芯片和交互软件的创新。在不远的将来，我们可能会见证人与计算机通过语音交流成为常态。目前，计算机通过语音识别理解我们的指令；而未来，计算机可能通过识别"唇语"来理解我们的言语，甚至通过解读用户的动作来捕捉意图和指令。这样的电子大脑计算机预计将在未来几年得到快速发展。此外，个性化的计算机还可能具备更多贴近潮流的功能，如指纹和声音识别，从而更好地保护用户的隐私。

3. 变得更加聪明

在信息技术飞速发展的时代背景下，计算机技术作为科技进步的重要推手，其在智能化、微型化、网络化的道路上不断前行，逐渐展现出更为显著的智能特性。这一转变得益于计算机系统的持续优化和数据处理能力的显著提升，使计算机变得更加灵活和智能。软件的有效管理与硬件性能的卓越提升，共同促进了个人计算机向自主学习和智能化迈进。这些进步仿佛在计算机领域塑造了一种新型的"智能人"。

在这个演变的过程中，尽管面临诸多技术挑战，但这些挑战并没有阻碍研究的步伐，反而催生了更多可能性的探索。未来，随着技术的深入发展，计算机不仅能在个人生活和工作中提供巨大便利，还能逐步学习使用者的习惯，更加精准地掌握用户的需求和意图，从而更主动地提供信息和服务。

4. 计算机发展的措施和目标

在社会变革和科技快速发展的推动下，计算机的核心组成部分——如处理器、内存等硬件设备——经历了从笨重到轻便、从简单到复杂的转变。其中，CPU 技术自推出以来便迅速成为研究的热点，展示了其广阔的发展前景。然而，针对 CPU 的软件开发仍然是其应用的主要限制因素。另外，功耗和传统集成电路技术的局限性也在一定程度上限制了 CPU 性能的提升。因此，开发新型材料、完善计算机的封装结构成为提高计算性能的新方向。而软硬件一体化的高性能发展，成为高性能计算领域推广的关键。

目前，硬件的发展优于软件，因此，大力发展软件产业，充分挖掘和利用硬件的性能潜力，成为当务之急。未来，计算机硬件技术的不断进步和创新，将不仅推动我国，甚至推动全球经济的快速发展，还将为人类的进步贡献新的突破。硬件技术的重要性众所周知，要想更好地利用这些技术，就必须重视硬件技术的发展和研究，从而有效提升计算机的整体性能。

三、计算机软件技术的发展

计算机软件技术发展历程大致可分为三个不同时期：一是软件技术发展早期（20 世纪 50 年代—70 年代）；二是结构化程序和对象技术发展时期（20 世纪 70 年代—90 年代）；三是软件工程技术发展时期（20 世纪 90 年代至今）。

（一）软件技术发展早期

计算机软件技术自诞生以来，经历了多个发展阶段，每个阶段都在技术层面上取得了显著进展，极大地推动了计算机科学的发展。

在 20 世纪 50 年代中期，计算机软件技术处于起步阶段。那时，计算机的应用范围主要局限于科学和工程领域，涉及的主要是数值数据的处理。1956 年，是计算机软件技术发展的重要节点。在那一年，一批优秀的研究人员，为 IBM 的计算机研发出了首个高效的高级编程语言及其翻译程序。这标志着高级编程语言时代的开启，它极大地提高了程序设计和编制的效率。当时，软件领域的一大成就是在有限的技术水平上，成功地解决了两大问题：一是创造了含有高级数据结构和控制结构的高级编程语言；二是发明了将这些高级语言程序自动翻译为机器语言程序的编译技术。

随后的几十年，计算机的应用领域不断扩展。除了科学计算的持续发展外，还涌现出了海量的数据处理和非数值计算的需求。这推动了操作系统的诞生，以更有效地利用系统资源。同时，为了应对大规模数据处理的需求，数据库及其管理系统也相继问世。随着软件规模和复杂度的快速增长，软件研发面临着新的挑战。程序的复杂性增加到一定程度后，难以控制的开发周期、难以保证的正确性以及显著的可靠性问题成为软件领域的主要矛盾。

为了解决这些问题，软件工程和结构化程序设计等方法被提出。这些方法的核心在于系统地管理软件开发过程，以提高软件的质量和开发效率。这一阶段，计算机软件技术进入了新的发展期，它不仅关注程序本身的功能和性能，且更加注重软件开发过程的管理和优化。

(二) 结构化程序和对象技术发展时期

20 世纪 70 年代初期是软件开发领域的一个重要转折点，那时大型软件系统的问世带来了新的挑战和问题。这些庞大的系统研发投入巨大，涉及大量资金和人力资源，然而最终产出的软件却常常质量低下，错误频出，维护和修改困难重重。举个例子。一个大型操作系统的开发可能需要上千名开发者投入一年的时间，但最终的产品却可能隐藏着成百上千的错误，给程序的可靠性带来了巨大的挑战。此外，缺乏有效的程序设计工具也使软件开发陷入了一场僵局。

在这种背景下，结构化程序设计理念应运而生，并催生了一系列结构化语言。这些语言与之前的高级程序语言相比，其控制结构更加清晰，但在数据类型的抽象方面则显得不足。与此同时，面向对象技术的崛起成为这一时期软件技术发展的重要里程碑。"面向对象"这一术语最初是在 20 世纪 80 年代初由 Smalltalk 语言的设计者提出的，并迅速在软件开发界流行起来。面向对象程序设计通过将数据及其相关操作封装在一起，形成了所谓的对象，这些具有相同属性和操作的对象则构成了对象类。这种对象系统由一系列相关的对象类构成，可以更自然地模拟现实世界的结构和行为。

对象技术的两大基本特性是信息封装和继承。通过信息封装，可以在对象数据周围形成一道屏障，外部仅能通过特定的接口访问和操作这些数据，从而在复杂的环境中保证数据操作的安全性和一致性。继承则实现了代码的可重用性和可扩展性，允许在现有代码的基础上进行扩充和定制化，以满足不同的需求。与传统的以过程为中心的软件系统相比，面向对象的软件系统以数据为中心，因为与系统功能相比，数据结构在软件系统中是相对稳定的部分。对象类及其属性和方法的定义在时间上保持稳定，并提供了一定的扩展能力，从而在软件的整个生命周期中大大节省了开发和维护成本。就如同建筑物的地基对于建筑物的寿命至关重要，以数据对象为基础构建的信息系统具有更强的稳定性和可靠性。

到了 20 世纪 80 年代中期，两项重大技术的进步推动了软件的快速发展：一是微机工作站的普及应用，二是高速网络技术的出现。这些技术进步带来的直接后果是，大规模的应用软件可以通过分布在网络各地的计算机协同完成。尽管软件的特殊性和多样性使得大规模软件开发常常困难重重，但面对这些新问题和挑战，软件工程领域也迎来了一个新的发展阶段。

（三）软件工程技术发展时期

自软件工程这一概念诞生之初，随着多年的深入研究和不断地开发实践，人们逐渐领悟到，软件的开发必须遵循工程化的原则和方法进行组织和执行。在软件工程技术的发展早期，尤其是在20世纪80年代软件行业的迅猛增长期间，软件开发方法和工具方面已经取得了显著的进步。作为一个独立的学科领域，软件工程越来越受到业界的关注。然而，大规模网络应用软件的兴起带来了新的挑战，尤其是在合理分配预算、控制开发进度以及保障软件质量等方面，给开发团队提出了更大的挑战。

进入20世纪90年代，随着互联网和WWW技术的飞速发展，软件工程技术迎来了一个新的技术发展阶段。在这一时期，基于组件的软件工程技术逐渐成为主流，这种技术主张使用预制的、功能独立的组件来开发、运行和维护软件系统。此外，软件过程管理成为软件工程中的核心环节，它的有效实施是确保软件开发进度和产品质量的关键。随着网络应用软件规模的不断扩大，软件的体系结构也从简单的两层结构演进到更为复杂的三层或多层结构，以实现应用的基础架构和业务逻辑的分离。这种由各种中间件系统服务构成的软件平台化趋势，为应用软件提供了一个集成化、开放的平台，确保了基础系统架构的可靠性、可扩展性和安全性，同时使得开发人员和用户可以专注于应用软件的业务逻辑实现，而无须过多关注底层技术细节。当应用需求发生变化时，仅需对软件平台上的业务逻辑和相应组件进行调整即可。

这些标志性的发展表明，软件工程技术已经进入了一个新的发展阶段，但这个阶段仍在继续。随着互联网的不断进步，计算机技术与通信技术的结合使得软件技术发展呈现出丰富多彩的局面。软件工程技术的发展也是一个永无止境的过程。

软件技术的演进从早期的基础编程技术开始，现如今已经包括了广泛的领域，如需求描述与形式化规范、分析技术、设计技术、实现技术、文本处理、数据处理、验证测试与确认、安全保密技术、原型开发、文档编制及规范技术、软件重用技术、性能评估、设计自动化、人机交互技术、维护技术、管理技术以及计算机辅助开发技术等。这些技术的发展和应用，共同推动了整个软件工程领域向前发展。

四、当前计算机软件技术的应用

在当今信息化时代，计算机软件已成为计算机系统不可或缺的核心部分，其技术应用的广泛性已深入生活的各个层面。随着科技的不断进步，计算机软件技术的发展也日益显著，其应用领域多种多样，主要表现在以下几个方面。

(一) 网络通信

在全球化和信息化迅速发展的背景下，信息资源的共享和交流变得尤为重要。随着光纤网络的普及，我国网络覆盖面积日益扩大，人们利用计算机软件进行网络通信的频率日渐增多。通过计算机软件技术，可以实现跨地域、跨国界的交流与资源共享，将全球连为一体。例如，网络会议和视频聊天等应用，极大地便利了人们的工作和生活。

(二) 工程项目

相较于过去，现代工程项目在工作质量和完成速度上都有显著的提升，这在很大程度上归功于计算机软件技术的应用。在工程项目中，计算机软件技术的应用极大地提高了工程的精准度和效率。例如，利用工程制图软件能够提升设备的精确配置，而工程管理软件则为项目管理提供了极大的便利。此外，工程造价软件的应用不仅提高了成本评估的准确性，还能有效节约项目成本。总的来说，计算机软件技术在工程项目中对于提升质量、效率以及降低成本方面发挥着至关重要的作用。

(三) 学校教学

计算机软件技术在现代教学中的应用，与传统教育方式相比，实现了显著的飞跃。在传统教育环境下，教师通常在黑板上用粉笔书写课程内容，这种方式不仅耗时耗力，而且很难激发学生的学习兴趣。但是，计算机软件技术改变了这一现状，它不仅可以提高教学效率，还能增加课堂的互动性和趣味性。

例如，教师通过使用 PPT 等 Office 软件代替传统的黑板书写，不仅节省了时间和精力，还让课堂内容更为生动有趣，有效提升了学生的学习兴趣。此外，利用计算机软件进行在线考试和评估，不仅提高了考试阅卷的效率和准确性，还减少了纸张使用，符合环保理念。

(四) 医院医疗

在医疗领域，计算机软件技术的应用也带来了革命性的变化。与传统医疗相比，现代医疗通过计算机软件技术，不仅降低了成本，还大幅度提高了医疗服务的效率和质量。例如，患者可以通过计算机软件进行在线预约挂号，大大节省了在医院排队等候的时间。此外，通过计算机终端查看检查报告，既保护了患者隐私，也提高了医疗服务的效率。在医院管理方面，计算机软件技术的应用同样发挥着重要作用。通过电子病历系统，医生可以更方便地查看患者的病历记录，从而做出更准确的诊断和治疗。同时，医院内部的信息管理系统也通过计算机软件实现，这不仅提高了医院运营的效率，还保障了医疗数据的安全和完整性。

计算机软件技术在网络通信、工程项目、教育教学、医疗服务等领域的广泛应用，充分展现了其在各个领域的重要作用。这些技术的应用不仅提高了人们工作和生活的效率，还极大地提高了人们的生活质量。未来，随着科技的不断发展，计算机软件技术将继续深化其在各个领域的应用，为社会的进步和人们生活的改善做出更大贡献。

第三节　计算机信息技术

一、信息技术的原理与功能

(一) 信息技术的原理

分析众多现象发展的规律，我们发现，无论是科学技术还是位于其核心的计算机科学，其成长过程都能在某种程度上被辩证唯物主义的理念所解析。根据这一哲学思想，可以将人的喜怒哀乐、生活工作中的点点滴滴，以至全人类的文明历程，都看作对世界的理解并根据这一理解进行改造的过程。从计算机科学的发展历史来看，人类需要计算机科学，便是因为它有能力使人类的力量与智慧得到提升，从而在理解世界并对此进行改造的过程中提供帮助。计算机科学的诞生与崛起正是对这一唯物主义理论产生效应的典型例证。在计算机科学的迅猛发展中，其内在原理如下所述。

1. 信息技术发展的根本目的为辅人

计算机科学的主要任务是作为解决问题的工具，激发创新潜力，提高生活质量，并提高工作效率。在人类文明的早期阶段，人们主要依赖体力生存，比如通过手工采集食物来充饥，以及用体力与野兽作斗争。在与荒凉自然环境的斗争中，人类逐渐意识到自身能力的限制。因此，他们开始尝试借助或自制工具，以此增强、补充甚至延长自身身体某些部位的功能，这正是技术最初的起源。在历史的长河中，由于生产力和社会化程度较低，人类的社交空间较为局限，但他们天生的信息处理能力足以满足当时理解和改造世界的需求。因此，尽管人类一直在接触各种信息，但对于开发延伸信息处理能力的工具并没有迫切的需求。然而，随着现代社会的出现，以及生产力和实践活动的不断发展，人类处理的信息量迅速增加，已远远超出人类自然信息处理能力的范围。这促使人类开始研究扩展并增强自身信息处理能力的工具，从而开启了计算机科学发展的重要阶段。人类在信息的采集、传输、存储、展示、检索、处理以及利用信息进行决策、控制、组织和协调等方面取得了显著成就，这推动了全社会进入"信息化"时代。因此，人类处理信息的方式和水平发生了根本性的变化，标志着人类进入了一个全新的信息化时代。

2. 信息技术发展的途径为拟人

信息技术被广泛视为高科技的代表，其深刻影响了现代社会的方方面面。而在这一技术革命中，最关键的原则是确保技术服务于人，而不是迫使人适应技术的发展。这种以人为本的设计理念，不仅促进了技术的快速发展，更重要的是，它加强了技术对人类生活的积极影响。

在人类从自然界解放出来的过程中，科学技术扮演了重要角色。它通过扩展和加强人类身体器官的功能，显著提升了人类对自然的认识和改造能力。从最初的简单工具，如斧头和锄头，到复杂的机械设备，如起重机和机械臂，每一项技术的进步都是对人体功能的一次延伸。这些技术的发展不仅补充了人类身体的局限性，而且激发了人类对新技术的探索和创新。信息技术的发展尤其体现了这一点。随着计算机和网络技术的迅猛发展，人类的信息处理能力得到了前所未有的扩展。计算机不仅改善了信息的存储和处理方式，还极大地提升了信息的传输效率。网络技术的兴起，则进一步扩大了人类的交流范围，突破了时空限制，使得信息的流通和分享成为可能。

但是，技术发展的同时带来了新的挑战。随着信息量的激增，人类面临着信息过载的问题。在这种背景下，信息技术的发展重点逐渐转向了如何更好地适应人类的需求和习惯。人性化的界面设计、智能化的数据处理以及个性化的信息推荐等技术，都是为了让人类更加轻松地管理和使用信息。在科技不断进步的今天，人类对信息技术的期望已经不仅仅停留在提升效率上，更多的是希望技术能够提供更加人性化、个性化的服务。这就要求信息技术能够更好地理解和适应人类的行为和习惯，甚至是情感和心理状态。例如，人工智能和机器学习技术的应用，让计算机不仅能够处理大量数据，还能够从中学习和总结，为人类提供更加智能和个性化的服务。在这一过程中，技术与人类的关系也在不断演变。技术不再是单纯的工具，而是成为人类生活的一部分，与人类共同成长和进步。未来，随着信息技术的深入发展，我们可以期待技术将在更多领域发挥其人性化的作用，不断推动社会的进步和人类的文明。

3. 信息技术发展的前景为人机共生

信息技术与计算机的发展正在塑造一个人机共存的未来。技术，作为人类智慧的结晶，一直在推动社会进步。机器，作为技术的具体体现，其功能和智能正不断增强，甚至在某些领域已超越人类。如今，随着自动化、信息技术、生物技术的迅猛发展，机器正逐渐取代人的体力劳动。但是，这种技术化的生活方式虽减轻了人的负担，却也带来了对技术的过度依赖。在未来，技术的加速发展可能会导致人的物化，人与机器之间的界限变得模糊，人类或许会在物化过程中丧失自身的本质。但需要明确的是，机器终究是机器，其智能和能力源自人类的创造。机器无法独立进行创造性劳动，因此，人与机器之间的关系应当是互补共生的。人类依靠机器拓展生存空间，而机器则依赖人类的智慧来实现发展。在这种共生关系中，人类以其认知和实践能力占据主导地位。

科技，作为自然科学的产物，通常只具备工具理性，并不涵盖人文科学的价值理性。因此，科技的社会效应取决于掌握它的人的价值观。在未来的人机关系中，人类能否保持主导地位，不仅取决于技术本身，更取决于社会价值观念的标准和倾向。

（二）信息技术的功能

信息技术的发展已成为全球经济和社会进步的关键动力。各国纷纷将信息技术发展视为 21 世纪社会和经济进步的战略重心，加速本国信息技术产业的发展，以抢占经济增长的先机。在这个信息化时代，每个人都应深入理解信息技术的多样功能，这是适应现代社会的必要条件。接下来，本文将从信息技术的核心功能角度，探讨其独特的特性。对信息技术的理解可以从多个角度出发。例如，若从信息技术扩展人类感知和认知的角度出发，其核心功能体现在信息的采集、传输、存储和处理等方面。

1. 信息技术具有扩展人类采集信息的功能

信息技术在现代社会中扮演着至关重要的角色，特别是在扩展人类采集信息能力方面的作用不可小觑。在传统的信息获取方式中，人类依赖于基本感官——视觉、听觉、嗅觉、味觉和触觉，以及一些基础工具来获取周边的信息。例如，望远镜让我们看到了遥远的星系，显微镜则揭开了微观世界的神秘面纱。然而，随着信息量的飞速增长，这些传统方法已经远远不能满足人类对信息的需求。当今社会的信息量呈指数级增长，单靠人类的基本感官和简单工具已无法充分捕捉和处理这些信息。

信息技术的进步，尤其是在数据采集、处理和分析领域，为人类开启了全新的信息获取渠道。比如，现代传感器技术能够捕捉到人类感官无法察觉的微弱信号，高效地从自然界和人造环境中收集数据。同时，网络技术的发展也为信息的快速传输和共享提供了强有力的支撑。这些技术的结合，大幅提升了人类对环境的感知能力，使我们能够从更宽广的视角观察世界，获取更加丰富和深入的信息。此外，信息技术还使远程信息的获取变得可能。例如，通过卫星技术，我们可以观察到地球的另一端，甚至是外太空的情况，这在以往是难以想象的。

信息技术在提升信息采集能力方面的另一个显著贡献是其对数据处理和分析能力的增强。随着大数据和人工智能技术的发展，计算机不仅可以存储和处理前所未有的信息量，还可以通过复杂的算法从这些信息中提取出有价值的洞见。这意味着，我们不仅能收集更多的数据，还能更有效地理解和利用这些数据。例如，通过分析大量的气候数据，科学家们能更准确地预测天气和气候变化。

2. 信息技术具有扩展人类传输信息的功能

回顾历史，我们可以看到，信息的传递方式从最初的口头传说、书面文字，发展到如今的电子媒介，经历了翻天覆地的变革。特别是在计算机和互联网技术的推动下，信息传递的界限被极大地拓展。计算机网络尤其是国际互联网的普及，使得信息传递不再受限于地理和时间的界限，人们可以瞬间分享和获取来自世界各地的信息。这种变化不仅加快了信息的流通速度，也增加了信息的可接触性和多样性。例如，通过社交媒体、新闻网站和在线论坛，人们可以迅速接触到各种观点和信息，从而使得社会的信息交流更加广泛和即时。此外，多媒体技术的应用，如视频、音频和图像，还丰富了信息传递的形式，使得信息的表达更加生动和直观。

3. 信息技术具有扩展人类存储信息的功能

在信息量呈指数级增长的今天，传统的信息存储方式，如书籍、档案等，已经无法满足人们日益增长的需求。信息技术特别是计算机技术的发展，提供了更加高效、容量更大的存储解决方案。硬盘、云存储、服务器等技术使得大量信息的存储成为可能，而且这些信息可以迅速被检索和访问。比如，云技术的应用，使得个人和企业可以远程存储数据，不仅提高了存储的灵活性，也大大降低了信息丢失的风险。此外，信息压缩技术的发展也在有效地解决存储空间问题。通过高效的编码和压缩算法，大量信息可以被压缩存储，从而在有限的空间内存储更多的数据。

4. 信息技术具有扩展人类处理信息的功能

在过去，信息的处理主要依靠人工，不仅效率低，而且容易出错。随着计算机技术的发展，这一情况得到了根本改善。计算机不仅能够快速处理大量信息，还能执行复杂的数据分析和处理任务，如数据挖掘、图像识别和自然语言处理等。这大大提高了信息处理的效率和准确性，也为各行各业提供了强大的数据支持。例如，在医疗领域，计算机辅助诊断可以帮助医生分析病情，提高诊断的准确性；在金融领域，大数据分析帮助企业做出更精准的市场预测。此外，人工智能的发展更是推动了信息处理技术的飞跃，使得计算机不仅能处理信息，还能从中学习和适应，为解决更加复杂的问题提供了可能。

（三）信息技术的好处

1. 信息技术增加了行政管理的开放性和透明度

在信息技术迅速发展的今天，行政领域也发生了显著变化。互联网和社交媒体的普及使得信息传播速度和范围前所未有地扩大，这对提高行政管理透明度和开放性起到了重要作用。政府机构和相关人物越来越多地利用在线平台公布政策信息、进行辩论和与民众互动，这使得公众可以更容易、更快捷地获取信息和参与讨论。此外，信息技术的发展还促进了政府数据的开放，公民可以通过网络直接访问政府数据库，监督政府行为。因此，信息技术在提高行政管理透明度和民主化水平方面发挥了积极作用。

2. 信息技术促进了世界经济的发展

信息技术的发展对全球经济产生了深远影响。互联网、大数据、人工智能等技术的应用不仅改变了商业模式，也促进了新产业的兴起。电子商务、在线金融服务等新兴领域的发展极大地推动了全球贸易和投资，打破了地理边界的限制，使得全球经济一体化程度不断提高。此外，信息技术还提高了生产效率和市场透明度，加速了知识和信息的传播，有利于资源的有效配置和创新能力的提升。因此，信息技术是推动全球经济增长和转型的重要动力。

3. 信息技术的发展造就了多元文化并存的状态

信息技术的快速发展使得全球文化交流更加频繁和深入。互联网打破了传统的地域和文化壁垒，人们可以轻松接触和了解不同国家和地区的文化。在线媒体、社交网络等平台成为文化交流和传播的重要渠道，不同文化背景的人们通过这些平台分享自己的文化特色、观点和生活方式，促进了不同文化之间的相互理解和尊重。此外，信息技术还使得个体可以更自由地选择和表达自己的文化身份，推动了全球文化的多样性和包容性发展。

4. 信息技术改善了人们的生活

信息技术对人们的日常生活产生了深远的影响。网络和移动设备的普及使得人们获取信息和沟通交流更为便捷。在线教育、远程工作、数字娱乐等服务的发展极大地丰富了人们的生活方式和学习方式。信息技术还提高了医疗服务，如远程医疗、智能医疗设备等，提高了医疗效率和质量。此外，智能家居、在线支付、数字政务等应用的普及也极大地提高了人们的生活便利性和效率。因此，信息技术的发展为人们提供了更高质量、更便捷的生活体验。

二、信息技术的发展与应用

(一) 计算机信息技术的应用

1.计算机数据库技术在信息管理中的应用

计算机信息技术的应用领域在日新月异的技术变革中不断拓宽，特别是计算机数据库技术，它已成为信息管理的重要工具。此技术的核心优势主要表现在三个方面：一是能迅速高效地处理和收集大规模数据；二是实现数据的有序整理和安全存储；三是便于通过计算机系统对数据进行深入分析和综合处理。在激烈的市场竞争环境中，这种技术的应用正变得日益广泛。在运用计算机数据库技术时，需留意以下三个要点。

(1) 掌握数据库的发展规律

在数据发展的背景下，不同来源和形式的数据在经过有效整合后，常常呈现出一定的规律性。这意味着即使数据多样，也能通过合理的方法找到最适合的排序和组织方式。

(2) 计算机数据库技术具有公用性

有效的数据管理需要在一定程度的开放性基础上实现。在数据库建立之初，通过用户注册信息并设置独立的账户密码，可以保障信息的安全访问和有效管理。

(3) 计算机数据库技术具有孤立性

尽管在许多场合，数据库技术会与其他系统或技术协同工作，但它的核心系统和逻辑结构保持独立，不受外部技术影响。这种孤立性确保了数据库技术在各种环境中的稳定运行和可靠性。

2.计算机网络安全技术的应用

计算机网络安全技术的应用主要有以下几个方面。

(1) 计算机网络的安全认证技术

通过先进的计算机网络系统，为合法注册用户提供安全认证，有效阻止非法用户获取合法用户信息，从而大幅降低了信息被非法利用的风险。

(2) 数据加密技术

通过对系统内重要信息的加密处理，确保未授权用户无法解读，从而保证了敏感和机密信息的安全。

（3）防火墙技术

安装防火墙对于任何网络系统都至关重要，它的主要功能是帮助计算机系统过滤无用和有害的信息，为网络安全提供一道坚实的防线。

（4）入侵检测系统

入侵检测系统的目的在于及时发现并处理系统中的异常活动，有效预防和减少安全风险，确保整个网络系统的稳定和安全。通过这些先进的技术手段，计算机网络的安全性得到了显著增强，为用户提供了更加安全可靠的网络环境。

3.办公自动化中计算机信息处理技术的应用

企业通过建立高效的办公信息系统，不仅促进了内部交流与资源共享，还极大提高了工作效率，从而在激烈的市场竞争中稳固了自己的地位。其中，文字处理技术成为办公自动化的重要组成部分。采用智能化的文字处理技术，如 WPS 和 Word 等软件，企业可以提高文档编辑的质量和速度，打造高效的工作环境。同时，数据处理技术也在不断进步，通过对软件的优化升级和数字表格工具的应用，企业的办公效率和数据库管理系统的工作效率得到了显著提升。

4.通过语音识别技术获取重要家庭信息

随着我国步入老龄化社会，越来越多的年轻人因工作原因无法常伴左右，空巢老人问题日益凸显。这时，计算机信息技术中的语音识别功能就显得尤为重要。通过这项技术，老人可以轻松与外界进行交流，甚至记录下他们想对子女说的话，从而缓解他们的孤独感，并促进家庭成员间的沟通和情感交流。

（二）计算机信息技术的发展方向

1.应用多媒体技术

每个工程项目都有其独特的发展需求，而多媒体技术在处理过程中可能遇到挑战，影响用户操作的连续性。为了减少项目中的问题，结合计算机与新媒体技术进行深度融合与开发显得尤为重要。这样的整合不仅能促进项目的顺利进行，还能提升整体工作效率。

2.应用网络技术

每个发展中的企业都需要建立完善的管理体系。由于各企业的运营状态各不相同，如何及时有效地解决对企业发展有重大影响的问题成为重点。建立和完善信息发展平台，实现内部信息的共享至关重要。此外，企业信息技术部门应该牵头建立网络管理群，这样便于企业高层通过网络数据掌握员工需求和企业运行情况，为企业的持续发展奠定基础。

3. 微型化、智能化

在现代化进程中，随着生活节奏的加快，社会建设功能需要不断完善。特别是在信息传播迅速的时代背景下，计算机信息技术应向智能化和微型化方向发展。这样，人们便能通过各种微型设备随时随地获取所需信息，满足工作和学习中的各种需求，有效提高效率，适应不同的发展需求。

4. 人性化

随着工业革命的深入发展，规范化的生产模式已经成熟，计算机信息技术逐渐成为支持人类生产生活的重要力量。如同手机和电脑的普及一样，智能计算机信息技术也将广受欢迎。未来，其应用将深入各个领域，从航天航空到日常家庭生活，计算机技术无处不在。同时，计算机信息技术将向多元化发展，像普通商品一样，供众多家庭选择，体现了技术的民用化和人性化。

第二章　局域网与广域网技术

第一节　局域网技术

一、局域网的功能和分类

局域网（Local Area Network，LAN），是指在某一区域内由多台计算机互联组成的计算机组。"某一区域"指的是同一办公室、同一建筑物、同一公司或同一学校等，一般是方圆几公里以内。局域网可以实现文件管理、应用软件共享、打印机共享、扫描仪共享、工作组内的日程安排、电子邮件和传真通信服务等功能。局域网是一种受限制的计算机网络，通常由办公室内的两台计算机或一家公司的两台以上的计算机组成。

（一）局域网的功能

LAN 最主要的功能是提供资源共享和相互通信，它可以提供以下几项主要服务。

1. 资源共享

资源共享包括硬件资源共享、软件资源共享及数据库共享。在局域网上各用户可以共享昂贵的硬件资源，如大型外部存储器、绘图仪、激光打印机、图文扫描仪等特殊外设。用户可共享网络上的系统软件和应用软件，避免重复投资及重复劳动。网络技术可使大量分散的数据被迅速集中、分析和处理，分散在网内的计算机用户可以共享网内的大型数据库而不必重复设计这些数据库。

2. 数据传送和电子邮件

数据和文件的传输是网络的重要功能。现代局域网不仅可以传递文件和数据信息，还可以传输声音和图像。局域网内部的站点可以提供电子邮件服务，允许网络用户输入邮件并发送给另一个用户。收件人可以通过"邮箱"服务查看、处理和回复邮件，这不仅节省了纸张，也大大提高了工作效率和便捷性。

3. 提高计算机系统的可靠性

局域网中的计算机可以互为后备，避免了单机系统的无后备时可能出现的故障导致系统瘫痪，大大提高了系统的可靠性，特别在工业过程控制、实时数据处理等应用中尤为重要。

4. 易于分布处理

利用网络技术可实现多台计算机的联网连接，从而构建高性能计算机系统。通过特定的算法将复杂性较高的综合性问题分配给独立的计算机进行处理。在网络环境中，分布式数据库系统得以建立，这将显著提升整个计算机系统的性能表现。

(二) 局域网的分类

局域网有许多不同的分类方法，如按拓扑结构分类、按传输介质分类、按介质访问控制方法分类等。

1. 按拓扑结构分类

局域网根据拓扑结构的不同，可分为总线网、星状网、环状网和树状网。总线网各站点直接接在总线上。总线网可使用两种协议，一种是传统以太网使用的CSMA/CD，这种总线网现在已演变为目前使用最广泛的星状网；另一种是令牌传递总线网，即物理上是总线网而逻辑上是令牌网，这种令牌总线网已成为历史，早已退出市场。近年来由于集线器（hub）的出现和双绞线大量使用于局域网中，星状以太网以及多级星状结构的以太网得到了广泛使用。环状网的典型代表是令牌环网（token ring），又称令牌环。

2. 按传输介质分类

局域网使用的主要传输介质有双绞线、细同轴电缆、光缆等。以连接到用户终端的介质可分为双绞线网、细缆网等。

3. 按介质访问控制方法分类

介质访问控制方法提供传输介质上网络数据传输控制机制。按不同的介质访问控制方式局域网可分为以太网、令牌环网等。

二、局域网的特点

局域网是在较小范围内，将有限的通信设备连接起来的一种计算机网络。其最主要的特点是网络的地理范围和站点 (或计算机) 数目均有限，且为一个单位拥有。除此之外，局域网与广域网相比还有以下特点。

①具有较高的数据传输速率、较低的时延和较小的误码率。

②采用共享广播信道，多个站点连接到一条共享的通信媒体上，其拓扑结构多为总线状、环状和星状等。在局域网中，各站是平等关系而不是主从关系，易于进行广播 (一站发，其他所有站收) 和组播 (一站发，多站收)。

③低层协议较简单。广域网范围广，通信线路长，投资大，面对的问题是如何

充分有效地利用信道和通信设备，并以此来确定网络的拓扑结构和网络协议。在广域网中多采用分布式不规则的网状结构，低层协议比较复杂。局域网因其传输距离短、时延小和成本低等优点而备受青睐。相较于其他网络，局域网的低层协议相对较为简单，能够允许报文头部较大。

④局域网不单独设置网络层。由于局域网的结构简单，网内一般无须中间转接，流量控制和路由选择大为简化，通常不单独设立网络层。因此局域网的体系结构仅相当于 OSI/RM 的最低两层，只是一种通信网络。高层协议尚没有标准，目前由具体的局域网操作系统来实现。

⑤有多种媒体访问控制技术。当前网络采用广播信道，且该信道可通过不同的传输介质进行承载。因此，局域网面对的问题是多源、多目的管理，由此引出多种媒体访问控制技术，如载波监听、多路访问 / 冲突检测（CSMA/CD）技术、令牌环控制技术、令牌总线控制技术和光纤分布式数据接口（FDDI）技术等。

三、局域网的组成及工作模式

局域网的组成包括硬件和软件。网络硬件包括资源硬件和通信硬件。资源硬件包括构成网络主要成分的各种计算机和输入 / 输出设备。利用网络通信硬件将资源硬件设备连接起来，在网络协议的支持下，实现数据通信和资源共享。软件资源包括系统软件和应用软件。不同的需求决定了组建局域网时不同的工作模式。

(一) 局域网的组成

1. 网络硬件

通常组建局域网需要的网络硬件主要是服务器、网络工作站、网络适配器（网络接口卡）、交换机及传输介质等。

（1）服务器

在网络系统中，一些计算机或设备应其他计算机的请求而提供服务，使其他计算机通过它共享系统资源，这样的计算机或设备称为网络服务器。服务器有保存文件、打印文档、协调电子邮件和群件等功能。

服务器大致可以分为四类：设备服务器，主要为其他用户提供共享设备；通信服务器，它是在网络系统中提供数据交换的服务器；管理服务器，主要为用户提供管理方面的服务；数据库服务器，它是为用户提供各种数据服务的服务器。

由于服务器是网络的核心，大多数网络活动都要与其通信。因此，它的速度必须足够快，以便对客户机的请求做出快速响应；而且它要有足够的容量，可以在保存文件的同时为多名用户执行任务。服务器速度的快慢一般取决于网卡和硬盘驱动器。

（2）网络工作站

网络工作站是为本地用户访问本地资源和网络资源，提供服务的配置较低的微机。

工作站分为带盘（磁盘）工作站和无盘工作站两种类型。带盘工作站是带有硬盘（本地盘）的微机，硬盘可称为系统盘。加电启动带盘工作站，与网络中的服务器连接后，盘中存放的文件和数据不能被网上其他工作站共享。通常可将不需要共享的文件和数据存放在工作站的本地盘中，而将那些需要共享的文件夹和数据存放在文件服务器的硬盘中。无盘工作站是不带硬盘的微机，其引导程序存放在网络适配器的 EPROM 中，加电后自动执行，与网络中的服务器连接。这种工作站具备了一定的安全功能，能够有效地遏制计算机病毒通过工作站攻击文件服务器，也能防范用户非法拷贝网络中的重要数据。

（3）网络适配器（网络接口卡）

网络适配器俗称网卡，是构成网络的基本部件。它是一块插件板，插在计算机主板的扩展槽中，通过网卡上的接口与网络的电缆系统连接，从而将服务器、工作站连接到传输介质上并进行电信号的匹配，实现数据传输。

（4）交换机

交换机是在局域网上广为使用的网络设备，交换机对数据包的转发是建立在 MAC（Media Access Control）地址，即物理地址基础之上的。交换机在操作过程当中会不断地收集资料去建立它本身的一个地址表，这个表相当简单，它说明了某个 MAC 地址是在哪个端口上被发现的，所以当交换机收到一个 TCP/IP 数据包时，它便会看一下该数据包的标签部分的目的 MAC 地址，核对一下自己的地址表以确认该从哪个端口把数据包发出去。

（5）传输介质

传输介质也称为通信介质或媒体，在网络中充当数据传输的通道。传输介质决定了局域网的数据传输速率、网络段的最大长度、传输的可靠性及网卡的复杂性。

局域网的传输介质主要是双绞线、同轴电缆和光纤。早期的局域网中使用最多的是同轴电缆。随着技术的发展，双绞线和光纤的应用越来越广泛，尤其是双绞线。目前在局部范围内的中、高速局域网中使用双绞线，在较远范围内的局域网中使用光纤已很普遍。

2. 网络软件

组建局域网的基础是网络硬件，网络的使用和维护要依赖于网络软件。在局域网上使用的网络软件主要是局域网操作系统、网络数据库管理系统和网络应用软件。

（1）局域网操作系统

在局域网硬件提供数据传输能力的基础上，为网络用户管理共享资源、提供网络服务功能的局域网系统软件被定义为局域网操作系统。

局域网操作系统是网络环境下用户与网络资源之间的接口，用以实现对网络的管理和控制。网络操作系统的水平决定着整个网络的水平，以及能否使所有网络用户都能方便、有效地利用计算机网络的功能和资源。

（2）网络数据库管理系统

网络数据库管理系统是一种可以将网上的各种形式的数据组织起来，科学、高效地进行存储、处理、传输和使用的系统软件。可把它看作网上的编程工具。

（3）网络应用软件

软件开发者根据网络用户的需要，用开发工具开发出来各种应用软件。例如，常见的在局域网环境中使用的 Office 办公套件、银台收款软件等。

（二）局域网的工作模式

局域网有以下三种工作模式。

1. 专用服务器结构（Server—Baseb）

在计算机网络中，专用服务器结构（也称为"工作站 / 文件服务器"结构）是一个由若干台微机工作站和一台或多台文件服务器通过通信线路连接而成的结构。在这种结构中，工作站通过通信线路访问服务器的文件，从而实现共享存储设备的目的。文件服务器的主要目的是通过共享磁盘文件来提供服务。

普通服务器对于一般的数据传递来说已经够用了，但是当数据库系统和其他复杂而被不断增加的用户使用的应用系统到来的时候，服务器已经不能承担这样的任务了，因为随着用户的增多，为每个用户服务的程序也增多，每个程序都是独立运行的大文件，给用户感觉极慢，因此产生了客户机 / 服务器模式。

2. 客户机 / 服务器模式（client/server）

客户机 / 服务器（client/server）模式是一种高效的网络架构，其中一台或多台性能强大的计算机作为服务器，负责管理和存取集中式共享数据库。在这种模式下，其他的应用处理任务被分散到网络中的其他微型计算机上，形成一个分布式处理系统。服务器的角色不仅限于文件管理，而是扩展到了更为复杂的数据库管理。因此，在客户机 / 服务器模式中，服务器常被称为数据库服务器。

数据库服务器的主要职责包括数据定义、确保数据存取的安全性、备份与恢复、并发控制以及事务管理。此外，它还执行一系列数据库管理功能，如选择性检索、索引排序等。这种架构的关键优势在于服务器的能力：它可以只将用户所需的特定数据部分(而非整个文件)通过网络传输到客户机,这大大减轻了网络的传输负担。

客户机/服务器结构是数据库技术发展和广泛应用与局域网技术发展相结合的产物。这种模式有效地利用了网络资源,提高了数据处理的效率和安全性,是现代网络环境中一种常见的架构方式。

3. 对等式网络(Peer—to—Peer)

在拓扑结构上与专用 Server 与 C/S 相同。在对等式网络结构中,没有专用服务器。每一个工作站既可以起客户机的作用也可以起服务器的作用。

尽管当前市场上提供的网卡、HUB 和交换机均支持 100Mbps 甚至更高带宽,但如果局域网的配置不合理,即使所使用的设备属于高档型号,网络速度也不会尽如人意。此外,经常出现死机、无法打开小文件或无法连接服务器等问题也时有发生。尤其在一些设备档次参差不齐的网络中,这些问题更加突出。因此,在局域网中进行恰当的配置,可以最大限度地优化网络性能,并充分发挥网络设备和系统的性能。

其实局域网也是由一些设备和系统软件通过一种连接方式组成的,所以局域网的优化包括以下三个方面。

①设备优化:包括传输介质的优化、服务器的优化、HUB 与交换机的优化等。

②软件系统的优化:包括服务器软件的优化和工作站系统的优化。

③布局的优化:包括布线和网络流量的控制。

四、介质访问控制方式

介质访问控制技术是局域网的一项重要技术,主要是解决信道的使用权问题。局域网的介质访问控制包括两方面的内容:一是确定网络中每个节点能够将信息送到传输介质上的特定时刻;二是如何对公用传输介质的访问和利用加以控制。

介质访问控制协议主要分为以下两大类。

一类是争用型访问协议,如 CSMA/CD 协议。CSMA/CD(Carrier Sense Multiple Access with Collision Detection)是一种随机访问技术,用于网络站点访问介质时可能引发冲突现象,从而导致网络传输的失败,进而使站点访问介质的时间存在不确定性。该技术是基于逻辑"开放"和"关闭"信号来实现资源共享和冲突检测的,从而保证网络的有效运行和稳定性。在采用 CSMA/CD 协议的网络中,主要包括以太网等常见的网络类型。

另一类是确定型访问协议,如令牌(Token)访问协议。站点以一种有序的方式访问介质而不会产生任何冲突,并且站点访问介质的时间是可以测算的。采用令牌访问协议的网络有令牌总线网(Token—Bus)、令牌环网(Token—Ring)等。

（一）CSMA/CD

Ethernet 采用的是争用型介质访问控制协议，即 CSMA/CD，它在轻载情况下具有较高的网络传输效率。这种争用协议只适用于逻辑上属于总线拓扑结构的网络。在总线网络中，每个站点都能独立地决定帧的发送，若两个或多个站同时发送帧，就会产生冲突，导致所发送的帧出错。总线争用技术可以分为 CSMA 和 CSMA/CD 两大类。

在数据传输的过程中，首先需要确保媒体上传波的可用性（是否存在传输）。只有当媒体处于空闲状态时，站点才能进行数据传输。否则，该站点将避让一段时间后再作尝试。这种方法就是载波监听多路访问 CSMA 技术。在 CSMA 中，由于没有冲突检测功能，即使冲突已发生，仍然要将已破坏的帧发送完，使总线的利用率降低。

一种 CSMA 的改进方案是使发送站点在传输过程中仍继续监听媒体，以检测是否存在冲突，若存在冲突，则立即停止发送，并通知总线上其他各个站点。这种方案称作载波监听多路访问/冲突检测协议（CSMA/CD）。CSMA/CD 协议类似于电话会议，允许多个设备在通信通道上进行通信。然而，如果每个人都同时发送数据，就会出现数据冲突和错误，导致通信错误。为了避免这种情况发生，CSMA/CD 协议采用了一种称为"听众检测"（listening）的技术，即在数据传输开始前，每个设备先检测通信通道是否空闲，以确定是否有其他设备正在使用它。如果通信通道是空闲的，则设备可以开始传输数据，否则它必须等待一段时间（称为等待时间），直到通信通道被其他设备释放后才能开始传输数据。通过这种方式，CSMA/CD 协议确保了数据传输的可靠性，避免了数据冲突和错误。

数据帧在使用 CSMA/CD 技术的网络上进行传输时，一般按下列四个步骤来进行。

①传输前监听。各工作站不断地监听介质上的载波（"载波"是指电缆上的信号），以确定介质上是否有其他站点在发送信息。如果工作站没有监听到载波，则它假定介质空闲并开始传输。如果介质忙，则继续监听，一直到介质空闲时再发送。

②传输并检测冲突。在发送信息帧的同时，还要继续监听总线。在同段电缆中，多个工作站同时进行传输可能会产生数据冲突。这种冲突是由介质上的信号来识别的。当多个收发器同时进行数据传输时，如果它们的信号强度相等或大于当前正在传输的数据，则可认为存在信号冲突现象。

③如果冲突发生，重传前等待。如果工作站在冲突发生后立即进行重传，则二次传输时也可能会再次发生冲突。因此工作站在重传前必须随机地等待一段时间。

④重传或夭折。若工作站是在繁忙的介质上，即便其数据没有在介质上与其他数据产生冲突，也可能不能进行传输。工作站在它必须夭折传输前最多可以有 16 次的传输。

工作站传输时是双向发送的，在介质上活动的工作站要实现下列四个步骤。

①浏览收到的数据包并且校验是否成为碎片。在 Ethernet 局域网上，介质上的所有工作站将浏览传输中的每一个数据包，并不考虑其地址是不是本地工作站。接收站检查数据包来保证它有合适的长度，而不是由冲突引起的碎片，包长度最小为 64 字节。即当接收的帧长度小于 64 字节时，则认为是不完整的帧而将它丢弃。

②检验目标地址。接收站在判明已不是碎片之后，下一步是校验包的目标地址，看它是否要在本地处理。如果不匹配，则说明不是发送给本站的而将它丢弃掉。

③如果目标是本地工作站，则校验数据包的完整性。在这个步骤中，接收方并没有确信所接收到的数据包是否符合正确的格式。因此需要对帧进行多种校验，看是否数据包太长、是否包含 CRC 校验错、是否有合适的帧定位界，如果帧全都成功地通过了这些校验，则进行最后的长度校验。接收到的帧长必须是 8 位的整数倍，否则将被丢弃掉。

④处理数据包。如果已通过了所有的校验，则认为帧是有效的，其格式正确、长度合法。这时候就可以将有效的帧提交给 LLC 层了。

在 CSMA/CD 网络上，工作站为了处理一个数据包，必须完成以上所有步骤。

(二) 令牌访问控制方法

令牌法（Token Passing）又称为许可证法，用于环形结构局域网的令牌法称为令牌环访问控制法（Token Ring），用于总线形结构局域网的令牌法称为令牌总线访问控制法（Token Bus）。

令牌法是一种基本的信息传递机制，其基本思想在于通过一种独特的标志信息来实现信息从一个节点到另一个节点的传递。这种标志信息被称为令牌，它可以通过单个节点或多位二进制数组成的码等方式来表示。例如，令牌是一个字节的二进制数 "11111111"，设该令牌沿环形网依次向每个节点传递，只有获得令牌的节点才有权发送信包。令牌有 "忙" "空" 两个状态，"11111111" 为空令牌状态。当一个工作站准备发送报文信息时，首先要等待令牌的到来，当检测到一个经过它的令牌为空令牌时，即可以 "帧" 为单位发送信息，并将令牌置为 "忙"（例如，将 00000000 标志附在信息尾部）向下一站发送。下一站用按位转发的方式转发经过本站但又不属于由本站接收的信息。由于环中已无空闲令牌，因此其他希望发送的工作站必须等待。接收过程为：每个节点在处理经过本节点的信号时，通过查找特定的信包目的地址是否与本节点地址匹配来决定是否需要进行信息转发。如果匹配，则该节点会拷贝所有相关信息并继续将其转发至网络环上。在此过程中，帧信息会沿着环路传输一圈，最终回到原始发送源。这种工作方式确保了发送权始终在源节点的控制之下。只有源节点放弃了发送权并将 Token（令牌）设置为空，其他节点才有机会发送自己的信息。

五、无线局域网技术

（一）无线局域网的特点

1. 灵活性和移动性

在有线网络中，网络设备的安放位置受网络位置的限制，而无线局域网在无线信号覆盖区域内的任何一个位置都可以接入网络。无线局域网另一个最大的优点在于其移动性，连接到无线局域网的用户可以移动且能同时与网络保持连接。

2. 安装便捷

无线局域网是一种新兴的网络技术，其独特的优势在于可以免去或最大限度地减少网络布线的工作量。一般情况下，只需要安装一至多个接入点设备，即可建立覆盖整个区域的局域网络。这种技术不仅能够提高工作效率，降低成本，还能够带来更加便捷的网络体验。

3. 易于进行网络规划和调整

有线网络的办公地点或网络拓扑改变往往需要进行重新布线，这是一个耗资巨大、耗时长、费时费力且烦琐的过程。相比之下，无线局域网可以有效地避免或减少这些问题。

4. 故障定位容易

有线网络一旦出现物理故障，尤其是由于线路连接不良而造成的网络中断，往往很难查明，而且检修线路需要付出很大的代价。无线网络则很容易定位故障，只需更换故障设备即可恢复网络连接。

5. 易于扩展

无线局域网是一种配置灵活，可扩展性强，具有许多优点的网络类型。它能够在短时间内从一个小型局域网升级到大型网络，能够支持节点间的漫游特性，这是有线网络无法实现的。由于其优越的性能和广泛的应用场景，无线局域网在过去几年里得到了迅猛的发展。在企业、医院、商店、工厂和学校等场合，无线局域网已经成为一种不可或缺的通信工具。

无线局域网的不足之处：无线局域网在给网络用户带来便捷和实用的同时，也存在一些缺陷。无线局域网的不足之处体现在以下三个方面。

第一，性能。在无线局域网中，无线信号的传输是由无线电波完成的。但是，建筑物、车辆、树木以及其他障碍物都会干扰无线电波的传播，从而影响网络性能。

第二，速率。无线信道的传输速率与有线信道相比要低得多。目前，无线局域网的最大传输速率为 1Gbit/s，只适合于个人终端和小规模网络应用。

第三，安全性。本质上无线电波不要求建立物理的连接通道，无线信号是发散的。从理论上讲，很容易监听到无线电波广播范围内的任何信号，造成通信信息泄露。

(二) 无线局域网的组成

无线局域网通常是作为有线局域网的补充而存在的，单纯的无线局域网比较少见，通常只应用于小型办公室网络中。在无线局域网 WLAN 中，其主要网络结构分为两类，即点对点 Ad-Hoc 结构和基于 AP 的 Infrastructure 结构。

1. 点对点 Ad-Hoc 结构

在无固定基础设施的无线局域网自组网络中，点对点 Ad-Hoc 对等结构被认为是类似有线网络中的多机直接通过网卡互联，并且中间没有集中接入设备，信号是以直接对等方式传输的。

在有线网络中，由于每台设备都需要专门的传输介质，因此多台中可能会有多张网卡安装。而在 WLAN 中，没有物理传输介质，信号不是通过固定的传输作为信道传输的，而是以电磁波的形式发散传播的，所以在 WLAN 中的对等连接模式中，各用户无须安装多块 WLAN 网卡，相比有线网络来说，组网方式要简单许多。

Ad-Hoc 对等结构网络通信中没有一个信号交换设备，网络通信效率较低，所以仅适用于较少数量的计算机无线互联。同时由于这一模式没有中心管理单元，所以这种网络在可管理性和扩展性方面受到一定的限制，连接性能不是很好。而且各无线节点之间只能单点通信，不能实现交换连接，就像有线网络中的对等网一样。这种无线网络模式通常只适用于临时的无线应用环境，如小型会议室、SCH 家庭无线网络等。

移动自组网络的应用前景：在军事领域中，携带了移动站的战士可利用临时建立的移动自组网络进行通信；这种组网方式也能够应用到作战的地面车辆群和坦克群，以及海上的舰艇群、空中的机群；在面临自然灾害时，为了尽快开展抢险救灾行动，利用移动自组网络进行实时通信是一个十分有效的措施。

2. 基于 AP 的 Infrastructure 结构

基于无线 AP 的 Infrastructure 基础结构模式其实与有线网络中的星形交换模式

差不多，也属于集中式结构类型，其中的无线 AP 相当于有线网络中的交换机，起着集中连接和数据交换的作用。在无线网络结构中，需要使用类似于 Ad-Hoc 对等结构中的无线网卡，而且还需要一个称为"访问点"或"接入点"的设备，以实现无线网络连接。这个 AP 设备就是用于集中连接所有无线节点，并进行集中管理的。当然一般的无线 AP 还提供了一个有线以太网接口，用于与有线网络、工作站和路由设备的连接。

这种网络结构模式的特点主要表现在网络易于扩展、便于集中管理、能提供用户身份验证等优势，另外数据传输性能也明显高于 Ad-Hoc 对等结构。在这种 AP 网络中，AP 和无线网卡还可针对具体的网络环境调整网络连接速率。

基础结构的无线局域网不仅可以应用于独立的无线局域网中，如小型办公室无线网络、SOHO 等；还可以应用于更加广泛的场景中，如企业内部的无线局域网、公共无线网络，等等。家庭无线网络，也可以以它为基本网络结构单元组建成庞大的无线局域网系统，如 ISP 在"热点"位置为各移动办公用户提供的无线上网服务，在宾馆、酒店、机场为用户提供的无线上网区等。

(三) 无线网络互联

WLAN 的实现协议有很多，其中最为著名也是应用最为广泛的就是 Wi-Fi，它实际上提供了一种能够将各种终端都使用无线进行互联的技术，为用户屏蔽了各种终端之间的差异性。

在实际应用中，WLAN 的接入方式很简单，以家庭 WLAN 为例，只需一个无线接入设备 (路由器)，一个具备无线功能的计算机或终端 (手机或 Pad)，没有无线功能的计算机只需外插一个无线网卡即可。有了以上设备后，具体操作如下：使用路由器将热点 (其他已组建好且在接收范围的无线网络) 或有线网络接入家庭，按照网络服务商提供的说明书进行路由配置，配置好后在家中覆盖范围内（WLAN 稳定的覆盖范围在 20 ~ 50 m）放置接收终端，打开终端的无线功能，输入服务商给定的用户名和密码即可接入 WLAN。

(四) 无线局域网的应用

作为有线网络的延伸，WLAN 可以广泛应用在生活社区、游乐园、旅馆、机场、车站等游玩区域实现旅游休闲上网；也可以应用在政府办公大楼、校园、企事业等单位实现移动办公，方便开会及上课等；还可以应用在医疗、金融证券等方面，实现医生在路途中对患者在网上诊断，实现金融证券室外网上交易。

对于难以布线的环境，如老式建筑、沙漠区域等；对于频繁变化的环境，如各种展览大楼；对于临时需要的宽带接入，如流动工作站等，建立 WLAN 是理想的选择。

WLAN 的典型应用场景如下。

第一，大楼之间。大楼之间建构网络的连接，取代专线，简单又便宜。

第二，餐饮及零售。餐饮服务业可使用无线局域网络产品，直接从餐桌即可输入并传送客人点菜内容至厨房、柜台。零售商促销时，可使用无线局域网络产品设置临时收银柜台。

第三，医疗。使用附无线局域网络产品的手提式计算机取得实时信息，医护人员可借此避免对伤患救治的迟延、不必要的纸上作业、单据循环的迟延及误诊等，进而提升对伤患照顾的品质。

第四，企业。企业内员工使用无线局域网络产品时，无论其身处办公室的何处角落，皆能任意通过无线网络发送电子邮件、共享文件以及浏览网络。

第五，教育行业。WLAN 可以实现教师和学生对教与学的时时互动。学生可以在教室、宿舍、图书馆利用移动终端机向老师问问题、提交作业；老师可以时时给学生上辅导课。学生可以利用 WLAN 在校园的任何一个角落访问校园网。WLAN 可以成为一种多媒体教学的辅助手段。

第六，证券行业应用。有了 WLAN，股市有了菜市场般的普及和活跃。原来，很多炒股者利用股票机看行情，现在不用了，WLAN 能够让炒股者实现实时看行情，实时交易。股市大户室也可以不去了，不用再为大户室交纳任何费用。

（五）无线局域网的安全技术

随着无线局域网技术的快速发展，WLAN 市场、服务和应用的增长速度非常惊人，各级组织在选用 WLAN 产品时如何使用安全技术手段来保护 WLAN 中传输的数据——特别是敏感的、重要的数据的安全，是非常值得考虑的重要问题，必须确保数据不外泄和数据的完整性。

有线网络和无线网络有着不同的传输方式。有线网络的访问控制往往以物理端口接入方式进行监控，数据通过双绞线、光纤等介质传输到特定的目的地，有线网络辐射到空气中的电磁信号强度很小，很难被窃听，一般情况下，只有在物理链路遭到盗用后数据才有可能泄露。无线网络的数据传输主要利用电磁波在空气中辐射传播的方式实现，只要在接入点（Access Point，AP）覆盖的范围内，所有具备无线通信功能的终端设备都能够感知并接收无线信号。无线网络的这种电磁辐射的传输方式是无线网络安全保密问题尤为突出的原因。

通常网络的安全性主要体现在两个方面：一是访问控制，它用于保证敏感数据只能由授权用户进行访问；二是数据加密，它用于保证传送的数据只被所期望的用户接收和理解。相对于有线局域网，无线局域网增加了一些与电磁波传输相关的安全问题。但是，在整体上，无线局域网和有线局域网的安全问题具有相似的特点和威胁因素。

1. WLAN 的访问控制技术

（1）服务集标识 SSID（Service Set Identifier）匹配

通过配置多个无线接入点，并要求用户输入正确的 SSID 才能访问，可以实现对不同群组用户资源访问权限的严格限制。但是，由于 SSID 只是一个简单的字符串标识，任何使用该无线网络的人都可以轻松获得该 SSID，这种方式存在泄露 SSID 的情况。此外，如果无线接入点配置为广播 SSID，那么该网络的安全性将会进一步降低，因为任何人都可以利用工具或内置的 Windows XP 无线网卡扫描功能获得当前区域内的所有 SSID 信息。因此，仅依赖于 SSID 作为安全性防护手段只能提供较低级别的保护。

（2）物理地址（MAC，Media Access Control）过滤

由于每个无线工作站的网卡都有唯一的类似于以太网的 48 位的物理地址，因此可以在 AP 中手动维护一组允许访问的 MAC 地址列表，实现基于物理地址的过滤。如果各级组织中的 AP 数量很多，为了实现整个各级组织所有 AP 的无线网卡 MAC 地址统一认证，现在有的 AP 产品支持无线网卡 MAC 地址的集中 RADIUS 认证。物理地址过滤的方法要求 AP 中的 MAC 地址列表必须及时更新，因此此方法维护不便、可扩展性差；而且 MAC 地址还可以通过工具软件或修改注册表伪造，因此这也是较低级别的访问控制方法。

（3）端口访问控制技术（IEEE 802.1x）和可扩展认证协议（EAP）

802.1x 协议是一种基于端口的网络访问控制协议，旨在解决无线局域网用户的接入认证问题。该协议通过集中式、可扩展、双向用户验证的架构来实现这一点。与传统的访问控制技术相比，802.1x 协议的优势在于其可靠性、灵活性和可扩展性。在有线局域网中，计算机终端通过网线接入固定位置物理端口，从而实现局域网的接入。但是，由于无线局域网的网络空间具有开放性和终端可移动性，很难通过网络物理空间来界定终端是否属于该网络。因此，如何通过端口认证来防止非法的移动终端接入本单位的无线网络就成为一个非常现实的问题。

IEEE 802.1x 提供了一个可靠的用户认证和密钥分发的框架，可以控制用户只有在认证通过以后才能连接到网络。但 IEEE 802.1x 本身并不提供实际的认证机制，需要和扩展认证协议 EAP（Extensible Authentication Protocol）配合来实现用户认证和密钥分发。EAP 允许无线终端使用不同的认证类型，与后台的认证服务器进行通

信，如远程认证拨号用户服务器（RADIUS）交互。EAP 有 EAP-TLS、EAP-TTLS、EAP-MD5、PEAP 等类型，EAP-TLS 是现在普遍使用的，因为它是唯一被 IETF（互联网工程任务组）接受的类型。当无线工作站与无线 AP 建立关联关系后，是否能够通过 AP 的受控端口进行网络连接取决于 802.1X 认证过程的结果。当无线工作站通过非受控端口发送认证请求，而该请求成功地通过了认证验证后，无线 AP 便会为无线工作站打开受控端口；如果认证请求未能通过认证验证，则无线 AP 会一直关闭受控端口，从而阻止用户进行网络连接。

2. WLAN 的数据加密技术

（1）WEP（Wired Equivalent Privacy）有线等效保密

为了确保数据在无线网络传输过程中的安全性，制定了一项加密标准，该标准采用了共享密钥 RC4 加密算法。只有当用户的加密密钥与无线网络访问点（AP）的密钥匹配时，才被允许访问网络资源，从而防止非授权用户的监听以及非法用户的访问。密钥长度最初为 40 位（5 个字符），后来增加到 128 位（13 个字符），有些设备可以支持 152 位加密。

WEP 标准在保护网络安全方面存在固有缺陷。例如，一个服务区内的所有用户都共享同一个密钥，一个用户丢失或者泄露密钥将使整个网络不安全。另外，WEP 加密有自身的安全缺陷，有许多公开可用的工具能够从互联网上免费下载，用于入侵不安全网络。而且黑客有可能发现网络传输，然后利用这些工具来破解密钥，截取网络上的数据包，或非法访问网络。

（2）WPA 保护访问（Wi-Fi Protected Access）技术

WEP 存在的缺陷不能满足市场的需要，而最新的 IEEE 802.11i 安全标准的批准被不断推迟，Wi-Fi 联盟适时推出了 WPA 技术，作为临时代替 WEP 的无线安全标准协议，为 IEEE 802.11 无线局域网提供较强大的安全性能。WPA 实际上是 IEEE 802.11i 的一个子集，其核心就是 IEEE 802.1x 和 TKIP。

WPA 相对于 WEP，具有更高的安全性能，这是由于 WPA 采用了改进过的 WEP 加密算法。WEP 密钥分配是静态的，这使得黑客可以通过截取和分析加密数据，从而在较短时间内破译密钥，而 WPA 采用了系统定期更新主密钥的方式，确保每个用户的数据分组都使用不同的密钥进行加密。即使黑客截获了很多的数据，破解其加密过程也变得异常困难。

（3）WLAN 验证与安全标准——IEEE 802.11i

为了进一步加强无线网络的安全性和保证不同厂家之间无线安全技术的兼容，IEEE 802.iI 工作组于 21 世纪初正式批准了 IEEE 802.11i 安全标准，从长远角度考虑解决 IEEE 802.11 无线局域网的安全问题。IEEE 802.11i 标准主要包含的加密技术是

TKIP（Temporal Key ntegrity Protocol）和 AES（Advanced Encryption Standard），以及认证协议 IEEE 802.1x。定义了强壮安全网络 RSN（Robust Security Network）的概念，并且针对 WEP 加密机制的各种缺陷做了多方面的改进。

IEEE 802.11i 规范了 802.1x 认证和密钥管理方式，在数据加密方面，定义了 TKIP（Tem—poral Key Integrity Protocol）、CCMP（Counter—Mode/CBC2 MAC Protocol）和 WRAP（Wireless Ro2bust Authenticated Protocol）H 种加密机制。其中 TKIP 可以通过在现有的设备上升级固件和驱动程序的方法实现，达到提高 WLAN 安全的目的。CCMP 机制基于 AES（Advanced Encryption Standard）加密算法和 COM（Counter？ Mode/CBC2MAC）认证方式，使 WLAN 的安全程度大大提高，是实现 RSN 的强制性要求。AES 是一种对称的块加密技术，有 128/192/256 位不同加密位数，提供比 WEP/TKIP 中 RC4 算法更高的加密性能，但由于 AES 对硬件要求比较高，因此 CCMP 无法通过在现有设备的基础上进行升级实现。

（4）WLAN 的其他数据加密技术——虚拟专用网络（VPN）

虚拟专用网络是指在一个公共 IP 网络平台上通过隧道以及加密技术保证专用数据的网络安全。它不属于 802.11 标准定义，是以另外一种强大的加密方法来保证传输安全的技术，可以和其他的无线安全技术一起使用。VPN 支持中央安全管理，不足之处是需要在客户机中进行数据的加密和解密，增加了系统的负担，另外要求在 AP 后面配备 VPN 集中器，从而提高了成本。无线局域网的数据用 VPN 技术加密后再用无线加密技术加密，就好像双重门锁，提高了可靠性。

3. 建设 WLAN 时的安全事项

（1）制订安全规划

在当今网络安全日益重要的背景下，特别是在无线局域网（WLAN）的建设和运维中，确保数据安全成了一个至关重要的议题。就各级组织而言，无论是企业、教育机构还是政府部门，在部署 WLAN 时，都必须高度重视数据的安全性和完整性。

第一，组织在制定 WLAN 安全策略时，应确保所有重要数据的传输都得到充分的保护。这不仅包括防止数据泄露，也包括确保数据在传输过程中的完整性和不被篡改。为此，必须采取一系列有效的措施，如使用加密技术保护数据传输，实施严格的身份认证和访问控制策略，以及定期对网络进行安全审计和漏洞扫描。

第二，组织在制订安全规划时，还应考虑到 WLAN 的特殊性。由于无线网络的开放性和易接入性，它比有线网络更容易受到外部攻击。因此，组织在设计 WLAN 时，不仅要考虑内部数据安全管理，还要重视如何防范外部威胁，如防止非授权访问和防御网络攻击。

第三，随着技术的发展和网络环境的变化，组织的 WLAN 安全规划也应是动态的，需要定期更新和改进。这包括及时更新安全策略，引入最新的安全技术，以及对员工进行安全意识和操作技能的培训。通过这些措施，可以有效地提高组织WLAN 的安全性，保护关键数据免受威胁。

（2）从访问控制考虑

无论是对有线的以太网络还是无线的 802.11 网络，RADIUS（远程授权 Dial-in User Service）是一种标准化的网络登录技术，得到了广泛的应用。尤其是支持 802.1x 协议的 RADIUS 技术，能够提高 WLAN 的用户认证能力。802.1x 技术能够为用户带来高效、灵活的无线网络安全解决方案。因此，选用具有 802.1x 技术的无线产品是各级组织 WLAN 访问控制的最佳选择。对于那些没有技术和设备条件的各级组织，在访问控制上至少需要使用 SSID 匹配和物理地址过滤技术。

（3）数据加密考虑

无线网络作为现代信息技术中不可或缺的一部分，其数据传输主要依靠无线电波来实现。然而，由于无线网络的数据传输完全依赖于空中的信号覆盖，因此对于涉及机密信息的传输，我们不得不非常谨慎地处理安全性问题。因此，在选择无线产品的时候，保密性和安全性尤为重要。WPA、TKIP、AES 等先进的数据加密技术可以有效地提高无线产品安全性，而 128 位的 WEP 加密技术则只能是被动接受的一种选择。

（4）选购合适的产品

无线产品目前主要有 IEEE802.11b、IEEE802.11a、IEEE802.11 g 标准。802.11b 技术运行在 2.4GHz 频段，能够提供 11Mbps 的数据传输速率，802.11b 产品成本较低，对电源要求较低，得到了众多厂商的广泛支持和普遍应用；运行于 5GHz 频段的 802.11a 规范能够提供高达 54Mbps 的数据传输速率；802.11g 标准是专门设计用来提升 802.11b 网络的性能与应用，运行在 2.4GHz 频段的 802.11g 标准将设备的数据传输速率提升到了 20Mbps 之上，最高可以提供 54Mbps 的数据传输速率，802.11g+ 甚至可以达到 108Mbps。802.11a/g 调制的功效比 802.11b 高出 2~3 倍。这使得我们在 WLAN 上操作时，移动设备的电池寿命能够获得显著改善。尽管 802.11b 在某个时间瞬间所耗的功率可能较少，但在 802.11b 网络上传输／接收有意义的应用数据量的时间却可能比 802.Ha/g 无线局域网长出 5 倍，支持更长的传输／接收时间所需的功率使 802.11b 的功效大大低于 802.11a/g。所以，在产品选型上，尽量选用 802.11a/g 的产品。

制订了安全规划后，在选择无线产品时，要仔细查看设备是否提供 SSIDJEEE802.1X. MAC 地址绑定、WEP、WPA、TKIP、AES 等安全机制，以保证无线网络的顺利部署。

（5）硬件安装

为了确保无线网络的安全性，合理布置无线 AP 及工作站的位置是至关重要的。例如，应将 AP 设置于建筑物中心附近，远离外向的墙壁或窗户。这样做不仅可以使所有办公室都能够更好地接入 WLAN，还可以减少外界干扰的可能性。此外，还应灵活调整 AP 广播强度，仅覆盖所需区域，以减少被窃听的机会。

（6）技术人员重视安全技术措施

从最基本的安全制度到最新的访问控制、数据加密协议，各级组织的网络技术主管部门都需要采用最高安全保护措施。采用的安全措施越多，其网络相对就越安全，数据安全才能得到保障。

（7）用户安全教育

各级组织的网络技术人员可以让办公室中的每位网络用户负责安全性，将所有网络用户作为"安全代理"，明确每位员工都负有安全责任并分担安全破坏费用，以帮助管控风险。重要的是帮助员工了解不采取安全保护的危险性，特别需要向用户演示如何检查其电脑上的安全机制，并按需要激活这些机制，这样可以更轻松地管理和控制网络。

（8）安全制度建设

制定安全制度，进行定期安全检查。WLAN 实施是危险的，网络技术人员应该公布关于无线网络安全的服务等级协议或政策，还应指定政策负责人，积极定期检查各级组织网络上的欺骗性或未知接入点。此外，更改接入点上的缺省管理密码和 SSID，并实施动态密钥（802.1x）或定期配置密钥更新，这样有助于最大限度地减少非法接入网络的可能性。

第二节　广域网技术

一、广域网基础

（一）广域网简介

当主机之间的距离较远时，例如，相隔几十公里或几百公里，甚至几千公里，局域网显然无法完成主机之间的通信任务。这时就需要另一种结构的网络，即广域网。广域网（Wide Area Network，WAN）是以信息传输为主要目的的数据通信网，是进行网络互联的中间媒介。由于广域网能连接多个城市或国家，并能实现远距离通信，因而又称为远程网。广域网与局域网之间，既有区别又有联系。

对于局域网，人们更多关注的是如何根据应用需求来规划、建立和应用，强调的是资源共享；对于广域网，侧重的是网络能够提供什么样的数据传输业务，以及用户如何接入网络等，强调的是数据传输。由于广域网的体系结构不同，广域网与局域网的应用领域也不同。广域网具有传输媒体多样化、连接多样化、结构多样化、服务多样化的特点，广域网技术及其管理都很复杂。

广域网的特点：一是对接入的主机数量和主机之间的距离没有限制；二是大多使用电信系统的公用数据通信线路作为传输介质；三是通信方式为点到点通信，在通信的两台主机之间存在多条数据传输通路。

广域网和局域网的区别：一是广域网不限制接入的计算机数量且大多使用电信系统的远程公用数据通信线路作为传输介质，因此可以跨越很大的地理范围；局域网使用专用的传输介质，因此通常局限在一个比较小的地理范围内。二是广域网可连接任意多台计算机；局域网则限制接入的计算机的数量。三是广域网的通信方式一般为点到点方式；而局域网的通信方式大多是广播方式。

(二) 广域网组成与分类

与局域网相似，广域网也由通信子网和资源子网 (通信干线、分组交换机) 组成。

广域网中包含很多用来运行系统程序、用户应用程序的主机 (Host)，如服务器、路由器、网络智能终端等。其通信子网工作在 OSI/RM 的下 3 层，OSI/RM 高层的功能由资源子网完成。

广域网由一些节点交换机以及连接这些交换机的链路组成。节点交换机执行将分组转发的功能。节点之间都是点到点连接，但为了提高网络的可靠性，通常一个节点交换机往往与多个节点交换机相连。受经济条件的限制，广域网都不使用局域网普遍采用的多点接入技术。从层次上考虑，广域网和局域网的区别也很大，因为局域网使用的协议主要在数据链路层 (还有少量的物理层的内容)，而广域网使用的协议在网络层。广域网中存在的一个重要问题就是路由选择和分组转发。

广域网虽然缺乏一个严格的定义，但通常被认为是一个覆盖广泛区域的网络系统，其范围远超单一城市，可跨越不同的国家或大洲。这种网络由于其建设成本较高，通常由政府机构或大型电信公司投资建设。广域网作为互联网的关键组成部分，承担着传输跨越长距离的数据的重要任务。

广域网的网络结构设计，考虑到其需要处理大量数据传输，因此采用了高速且长距离的链路，如数千公里的光缆或数万公里的卫星点对点连接。在构建广域网时，首要考虑的是其通信容量，必须足够大以支持不断增长的数据通信需求。广域网的独特性在于其连接方式。虽然其覆盖范围广阔，但单纯的广泛覆盖并不是其定义的关键。与之相对的是互联网，其核心在于不同网络之间的互联。互联网中的路由器承担着连接不同网络的任务，而广域网则是一个独立的单一网络实体，主要依赖节点交换机来连接网络中的各个主机，而非依靠路由器连接不同的网络。节点交换机和路由器虽然在功能上存在相似性——都用于数据包的转发——但它们的应用场景和工作原理有所不同。节点交换机主要在单一网络内转发数据包，而路由器则在由多个网络构成的互联网中负责数据包的转发。

在互联网的架构中，广域网与局域网都是重要的组成部分。尽管两者在成本和作用距离上有显著差异，但在互联网的整体框架中，它们扮演着平等而重要的角色。一个关键的共性在于，无论是广域网还是局域网，网络内部的主机通信时只需利用该网络的物理地址，这一点在两种网络类型中是共通的。

根据传输网络归属的不同，广域网可以分为公共 WAN 和专用 WAN 两大类。公共 WAN 一般由政府电信部门组建、管理和控制，网络内的传输和交换装置可以租用给任何部门和单位使用。专用 WAN 是由一个组织或团队自己建立、控制、维护并为其服务的私有网络。专用 WAN 还可以通过租用公共 WAN 或其他专用 WAN 的线路来建立。专用 WAN 的建立和维护成本要比公共 WAN 大。但对于特别重视安全和数据传输控制的公司，拥有专用 WAN 是实现高水平服务的保障。

根据采用的传输技术的不同，广域网可以分为电话交换网、分组交换广域网和同步光纤网络三类。而广域网主要由交换节点和公用数据网（PDN）组成。如果按公用数据网划分，有 PSTN、ISDN、X.25、DDN、FR、ATM 等。按交换节点相互连接的方式进行划分，可分为以下三种类型。

1.线路交换网

线路交换网即电路交换网，是面向连接的交换网络，可分为以下两种类型。

（1）公用交换电话网（PSTN）

公用交换电话网也常被称为"电话网"，是人们打电话时所依赖的传输和交换网络，是数字交换和电话交换两种技术的结合。

（2）综合业务数据网（ISDN）

综合业务数据网是以电话综合数字网（IDN）为基础发展起来的通信网，是由国际电报和电话顾问委员会（CCITT）和各国的标准化组织开发的一组标准。ISDN 的主要目标就是提供适合于声音和非声音的综合通信系统来代替模拟电话系统。

ISDN 的发展分为两个阶段：第一代为窄带综合业务数字网（N-ISDN），第二代为宽带综合业务数字网（B-ISDN）。

N-ISDN 基于有限的特定带宽，B-ISDN 基于 ATM 异步传输模式的综合业务数字网，它的最高速率是 N-ISDN 的 100 倍以上。

2. 专用线路数据网

专用线路数据网是通过电信运营商在通信双方之间建立的永久性专用线路，适合于有固定速率的高通信量网络环境。目前最流行的专用线路类型是 DDN。

3. 分组交换数据网

分组交换数据网（PSDN）是一种以分组为基本数据单元进行数据交换的通信网络。PSDN 诞生于 20 世纪 70 年代，是最早被广泛应用的广域网技术，著名的 ARPAnet 就是使用分组交换技术组建的。通过公用分组交换数据网不仅可以将相距很远的局域网互联起来，也可以实现单机接入网络。它采用分组交换（包交换）传输技术，是一种包交换的公共数据网。典型的分组交换网有 X.25 网、帧中继网、ATM 等。

（三）广域网提供的服务

为了适应广域网的特点，广域网提供了面向连接的服务模式和面向无连接的服务模式。

1. 面向连接服务模式（虚电路服务）

好比电话系统，进行数据传输之前要建立连接，然后方可进行数据传输。

2. 面向无连接服务模式（数据包服务）

好比邮政系统，每个数据分组带有完整的目的地址，经由系统选择的不同路径独立进行传输。

（四）广域网的发展

在早期，广域网主要被用于连接大型计算机系统。在这个阶段，用户通过终端设备接入本地的计算机系统，而这些本地系统则连接到广域网。这种设置允许远程数据处理和资源共享，但当时的广域网速度较慢，且成本较高。随着 Internet 技术的突破和普及，广域网经历了显著的变革。大量广域网络汇集成了 Internet 的核心，形成了一个宽带、高效率的核心交换平台。这一时期，广域网不再仅仅是连接大型计算机，而是成为连接城域网（MANs）和局域网（LANs）的关键枢纽，构建起了一个多层次、分布广泛的网络架构。在这个新的架构下，广域网的研究重点转移到了保证服务质量（Quality of Service，QoS）的宽带核心交换技术上。这包括了对数据传输速度、可靠性、延迟和带宽的优化，以满足不同类型网络服务的需求。

广域网的发展趋势表现在其主要通信技术和网络类型的多样化。这些网络类型主要包括：一是公共电话交换网（PSTN）和综合业务数字网（ISDN）。这些传统的通信技术在早期广域网中占据主导地位，提供了基本的语音和数据服务。二是异步传输模式（ATM）。这种技术为高速数据传输提供了支持，尤其适用于大容量和高速率的数据通信。三是 X.25 网络和帧中继网络。这些是早期的分组交换技术，用于支持数据和语音服务的更有效传输。

二、窄带数据通信网

在网络技术中，速度低于或等于 64Kbps（相当于最大下载速度 8KB/s）的接入方式被归类为"窄带"。相比于更高速的宽带连接，窄带的主要劣势在于其较低的数据传输速率。这一限制使得许多网络应用，如在线视频观看、网络游戏、高清视频通话等，在窄带环境下难以实现。对于大文件的下载，窄带的效率也相当低。传统的拨号上网是窄带连接的一个典型例子。在通信系统领域，窄带系统指的是那些有效带宽远小于载频或中心频率的信道。窄带数据通信网络主要包括公用分组交换网 X.25 和帧中继网络。

1. 公用分组交换网 X.25

X.25 网络，即基于 CCITT（现 ITU-T）的 X.25 标准建立的计算机网络，有着超过二十年的发展历史。尽管 X.25 网络在推动分组交换网络的发展方面做出了重大贡献，但随着技术进步，如帧中继网络或 ATM 网络等性能更优的网络技术已逐渐取代了它。

X.25 网络的接口包括终端设备（DTE）与数据通信设备（DCE）。其中，DCE 通常位于用户设施外侧。X.25 网络的第二层是数据链路层，采用平衡型链路接入规程 LAPB。第三层被称为分组层，而不是传统的网络层。在这一层，DTE 与 DCE 间可以建立多条逻辑信道，从而使一个 DTE 能够同时与网络上的多个 DTE 建立虚拟电路进行通信。X.25 规定了从第一层到第三层数据传输的单位分别为比特、帧和分组。此外，X.25 还支持在频繁通信的两个 DTE 之间建立永久虚拟电路。

与基于 IP 协议的互联网在设计理念上存在显著差异，互联网是无连接的，提供尽力而为的数据服务，不保证服务质量。相比之下，X.25 网络是面向连接的，提供可靠的虚电路服务，能够保证一定的服务质量。因其能够保证服务质量，X.25 在过去曾是一种颇受欢迎的计算机网络。

2. 帧中继（Frame Relay）

帧中继技术，又称快速分组交换，是在分组交换数据网（PSDN）基础上发展起来的重要技术革新。它作为综合业务数字网（ISDN）标准化过程中的关键技术之一，在数字光纤传输逐渐替代传统模拟线路、用户终端日益智能化的背景下，由 X.25 分组交换网发展而来。帧中继网络以其高效的分组交换能力，在网络通信领域占据重要地位。

(1) 帧中继的工作原理

帧中继技术的工作原理和特点是当代通信技术发展的一个重要里程碑。这项技术在数字光纤网络的基础上得到了发展和应用，它有效地解决了早期 X.25 网络在传输效率和误码率上的限制。

早期的 X.25 网络，由于依赖于模拟电话线路，容易受到噪声的干扰，导致高误码率。为确保无误差的传输，X.25 网络在每个节点都需进行大量处理，如使用 LAPB 协议确保帧在节点间无差错传输。然而，这种方法造成了较长的时延，特别是在一个典型的 X.25 网络中，每个分组在每个节点都要经历约 30 次的差错检查或其他处理步骤。这样的处理不仅增加了网络延迟，也降低了传输效率。

随着技术进步，数字光纤网络的普及使得误码率大幅下降，这为简化 X.25 网络的差错控制过程提供了可能。帧中继技术应运而生，它的核心在于减少节点处理时间，从而缩短时延和提高网络吞吐量。帧中继网络的工作原理是，当帧中继交换机接收到帧的首部时，它会立即根据目的地址开始转发该帧，这种方式显著减少了帧的处理时间。即使发生误码，帧中继技术也能迅速中止传输，并且让下一个节点也立即中止该帧的传输并丢弃，减少了错误传输的影响。在这种情况下，源站会通过高层协议请求重传。

帧中继技术采用了"虚拟租用线路"和"流水线"技术。这两种关键技术使得帧中继能够适应需要高带宽、低费用、额外开销低的用户群，从而得到广泛应用。帧中继技术实现了快速分组交换，这种技术可以根据网络中传送的帧长是可变的还是固定的来划分。在帧中继中，帧长可变；而在信元中继中，帧长固定。此外，帧中继的数据链路层没有流量控制能力，这一功能由高层完成。帧中继的呼叫控制信令与用户数据分开，不同于 X.25 使用的带内信令。

帧中继网的功能主要具有以下几个特点：一是误码率低。采用光纤作为传输介质，将分组交换机之间的恢复差错、防止拥塞的处理过程简化，使数据传输误码率大大降低。二是效率高。帧中继将分组通信的三层协议简化为两层，大幅缩短了处理时间，提高了效率。三是适合多媒体传输。帧中继以帧为单位进行数据交换，特别适合于作为网间数据传输单元，适用于多媒体信息的传输。四是电路利用率高。帧中继采取统计复用方式，因而提高了电路利用率，能适应突发性业务的需要。五是连接性能好。帧中继网是由许多帧中继交换机通过中继电路连接组成的通信网络，可为各种网络提供快速、稳定的连接。

(2) 帧中继的帧格式

帧中继的帧格式与 HDLC 帧格式类似，其最主要的区别是没有控制字段。这是因为帧中继的逻辑连接只能携带用户的数据，并且没有帧的序号，也不能进行流量控制和差错控制。

下面简单介绍其各字段的作用。

①标志

标志是一个01111110的比特序列，用于指示一个帧的起始和结束。

②信息

信息是长度可变的用户数据。

③帧检验序列

帧检验序列包括2字节的CRC检验。当检测出差错时，就将此帧丢弃。

④地址

地址一般为2字节，但也可扩展为3字节或4字节。

(3) 帧中继的服务

帧中继是一个简单的面向连接的虚电路分组业务，它既提供交换虚电路（PVC），也提供永久虚电路（SVC）。帧中继允许用户以高于约定传输速率的速率发送数据，而不必承担额外费用。帧中继可适用于以下情况：在用户通信所需带宽要求为64kbps～2Mbps且参与通信的用户多于两个；通信距离较长，应优先选用帧中继；数据业务量为突发性的，由于帧中继具有动态分配带宽的能力，选用帧中继可以有效处理；帧中继适合于远距离或突发性的数据传输，特别适用于局域网之间互联。若用户需要接入帧中继网，则可以根据用户的网络类型选择适合的组网方式。

①局域网接入

用户接入帧中继网络一般通过FRAD设备，FRAD指支持帧中继的主机、网桥、路由器等。

②终端接入

终端通常是指PC或大型主机，大部分终端是通过FRAD设备接入帧中继网络。如果是具有标准UNI（用户网络接口）的终端，如具有PPP、SNA或X.25协议的终端，则可作为帧中继终端直接接入帧中继网络。帧中继终端或FRAD设备可以采用直通用户电路接入帧中继网络，也可采用电话交换电路或ISDN交换电路接入帧中继网络。

③专用帧中继网接入

用户专用帧中继网接入公用帧中继网时，通常将专用网中的规程接入公用帧中继网络。

帧中继网的应用十分广泛，但主要用在公共或专用网上的局域网互联以及广域网连接。局域网互联是帧中继最典型的一种应用，在世界上已经建成的帧中继网中，其用户数量占 90% 以上。帧中继网络可以将几个节点划分为一个分区,并可设置相对独立的网络管理机构对分区内的各种资源进行管理。帧中继可以为医疗、金融机构提供图像、图表的传送业务。在不久的将来,"帧中继电话"将被越来越多的企业所采用。

三、宽带综合业务网

(一) 综合业务网

众所周知,通信网的两个重要组成部分是传输系统和交换系统。当一种网络的传输系统和交换系统都采用数字系统时,就称为综合数字网(Integrated Digital Network, IDN)。这里的"综合"是指将"数字链路"和"数字节点"合在一个网络中。如果将各种不同的业务信息经数字化后都在同一个网络中传送,这就是综合业务数字网(Integrated Services Digital Network, ISDN)。这里的"综合"既指"综合业务",也指"综合数字网"。

ISDN 的提出,最初旨在整合电信网络中的多种业务网络。在 ISDN 之前,传统的通信网络如电话网、电报网和数据通信网等,是基于各自独立的业务需求建立的,且运营机制互不相同。这种分散的网络结构给运营商带来了运营、管理和维护的复杂性,也造成了资源的浪费。就用户而言,这意味着业务申请手续烦琐、使用不便和成本较高。此外,这种异构的通信体系对于未来通信技术的发展来说,适应性极差。因此,将话音、数据、图像等多种业务综合至一个统一网络中成为行业的必然选择。

ISDN 是综合数字网络的进一步发展。该标准的提出,打破了传统电信网与数据网之间的界限,使各种用户的多样化业务需求得以在同一网络平台上实现。ISDN 的另一个显著特征在于,它的设计并非从单一业务网络的角度出发,而是从服务于用户的视角,重构整个网络架构。这种以用户需求为中心的设计理念,有效避免了网络资源和号码资源的浪费。随着人们对话音、数据、多媒体、宽带视频广播等各种宽带和可变速率业务的需求日益增长,ISDN 进一步演化为宽带综合业务数字网(Broadband ISDN, B-ISDN),同时将原始的 ISDN 定义为窄带综合业务数字网(Narrowband ISDN, N-ISDN)。

为了克服 N-ISDN 的局限性,B-ISDN 引入了全新的传输和交换技术。其中,快速分组交换的异步传输模式(Asynchronous Transfer Mode,ATM)技术成为 B-ISDN 的核心。ATM 技术不仅服务于 B-ISDN,还与现有的 N-ISDN 系统共同成为支持用户话音、数据及多媒体等业务的承载技术。ATM 技术以其高效的数据传输能力和灵活的带宽分配优势，在现代通信网络中占据了重要地位。尽管 ATM 技术最初是为 B-ISDN 而开发的，但其应用范围已远远超出了 B-ISDN 的框架。ATM 提供了一种有效的解决方案，用于支持各种宽带业务的传输需求，包括但不限于视频会议、高速互联网接入和虚拟私人网络（VPN）服务。此外，ATM 技术的引入也促进了通信网络从传统的电路交换向分组交换的转变，这一转变为网络的灵活性和效率提供了极大的提升。

ISDN 定义强调的要点包括：一是 ISDN 是以电话 IDN 为基础发展起来的通信网；二是 ISDN 支持各种电话和非电话业务，包括话音、数据传输、可视图文、智能用户电报、遥测和告警等业务；三是提供开放的标准接口；四是用户通过端到端的共路信令，实现灵活的智能控制。

（二）B-ISDN

N-ISDN 能够提供 2Mbit/s 以下数字综合业务，具有较好的经济和实用价值。但在当时，鉴于技术能力与业务需求的限制，N-ISDN 存在以下局限性。

①信息传送速率有限，用户—网络接口速率局限于 2048kbit/s 或 1544kbit/s 以内，无法实现电视业务和高速数据业务，难以提供更新的业务。

②其基础是 IDN，所支持的业务主要是 64kbit/s 的电路交换业务，对技术发展的适应性很差。

③ N-ISDN 的综合是不完全的。虽然它综合了分组交换业务，但这种综合只是在用户入网接口上实现，在网络内部仍由分开的电路交换和分组交换实体来提供不同的业务。即在交换和传输层次，并没有很好地利用分组业务对于不同速率、变比特率业务灵活支持的特性。

④ N-ISDN 只能支持话音及低速的非话音业务，不能支持不同传输要求的多媒体业务，同时整个网络的管理和控制是基于电路交换的，使得其功能简单，无法适应宽带业务的要求。

因此，我们需要一种新型的宽带通信网络，这种网络能够高效、高质量地支持多种业务。它不是基于现有网络的演变而形成的，而是采用全新的传输方式、交换方式、用户接入方式及网络协议。这种网络旨在提供高于 PCM 一次群速率的传输信道，能够适应从低速的遥测遥控业务（速率在十几 bit/s 到几十 bit/s）到高清晰度电视 HDTV（100～150Mbit/s）甚至近 Gbit/s 的宽带信息检索业务。在这个网络中，不同速率的服务都以相同的方式进行传送和交换，并共享网络资源。与提供类似业务的其他网络相比，该网络在生产、运行和维护方面的费用相对较低。国际电信联盟电信标准化部门（ITU-T，原 CCITT）将这种网络定名为宽带综合业务数字网。

要形成 B-ISDN，其技术的核心是高效的传输、交换和复用技术。人们在研究分析了各种电路交换和分组交换技术之后，认为快速分组交换是唯一可行的技术。ITU-T 把它正式命名为 ATM（Asynchronous Transfer Mode），并推荐为 B-ISDN 的信息传递模式，称为"异步传递方式"。ITU-T 在 I.113 建议中定义：ATM 是一种传递模式，在这一模式中，信息被组成信元（Cell）；"异步"是指发时钟和收时钟之间容许"异步运行"，其差别用插入/取消信元的方式去调整；"传递模式"是指信息在网络中包括了传输和交换两种方式。

（三）ATM 网简介

现有的电路交换和分组交换在实现宽带高速的交换任务时，都表现出一些缺点。

对于电路交换，当数据的传输速率及其突发性变化非常之大时，交换的控制就变得十分复杂。对于分组交换，当数据传输速率很高时，协议数据单元在各层的处理成为很大的开销，无法满足实时性很强的业务的时延要求。特别是，基于 IP 的分组交换网不能保证服务质量。

但电路交换的实时性和服务质量都很好，而分组交换的灵活性很好，因此，人们曾经设想过"未来最理想的"一种网络应当是宽带综合业务数字网 B-ISDN，它采用另一种新的交换技术，这种技术集合了电路交换和分组交换的优点。虽然在今天看来，B-ISDN 并没有成功，但 ATM 技术还是获得了相当广泛的应用，并在互联网的发展中起到了重要的作用。

人们习惯上把电信网分为传输、复用、交换、终端等几个部分，其中，除终端以外的传输、复用和交换三个部分合起来统称为传递方式（也叫转移模式）。目前应用的传递方式可分为以下两种。

同步传递方式（STM）：这种方式的核心特征是采用时分复用技术。在这种模式下，各个信号都在固定的时间间隔内周期性地出现，使得接收端可以根据时间（信号的位置）来识别每个信号。

异步传递方式（ATM）：与 STM 不同，ATM 采用的是统计时分复用技术。在这种模式下，信号的出现并不遵循固定的时间间隔，而是不规则的。接收端需要通过特定的标识来识别每个信号。在 ATM 模式中，信息被分割成多个小的信元进行传输，这些信元包含相同用户的信息，但它们在传输链路上不需要周期性地出现。因此，ATM 的传递方式是异步的，这也意味着其使用的是统计时分复用技术，又称为异步时分复用。

（四）ATM 的基本概念

ATM 就是建立在电路交换和分组交换的基础上的一种面向连接的快速分组交换技术，它采用定长分组作为传输和交换的单位。在 ATM 中，这种定长分组叫作信元（cell）。

在了解同步数字层次（SDH）传输时，需注意到 SDH 传送的同步比特流是按照固定时间长度组织成的帧结构。这里的帧指的是时分复用中的时间帧，与数据链路层的帧概念不同。在 SDH 框架中，当需要传输用户的 ATM 信元时，这些信元可以被插入 SDH 的一个时间帧中。值得注意的是，每个用户发送的信元在每一帧中的位置并不固定，它们可以根据传输需求在帧内的任何位置出现。如果用户有大量信元需要发送，这些信元可以连续不断地被发送。只要在 SDH 帧中存在未被使用的空间，就可以将新的信元插入其中。如果是使用同步插入（同步时分复用），则用户在每一帧中所占据的时隙的相对位置是固定不变的，即用户只能周期性地占用每一个帧中分配给自己的固定时隙（一个时隙可以是一个字节或多个字节），而不能再使用其他的已分配给别人的空闲时隙。

ATM 的主要优点如下。

①选择固定长度的短信元作为信息传输的单位，有利于宽带高速交换。信元长度为 53 字节，其首部（可简称为信头）为 5 字节。长度固定的首部可使 ATM 交换机的功能尽量简化，只用硬件电路就可对信元进行处理，因而缩短了每一个信元的处理时间。在传输实时话音或视频业务时，短的信元有利于减小时延，也节约了节点交换机为存储信元所需的存储空间。

②能支持不同速率的各种业务。ATM 允许终端有足够多比特时就去利用信道，从而取得灵活的带宽共享。来自各终端的数字流在链路控制器中形成完整的信元后，即按先到先服务的规则，经统计复用器，以统一的传输速率将信元插入一个空闲时隙内。链路控制器调节信息源进网的速率。不同类型的服务都可复用在一起，高速率信源就占有较多的时隙。交换设备只需按网络最大速率来设置，它与用户设备的特性无关。

③在最基本层面，所有信息都是通过面向连接的方式传输的，这维持了电路交换在确保实时性和服务质量方面的优势。就用户而言，ATM 网络能够以确定的模式工作（某种业务的信元以基本周期性的方式出现），以此支持实时型业务。同时，ATM 也能够以统计的模式工作（信元以非规则的方式出现），以支持突发型业务。

④ATM 利用光纤信道进行传输。鉴于光纤信道的极低误码率和高容量特性，在 ATM 网络中通常不需要在数据链路层进行差错控制和流量控制（这些控制措施被

转移到更高层处理）。这种方法显著提高了信元在网络中的传输速率。

由于 ATM 具有上述的许多优点，因此在 ATM 技术出现后，不少人曾认为 ATM 必然成为未来的宽带综合业务数字网 B-ISDN 的基础。但实际上 ATM 只是用在互联网的许多主干网中。ATM 的发展之所以不如当初预期的那样顺利，主要是因为 ATM 的技术复杂且价格较高，同时 ATM 能够直接支持的应用不多。与此同时，无连接的互联网发展非常快，各种应用与互联网的衔接非常好。在 100 Mb/s 的快速以太网和千兆以太网推向市场后，10 千兆以太网又问世了。这就进一步削弱了 ATM 在互联网高速主干网领域的竞争能力。

四、宽带 IP 网

（一）基本概念

所谓宽带 IP 网络，是指 Internet 的交换设备、中继通信线路、用户接入设备和用户终端设备都是宽带的，通常中继带宽为每秒数吉比特至几十吉比特，接入带宽为 1100Mbit/s。在这样一个宽带 IP 网络上能传送各种音频和多媒体等宽带业务，同时支持当前的窄窄业务，它集成与发展了当前的网络技术、IP 技术，并向下一代网络方向发展。

宽带 IP 网络包含了以下两个方面。

1. 宽带 IP 城域网

宽带 IP 城域网是一个以 IP 和 SDH、ATM 等技术为基础，集数据、语音、视频服务于一体的高带宽、多功能、多业务接入的城域多媒体通信网络。

宽带 IP 城域网的特点：(1)技术多样，采用 IP 作为核心技术；(2)基于宽带技术；(3)接入技术多样化、接入方式灵活；(4)覆盖面广；(5)强调业务功能和服务质量；(6)投资量大。

宽带 IP 城域网提供的业务包括：话音业务、数据业务、图像业务、多媒体业务、IP 电话业务、各种增值业务、智能业务等。

宽带 IP 城域网的结构分为三层：核心层、汇聚层和接入层。宽带 IP 城域网带宽管理有以下两种方法：在分散放置的客户管理系统上对每个用户的接入带宽进行控制；在用户接入点上对用户接入带宽进行控制。

宽带 IP 城域网的 IP 地址规划：公有 IP 地址和私有 IP 地址。公有 IP 地址是接入 Internet 时所使用的全球唯一的 IP 地址，必须向互联网的管理机构申请。私有 IP 地址是仅在机构内部使用的 IP 地址，可以由本机构自行分配，而不需要向互联网的管理机构申请。

2. 宽带传输技术

（1）IPover ATM（POA）

IP over ATM 的概念：IP over ATM 是 IP 技术与 ATM 技术的结合，它是在 IP 路由器之间（或路由器与交换机之间）采用 ATM 网进行传输。

IP over ATM 的优点：DATM 技术本身能提供 QoS（Quality of Service）保证，具有流量控制、带宽管理、拥塞控制功能以及故障恢复能力，这些是 IP 所缺乏的，因而 IP 与 ATM 技术的融合，使 IP 具有了上述功能，这样既提高了 IP 业务的服务质量，同时又能够保障网络的高可靠性。适用于多种业务，具有良好的网络可扩展能力，并能对其他网络协议如 IPX 等提供支持。

IP over ATM 的缺点：网络体系结构复杂，传输效率低，开销大。由于传统的 IP 只工作在 IP 子网内，ATM 路由协议并不知道 IP 业务的实际传送需求，如 IP 的 QoS、多播等特性，这样就不能保证 ATM 实现最佳的传送 IP 业务在 ATM 网络中存在扩展性和优化路由的问题。

（2）IP over SDH（POS）

IP over SDH 的概念：IP over SDH 是 IP 技术与 SDH 技术的结合，是在 IP 路由器之间（或路由器与交换机之间）采用 SDH 网进行传输。具体地说，它利用 SDH 标准的帧结构，同时利用点到点传送等的封装技术把 IP 业务进行封装，然后在 SDH 网中传输。

IP over SDH 的优点：DIP 与 SDH 技术的结合是将 IP 数据包通过点到点协议直接映射到 SDH 帧，其中省掉了中间的 ATM 层，从而简化了 IP 网络体系结构，减少了开销，提供更高的带宽利用率，提高了数据传输效率，降低了成本。保留了 IP 网络的无连接特征，易于兼容各种不同的技术体系和实现网络互联，更适合于组建专门承载 IP 业务的数据网络。而且可以充分利用 SDH 技术的各种优点，如自动保护倒换（APS），以防止链路故障而造成的网络停顿，保证网络的可靠性。

IP over SDH 的缺点：网络流量和拥塞控制能力差。不能像 POA 技术那样提供较好的服务质量保障（QoS）。仅对 IP 业务提供良好的支持，不适用于多业务平台，可扩展性不理想，只有业务分级，而无业务质量分级，尚不支持 VPN 和电路仿真。

（3）IP over DWDM（POW）

IP over DWDM 的概念：IP over DWDM 是 IP 与 DWDM 技术相结合的标志。首先在发送端对不同波长的光信号进行复用，然后将复用信号送入一根光纤中传输，在接收端再利用解复用器将各不同波长的光信号分开，送入相应的终端，从而实现 IP 数据包在多波长光路上的传输。

IP over DWDM 的优点：IP over DWDM 简化了层次，减少了网络设备和功能重叠，从而减轻了网管复杂程度。IP over DWDM 可充分利用光纤的带宽资源，极大地提高了带宽和相对的传输速率。

IP over DWDM 的缺点：DWDM 提供的巨大带宽与现有 IP 路由器的处理能力之间存在不匹配的问题，而这个问题尚未得到有效解决。此外，如果网络中缺乏 SDH 设备，那么在出现故障时，IP 数据包将无法通过 SDH 帧中的信头信息来定位故障源，这将导致网络管理功能的减弱。同时，IP over DWDM 技术本身仍在成熟发展中，存在一定的技术难题待解决。

（二）在 ATM 上传输 IP

IPOA（IP Over ATM）是在 ATM-LAN 上传送 IP 数据包的一种技术。它规定了利用 ATM 网络在 ATM 终端间建立连接，特别是建立交换型虚连接（Switched Virtual Circuit，SVC）进行 IP 数据通信的规范。

在 ATM-LAN 环境中，ATM 网络被视为一个单一的（通常是局部的）物理网络。与其他网络一样，它通过路由器连接所有异构网络。在这种配置下，TCP/IP 协议使得 ATM 网络上的一组计算机能够像一个独立的局域网一样运作。这样的计算机组被称为逻辑 IP 子网（Logical IP Subnet，LIS）。在一个 LIS 中，所有计算机共享同一个 IP 网络地址（IP 子网地址），使得 LIS 内部的计算机能够直接相互通信。然而，当 LIS 内的计算机需要与其他 LIS 或网络中的计算机通信时，必须通过两个连接的 LIS 路由器。这种方式下，LIS 的特性与传统 IP 子网有着明显的相似性。

与以太网类似，IP 数据包在 ATM 网络上传输也必须进行 IP 地址绑定，ATM 给每一个连接的计算机分配 ATM 物理地址，当建立虚连接时必须使用这个物理地址，但由于 ATM 硬件不支持广播，所以，IP 无法使用传统的 ARP 将其地址绑定到 ATM 地址。在 ATM 网络中，每一个 LIS 配置至少一个 ATMARP SERVER 以完成地址绑定工作。

IPOA 的主要功能包括两个方面：地址解析和数据封装。地址解析指的是实现地址绑定的过程。在 PVC（Permanent Virtual Circuit，永久虚拟电路）的情况下，因为 PVC 是由管理员手动配置的，所以主机可能只了解 PVC 的 VPI/VCI（Virtual Path Identifier/Virtual Channel Identifier）标识，而不知道远程主机的 IP 地址和 ATM 地址。这就要求 IP 解析机制能够识别连接在同一 PVC 上的远程计算机。对于 SVC（Switched Virtual Circuit，交换虚拟电路）的情况，地址解析过程更为复杂，它需要两级地址解析。首先，当需要建立 SVC 时，必须将目的端的 IP 地址转换为 ATM 地址；其次，当在一条已建立的 SVC 上传输数据包时，需要将目的端的 IP 地址映射到相应的 SVC 的 VPI/VCI 标识上。对于 IP 数据包的封装问题，目前有下面两种封装形式可以采用：第一种是 VC 封装。一条 VC 用于传输一种特定的协议数据（如 IP 数据和 ARP 数据），传输效率很高。第二种是多协议封装。使用同一条 VC 传输多种协议数据，这样必须给数据加上类型字段，IPOA 中使用缺省的 LLC/SNAP 封装标明数据类型信息。

IPOA 整个系统的工作过程如下：首先是 Client 端的 IPOA 初始化过程，即 Client 加入 LIS 的过程，由 Client 端的 IPOA 高层发出初始化命令，向 SERVER 注册自身，注册成功后，Client 变为"Operational"状态，意味着现在的 Client 可以接收 / 传输数据了。当主机要发送数据时，它使用通常的 IP 选路，以便找到适当的下一跳（next-hop）IP 地址，然后把数据发送到相应的网络接口，网络接口软件必须解析出对应目的端的 ATM 地址。

除了数据传输的任务外，Client 还要维护地址信息，包含定期更新 SERVER 上的地址信息和本地的地址信息。假如 Client 的地址信息不能被及时更新，那么此 Client 就会变成非可用状态，需要重新初始化后才能使用。

在 Client 传输数据时，它可能同时向许多不同的目的端发送和接收数据，因此必须同时维护多条连接。连接的管理发生在 IP 下面的网络接口软件中，该系统可以采用一个链表来实现此功能链表中的每一数据项包含诸如链路的首 / 末端地址、使用状态、更新标志、更新时间、QoS 信息和 VCC 等一条链路所必需的信息。

IPOA 在 TCP/IP 协议栈中的位置：ATM 网络是面向连接的，TCP/IP 只是将其作为像以太网一样的另一种物理网络来看待。从 TCP/IP 的协议体系结构来看，除了要建立虚连接之外，IPOA 与网络接口层完成的功能类似，即完成 IP 地址到硬件地址（ATM 地址）的映射过程，封装并发送输出的数据分组，接收输入的数据分组并将其发送到对应的模块。当然，除了以上功能之外，网络接口还负责与硬件通信（设备驱动程序也属于网络接口层）。

在 OSI 模型中，IPOA 位于 IP 层以下，属网络接口层，其建立连接的工作通过 RFC 1755 请求 UNI3.1 处理信令消息完成。

IPOA 的最大优势在于它有效利用了 ATM 网络的 QoS 特性，从而支持多媒体业务。它通过在网络层将局域网接入 ATM 网络，不仅提升了网络带宽，也增强了整体网络性能。然而，IPOA 也存在一些局限性。例如，目前的 IPOA 技术不支持广播和组播业务。此外，在 ATM-LAN（ATM 局域网）环境中，每台主机需要与所有其他成员建立 VC（虚拟连接）；随着网络规模的扩大，VC 连接的数量会按平方级数增长。因此，IPOA 技术不太适用于大型网络结构，而更适合于企业网络或校园网等相对规模较小的网络环境。

(三) 多协议标签交换

多协议标签交换 (Multi-Protocol Label Switching, MPLS) 是一种用于快速数据包交换和路由的体系, 它为网络数据流量提供了目标、路由、转发和交换等能力。更特殊的是, 它具有管理各种不同形式通信流的机制。MPLS 独立于第二层和第三层协议, 诸如 ATM 和 IP。它提供了一种方式, 将 IP 地址映射为简单的具有固定长度的标签, 用于不同的包转发和包交换技术。它是现有路由和交换协议的接口, 如 IP、ATM、帧中继、资源预留协议 (RSVP)、开放最短路径优先 (OSPF), 等等。

在 MPLS 中, 数据传输发生在标签交换路径 (LSP) 上。LSP 是每一个沿着从源端到终端的路径上的节点的标签序列。现今使用的一些标签分发协议, 如标签分发协议 (LDP)、RSVP 或者建于路由协议之上的一些协议, 如边界网关协议 (BGP) 及 OSPF。因为固定长度标签被插入每一个包或信元的开始处, 并且可被硬件用来在两个链接间快速交换包, 所以使数据的快速交换成为可能。

MPLS 主要用来解决网络问题, 如网络速度、可扩展性、服务质量 (QoS) 管理以及流量工程, 也为下一代 IP 中枢网络解决宽带管理及服务请求等问题。

简要介绍 MPLS 的基本工作过程: 一是 LDP 和传统路由协议 (如 OSPF、ISIS 等) 一起, 在各个 LSR 中为有业务需求的 FEC 建立路由表和标签映射表; 二是入节点 Ingress 接收分组, 完成第三层功能, 判定分组所属的 FEC, 并给分组加上标签, 形成 MPLS 标签分组, 转发到中间节点 Transit; 三是 Transit 根据分组上的标签以及标签转发表进行转发, 不对标签分组进行任何第三层处理; 四是在出节点 Egress 去掉分组中的标签, 继续进行后面的转发。

由此可以看出, MPLS 并不是一种业务或者应用, 它实际上是一种隧道技术, 也是一种将标签交换转发和网络层路由技术集于一身的路由与交换技术平台。这个平台不仅支持多种高层协议与业务, 而且在一定程度上可以保证信息传输的安全性。

随着 ASIC 技术的发展, 路由查找速度已经不是阻碍网络发展的瓶颈。这使得 MPLS 在提高转发速度方面不再具备明显的优势。

MPLS 技术的一个主要优势在于, 它巧妙地融合了 IP 网络的三层路由功能和传统二层网络的高效转发机制。在转发平面, MPLS 采用了面向连接的方式, 这与现有的二层网络转发方式极为相似。这一特点使 MPLS 能够轻松实现 IP 网络与 ATM (异步传输模式)、帧中继等二层网络的无缝整合。此外, MPLS 为流量工程 (Traffic Engineering, TE)、虚拟专用网络以及服务质量等应用提供了更优的解决方案。

（四）宽带 IP 网的演进

1. 宽带无线网络

Wi-Fi 俗称无线宽带，其中定义了介质访问接入控制层（MAC 层）和物理层。物理层定义了工作在 2.4GHz 的 ISM 频段上的两种无线调频方式和一种红外传输的方式，总数据传输速率设计为 2Mbit/s。两个设备之间的通信可以自由直接（ad hoc）的方式进行，也可以在基站（Base Station，BS）或者访问点（Access Point，AP）的协调下进行。

Wi-Fi 网络的基本设置至少包括一个无线接入点（Access Point，AP）和一个或多个客户端（Client）。AP 每隔 100 毫秒通过信标（Beacon）帧将服务集标识符（Service Set Identifier，SSID）广播一次。信标帧的传输速率为 1 Mbit/s，由于其长度较短，因此这种广播对网络性能的影响微乎其微。由于 Wi-Fi 规定最低传输速率为 1 Mbit/s，这保证了所有 Wi-Fi 客户端都能接收到 SSID 的广播帧，从而可以选择是否连接到该 SSID 的 AP。用户可以选择连接到特定的 SSID。Wi-Fi 系统始终对客户端开放连接，并支持漫游功能，这是其主要优势之一。然而，这也意味着某些无线适配器在性能上可能优于其他适配器。由于 Wi-Fi 信号通过空气传输，因此它具有与非交换式以太网相似的特点。近两年，出现了一种名为"Wi-Fi over cable"的新方案。这种方案是以太网通过电缆（Ethernet over Cable，EoC）技术的一种形式，它通过将 2.4GHz 的 Wi-Fi 射频信号降频后在电缆中传输。这种方案已经在我国开始了小范围的试点商用。

2. 下一代网际协议 IPv6

IPv6 的引入：IPv6 协议是 IP 协议的第 6 版本，是为了改进 IPv4 协议存在的问题而设计的新版本的 IP 协议。

IPv4 存在的问题：一是 IPv4 的地址空间太小；二是 IPv4 分类的地址利用率低；三是 IPv4 地址分配不均；四是 IPv4 数据包的首部不够灵活。

IPv6 的特点：一是极大的地址空间；二是分层的地址结构；三是支持即插即用；四是灵活的数据包首部格式；五是支持资源的预分配；六是认证与私密性；七是方便移动主机的接入。IPv4 向 IPv6 过渡的方法：使用双协议栈和使用隧道技术。

3. 物联网技术

（1）物联网的定义

物联网（Internet of Things，IoT）是一种通过互联网、传统电信网络等信息载体，实现所有可单独寻址的物理对象互联互通的技术体系。它主要具有以下三个关键特征：将常规物体设备化、实现自主终端之间的互联以及提供全面智能服务。物联网集成了无处不在的端设备（如具有内在智能的传感器、移动终端、工业系统、建筑控制系统、智能家居设备、视频监控系统）和外部使能元素（例如，配备 RFID 标签的各类资产、带有无线终端的人员和车辆），这些被称为"智能化物体"或"智能尘埃"。通过各种无线或有线、长距离或短距离的通信网络，物联网实现了机器对机器（M2M）的互联、广泛应用的集成，以及基于云计算的软件即服务（SaaS）运营模式。它提供了一系列管理和服务功能，包括实时在线监控、定位追踪、报警联动、调度指挥、应急预案管理、远程控制、安全预防、远程维护、在线升级、统计报告和决策支持等。其中，领导控制台（Cockpit Dashboard）为管理者集中展示重要信息。最终，物联网旨在实现对所有事物的高效、节能、安全和环保的综合管理、控制和运营。

（2）物联网的鲜明特征

和传统的互联网相比，物联网有其鲜明的特征。

首先，它是各种感知技术的广泛应用。物联网上部署了海量的多种类型传感器，每个传感器都是一个信息源，不同类别的传感器所捕获的信息内容和信息格式不同。传感器获得的数据具有实时性，按一定的频率周期性的采集环境信息，不断更新数据。

其次，它是一种建立在互联网上的泛在网络。物联网技术的重要基础和核心仍旧是互联网，通过各种有线和无线网络与互联网融合，将物体的信息实时准确地传递出去。在物联网上的传感器定时采集的信息需要通过网络传输，由于其数量极其庞大，形成了海量信息，在传输过程中，为了保障数据的正确性和及时性，必须适应各种异构网络和协议。

最后，物联网不仅提供了传感器的连接，其本身也具有智能处理的能力，能够对物体实施智能控制。物联网将传感器和智能处理相结合，利用云计算、模式识别等各种智能技术，扩充其应用领域。从传感器获得的海量信息中分析、加工和处理出有意义的数据，以适应不同用户的不同需求，发现新的应用领域和应用模式。

（3）物联网的用途广泛

物联网用途广泛，遍及智能交通、环境保护、政府工作、公共安全、平安家居、智能消防、工业监测、环境监测、老人护理、个人健康、花卉栽培、水系监测、食品溯源、敌情侦查和情报搜集等多个领域。

五、DDN 网络

（一）DDN 的概念

数字数据网（Digital Data Network, DDN）是采用数字信道来传输数据信息的数据传输网。数字信道包括用户到网络的连接线路，即用户环路的传输也应该是数字的。

DDN 一般用于向用户提供专用的数字数据传输信道或提供将用户接入公用数据交换网的接入信道，也可以为公用数据交换网提供交换节点间用的数据传输信道。DDN 一般不包括交换功能，只采用简单的交叉连接复用装置。如果引入交换功能，就成了数字数据交换网。

数字数据网络是一种利用数字信道为用户提供话音、数据和图像信号传输的网络，它的特点是提供半永久性的连接电路。这种半永久性连接意味着 DDN 提供的信道是非交换式的，即用户间的通信连接通常是固定的。在需要更改时，用户可以提交申请，然后由网络管理人员或在网络策略允许的情况下由用户自己来调整传输速率、目的地和传输路由。但这类修改通常不频繁发生，因此这种连接被称为半永久性交叉连接或半固定交叉连接。DDN 的这一设计既克服了数据通信专用链路在永久连接下的不灵活性，又弥补了以 X.25 标准为基础的分组交换网络在处理速度和传输延迟方面的不足。

DDN 向用户提供端到端的数字型传输信道，它与在模拟信道上采用调制解调器（MODEM）来实现的数据传输相比，具有以下特点。

1. 传输差错率（误比特率）低

一般数字信道的正常误码率在 10^{-6} 以下，而模拟信道较难达到。

2. 信道利用率高

一条 PCM 数字话路的典型传输速率为 64Kbit/s。通过复用可以传输多路 19.2Kbit/s 或 9.6Kbit/s 或更低速率的数据信号。

3. 不需要 MODEM

与用户的数据终端设备相连接的数据电路终接设备（DCE）一般只是一种功能较简单的通常称作数据服务单元（DSU）或数据终接单元（DTU）的基带传输装置，或者直接就是一个复用器及相应的接口单元。

4. 要求全网的时钟系统保持同步

DDN 要求全网的时钟系统必须保持同步，否则，在实现电路的转接、复接和分接时就会遇到较大的困难。

（二）DDN 网络结构与互联

1. DDN 网络的组成

DDN 由用户环路、DDN 节点、数字信道和网络控制管理中心组成。

(1) 用户环路

用户环路又称用户接入系统，通常包括用户设备、用户线和用户接入单元。

用户设备通常是数据终端设备（DTE）(如电话机、传真机、个人计算机以及用户自选的其他用户终端设备)。目前用户线一般采用市话电缆的双绞线。用户接入单元可由多种设备组成，对目前的数据通信而言，通常是基带型或频带型单路或多路复用传输设备。

(2) DDN 节点

从组网功能区分，DDN 节点可分为用户节点、接入节点和 E1 节点。从网络结构区分，DDN 节点可分为一级干线网节点、二级干线网节点及本地网节点。

用户节点主要为 DDN 用户入网提供接口并进行必要的协议转换，这包括小容量时分复用设备以及 LAN 通过帧中继互联的桥接器／路由器等。小容量时分复用设备也可包括压缩话音／G3 传真用户接口。

接入节点主要为 DDN 各类业务提供接入功能，主要包括：N×64Kbit/s(N=1-31)，2048Kbit/s 数字信道的接口；N×64Kbit/s 的复用；小于 64Kbit/s 的子速率复用和交叉连接；帧中继业务用户的接入和本地帧中继功能；压缩话音／G3 传真用户的接入功能。

E1 节点用于网上的骨干节点，执行网络业务的转接功能，主要有：2048Kbit/s 数字信道的接口；2048Kbit/s 数字信道的交叉连接；N×64Kbit/s（N=1～31）复用和交叉连接；帧中继业务的转接功能。E1 节点主要提供 2048Kbit/s（E1）接口，对 N×64Kbit/s 进行复用和交叉连接，以收集来自不同方向的 N×64Kbit/s 电路，并把它们归并到适当方向的 E1 输出，或直接接到 E1 进行交叉连接。

枢纽节点用于 DDN 的一级干线网和各二级干线网。它与各节点通过数字信道相连，容量大，因而发生故障时的影响面大。在设置枢纽节点时，可考虑备用数字信道的设备，同时合理地组织各节点互联，充分发挥其效率。

(3) 数字信道

各节点间数字信道的建立要考虑其网络拓扑，网络中各节点间的数据业务量的流量、流向以及网络的安全。网络的安全要考虑到若在网络中任一节点一旦遇到与它相邻的节点相连接的一条数字信道发生故障时，该节点会自动转到迂回路由以保持通信正常进行。

(4) 网络控制管理中心

网络控制管理是保证全网正常运行，发挥其最佳性能效益的重要手段。网络控制管理一般应具有以下功能：用户接入管理（包括安全管理）；网络结构和业务的配置；网络资源与路由管理；实时监视网络运行；维护、告警、测量和故障区段定位；

网络运行数据的收集与统计；计费信息的收集与报告。

2. DDN 的网络结构

DDN 网按组建、运营和管理维护的责任区域来划分网络的等级，可分为本地网和干线网，干线网又分为一级干线网、二级干线网。

不同等级的网络主要用 2048Kbit/s 数字信道互联，也可用 N×64Kbit/s 数字信道互联。

（1）一级干线网

一级干线网络主要由各省、市、自治区的节点构成，主要负责提供省际的长途 DDN 服务。这些节点通常设立在省会城市和其他省内经济发达的城市。另外，根据国际电路的配置及业务需求，由电信主管部门设立国际出入口节点。在国际通信中，首选使用 2048Kbit/s 的数字信道。若需要，也可以使用 1544Kbit/s 的数字信道，但在这种情况下，相关的出入口节点需要具备从 1544Kbit/s 到 2048Kbit/s 的信号转换功能。

为减少备用线的数目，或充分提高备用数字信道的利用率，在一级和二级干线网，应根据电路组织情况、业务量和网络可靠性要求，选定若干节点为枢纽节点。一级干线网的核心层节点互联应遵照下列要求：一是枢纽节点之间采用全网状连接；二是非枢纽节点应至少与两个枢纽节点相连；三是国际出入口节点之间、出入口节点与所有枢纽节点相连；四是根据业务需要和电路情况，可在任意两个节点之间连接。

（2）二级干线网

二级干线网由设置在省内的节点组成，它提供本省内长途和出入省的 DDN 业务。二级干线在设置核心层网络时，应设置枢纽节点，省内发达地、县级城市可组建本地网。没有组建本地网的地、县级城市所设置的中、小容量接入节点或用户接入节点，可直接连接到一级干线网节点上或经二级干线网其他节点连接到一级干线网节点。

（3）本地网

本地网是指城市范围内的网络，在省内发达城市可组建本地网，为用户提供本地和长途 DDN 网络业务。本地网可由多层次的网络组成，其小容量节点可直接设置在用户室内。

（4）节点和用户连接

DDN 的一级干线网和二级干线网中，由于连接各节点的数字信道容量大，复用路数多，其发生故障时影响面广，因此应考虑备用数字信道。

节点间的互联主要采用 2048Kbit/s 数字信道，根据业务量和电路组织情况，也可采用 N×64Kbit/s 数字信道。

两用户之间连接，中间最多经过 10 个 DDN 节点，它们是一级干线网 4 个节点，两边省内网各 3 个节点。在进行规划设计时，省内任一用户到达一级干线网节点所经过的节点数应限制在 3 个或 3 个以下。

3. DDN 的互联

用户网络与 DDN 互联方式：DDN 作为一种数据业务的承载网络，不仅可以实现用户终端的接入，而且可以满足用户网络的互联，扩大信息的交换与应用范围。用户网络可以是局域网、专用数字数据网、分组交换网、用户交换机以及其他用户网络。

局域网利用 DDN 互联方式：局域网利用 DDN 互联可通过网桥或路由器等设备，其互联网桥将一个网络上接收的报文存储、转发到其他网络上，由 DDN 实现局域网之间的互联。网桥的作用就是把 LAN 在链路层上进行协议的转换而使之连接起来。路由器具有网际路由功能，通过路由选择转发不同子网的报文，通过路由器 DDN 可实现多个局域网互联。

专用 DDN 与公用 DDN 的互联：专用 DDN 与公用 DDN 在本质上没有什么不同，它是公用 DDN 的有益补充。专用 DDN 覆盖的地理区域有限，一般为某单一组织所专有，结构简单，由专网单位自行管理。由于专用 DDN 的局限性，其功能实现、数据交流的广度都不如公用 DDN，所以，专用 DDN 与公用 DDN 互联有深远的意义。

专用 DDN 与公用 DDN 互联有不同的方式，可以采用 V.24、V.35、X.21 标准，也可以采用 G.7032048kb/s 标准。

分组交换网与 DDN 互联：分组交换网可以提供不同速率、高质量的数据通信业务，适用于短报文和低密度的数据通信；而 DDN 传输速率高，适用于实时性要求高的数据通信，分组交换网和 DDN 可以在业务上进行互补。DDN 上的客户与分组交换网上的客户相互进行通信，要实现两网采用 X.25 或 X.28 接口规程，DDN 的终端在这里相当于分组交换网的一个远程直通客户，其传输速率满足分组交换网的要求。DDN 不仅可以给分组交换网的远程客提供数据传输通道，而且可以为分组交换机局间中继线提供传输通道，为分组交换机互联提供良好的条件。DDN 与分组交换网的互联接口标准采用 G.703 或 V.35。

用户交换网与 DDN 的互联可分为两个方面：一方面，利用 DDN 的语音功能，为用户交换机解决远程客户传输问题（如果采用传统模拟线来传输就会超过传输限制，影响通话质量），与 DDN 的连接采用音频二线接口。另一方面，利用 DDN 本身的传输能力，为用户交换机提供所需的局间中继线，此时与 DDN 互联采用 G.703 或音频二线/四线接口。

(三) DDN 网络管理与控制

1. 网管控制中心的设置

(1) 全国和各省网管控制中心

DDN 网络上设置全国和各省两级网管控制中心 (NMC), 全国 NMC 负责一级干线网的管理和控制, 省 NMC 负责本省、直辖市或自治区网络的管理和控制。在节点数量多、网络结构复杂的本地网上, 也可以设置本地网管控制中心, 负责本地网的管理和控制。

(2) 网管控制终端 (NMT)

根据网络管理和控制的需要, 以及业务组织和管理的需要, 可以分别在一级干线网上和二级干线网上设置若干网管控制终端 (NMT)。NMT 应能与所属的 NMC 交换网络信息和业务信息, 并在 NMC 的允许范围内进行管理和控制。NMT 可分配给虚拟专用网的责任用户使用。

(3) 节点管理维护终端

DDN 各节点应能配置本节点的管理维护终端, 负责本节点的配置、运行状态的控制、业务情况的监视指示, 并应能对本节点的用户线进行维护测量。

2. 网管控制信息通信通路

(1) 节点和网管控制中心之间的通信

网管控制中心和所辖节点之间交换网管控制信息时, 既可使用 DDN 本身网络中专门划出的适当容量的通路, 也可以采用经其他如公用分组网或电话网提供的通路。

(2) 网管控制中心之间的通信

全国 NMC 和各省 NMC 之间, 以及 NMC 和所辖 NMT 之间要求能相互通信, 交换网管控制信息。实现这种通信的通路应可以采用 DDN 网上配置的专用电路, 也可以采用经公用分组网或电话网的连接电路。

第三章　计算机信息的安全

第一节　信息安全的含义

一、计算机信息系统受到的威胁

计算机信息系统，以其基于计算机和数据通信网络的复杂构架，组成了一个开放而广泛的互联网络。这种开放性带来了双刃剑的效应：一方面，极大地便利了金融、贸易、商业等众多行业，甚至渗透到我们的日常生活，成为不可或缺的一部分；另一方面，若缺乏严格的安全和保密措施，它也可能成为不法分子的乐园，任由他们通过网络终端操控、窥探和盗取价值连城的信息资源。随着计算机信息系统的普及，其潜在的风险也日益凸显。全球每年因计算机犯罪而造成的经济损失高达数千亿美元，这个数字令人震惊。尽管在我国，计算机在管理和决策方面的应用起步较晚，但各类计算机犯罪的报道已时有耳闻，这不仅阻碍了信息技术的发展，也对社会的稳定构成了严重威胁。因此，加强计算机信息系统的安全防护，已成为我们不容忽视的紧迫任务。

归纳起来，计算机信息系统所面临的威胁分为以下几类。

(一) 自然灾害

主要是指火灾、水灾、风暴、地震等破坏，以及环境（温度、湿度、振动、冲击、污染）的影响。目前，我们不少计算机房并没有防震、防火、防水、避雷、防电磁泄漏或干扰等措施，接地系统也疏于考虑，抵御自然灾害和意外事故的能力较差。日常工作中因断电而设备损坏、数据丢失的现象时有发生。

(二) 人为或偶然事故

这可能是由于工作人员的失误操作使系统出错，使得信息遭到严重破坏或被别人偷窥到机密信息，或者环境因素的突然变化造成信息丢失或破坏。

(三) 计算机犯罪

计算机犯罪是指利用计算机技术进行的非法行为，这些行为可能包括故意泄露或破坏计算机系统中的机密信息，危害计算机系统的实体和信息安全。这种犯罪形式可以采取暴力或非暴力的方式，且经常以计算机信息系统为主要目标。

计算机犯罪的实施者通常具备计算机技术知识。他们可能通过各种手段，如窃取口令，非法侵入计算机信息系统。这些犯罪活动包括但不限于利用计算机传播有害信息、进行网络诈骗、实施网络攻击，甚至恶意破坏计算机系统。这些行为不仅侵犯了个人和组织的隐私权，也威胁到了社会的信息安全。

对计算机信息系统来说，常见的犯罪活动攻击可以分为以下三个主要方面。

1. 通信过程中的威胁

在计算机信息系统的通信过程中，用户面临着多种安全威胁，这些威胁主要分为以下两大类。

（1）主动攻击

主动攻击是指攻击者通过网络渠道，主动向目标系统发送恶意数据，如虚假信息或计算机病毒。这类攻击直接针对信息系统的完整性和可用性。例如，攻击者可能利用网络漏洞将病毒或恶意软件上传到系统中，导致数据被篡改或删除，甚至破坏系统的正常运行。在严重的情况下，这种攻击甚至可能使整个信息系统瘫痪，从而给企业或个人用户带来巨大的经济损失。

（2）被动攻击

被动攻击通常涉及未经授权的信息访问和数据窃取。在这种类型的攻击中，攻击者会秘密地监视和拦截网络通信，从而非法获取敏感信息。不同于主动攻击的破坏性行为，被动攻击更多是对数据机密性的威胁。例如，通过网络嗅探器或监听软件，攻击者可以窃取用户的个人信息、贸易机密或其他敏感数据。这种攻击的危险性在于，用户通常难以察觉到信息的泄露，直至造成了实际的损害。

2. 存储过程中的威胁

在计算机系统中，存储的信息同样面临着多种安全威胁，这些威胁在一定程度上与通信线路中的威胁相似。非法用户一旦获得了系统的访问控制权，便可以轻易浏览存储介质上的机密数据或专利软件。他们可以对这些有价值的信息进行统计分析，从而推断出所需的数据，这严重威胁到信息的保密性、真实性和完整性，具体体现在以下两个方面。

一方面，信息的保密性是存储安全中关键的方面之一。当未经授权的用户获取对敏感数据的访问权限时，这些数据就有被窃取和滥用的风险，这不仅包括个人隐私信息，如身份证明、财务记录等，还包括企业的商业机密和国家的重要安全信息。例如，黑客通过破解密码进入数据库，或通过恶意软件植入系统中，就能窃取或篡改存储在计算机系统中的数据。

另一方面，数据的真实性和完整性也容易受到威胁。如果攻击者能够访问并修改存储的数据，就可能导致数据不再准确或完整。例如，攻击者可能篡改财务记录或个人信息，使数据失去其原本的价值和意义。此外，数据的意外丢失或损坏，如硬盘故障、自然灾害等，也会影响数据的完整性。

3. 加工处理中的威胁

计算机信息系统通常具备对信息进行加工分析的处理功能。在这一处理过程中，信息往往以原始代码形式存在，这使得加密保护对处理中的信息效用有限。因此，在信息处理阶段，系统极易受到有意的攻击和意外操作的影响，从而遭受破坏并造成损失。加工处理中的威胁，具体体现在以下两个方面。

一方面，信息处理阶段面临的主要威胁之一是有意的网络攻击。这类攻击通常由黑客发起，主要是通过破坏或篡改信息处理过程，来窃取、破坏或篡改数据。例如，黑客可能利用软件漏洞插入恶意代码，或利用木马程序获取系统控制权。这些攻击不仅威胁到数据的安全性，也可能导致整个信息系统的瘫痪。

另一方面，意外操作也是信息处理阶段的一个重要安全隐患。用户或管理员的操作失误，如错误的数据输入、不当的系统配置或误操作，都可能导致数据丢失、系统故障甚至数据泄露。例如，一个简单的编程错误可能导致严重的数据损坏，而未经授权的数据访问或修改可能导致数据泄露。

(四) 计算机病毒

计算机病毒是指编制或者在计算机程序中插入的破坏计算机功能或者毁坏数据，影响计算机使用，并能自我复制的一组计算机指令或者程序代码。"计算机病毒"这个称呼十分形象，它像一个灰色的幽灵无处不存、无时不在。它将自己附在其他程序上，在这些程序运行时进入系统中扩散。一台计算机感染病毒后，轻则系统工作效率下降，部分文件丢失；重则造成系统死机或毁坏，全部数据丢失。

(五) 信息战的严重威胁

所谓信息战，是指在国家安全和军事战略层面上，采取一系列行动来取得信息优势。其核心目的是通过信息技术手段，干扰和破坏敌方的信息系统，同时保护自己的信息系统免受攻击。与传统的军事对抗不同，信息战的目标并非直接针对敌方的人员或物理战斗装备，而是集中在打击敌方的计算机信息系统，特别是那些对敌方至关重要的指挥控制系统。这种策略的目的是通过技术手段使敌方的指挥神经中枢陷入瘫痪状态，从而在战略上取得优势。

随着信息技术的飞速发展，信息战已从根本上改变了国家之间进行对抗的方式。

信息武器，包括网络攻击工具、病毒、黑客技术等，已经成为继原子武器、生物武器、化学武器之后的第四类重要战略武器。它们在现代战争中扮演着日益重要的角色，不仅能够造成物理层面的破坏，更能在心理、经济和社会层面对敌方产生深远影响。

在未来的国际对抗中，信息技术的角色将变得更加突出。国家之间的竞争不仅仅局限于传统的军事力量或经济实力，信息技术和网络空间的掌控能力也成为衡量国家综合实力的重要指标。因此，网络信息安全不仅是国家安全的一部分，更是国家安全的重要前提。在这个信息化的时代，任何忽视信息安全的行为都可能给国家安全带来不可预测的严重后果。

二、计算机信息系统受到的攻击

(一) 威胁和攻击的对象

威胁和攻击的对象可以分为两大类：一是针对计算机信息系统实体的威胁和攻击；二是针对信息本身的威胁和攻击。其中，计算机犯罪和计算机病毒通常包含对计算机系统实体和信息两个方面的威胁和攻击。

1. 对实体的威胁和攻击

对计算机及其外部设备和网络的威胁和攻击，主要涵盖了自然灾害和人为破坏、设备故障、场地和环境因素的影响，电磁场的干扰或电磁泄漏，以及媒体的盗窃和丢失等方面。这些威胁和攻击不仅可能导致国家财产的重大损失，而且可能使信息系统中的机密信息遭受严重泄露和破坏。

2. 对信息的威胁和攻击

对信息的威胁和攻击则主要指网络安全问题，包括但不限于黑客攻击、网络钓鱼、间谍软件、恶意软件、身份盗用、数据篡改等。这些攻击直接针对信息系统内的数据和信息，威胁信息的完整性、保密性和可用性。

(二) 被动攻击和主动攻击

根据攻击的方式，可将网络攻击分为被动攻击和主动攻击两类。

1. 被动攻击

被动攻击指的是不影响系统正常运作的情况下进行的窃密活动。这类攻击通常包括截获和窃取系统信息，以便进行后续的破译和分析。被动攻击者可能通过监控信息传输，获取系统配置和用户身份信息；或通过分析机密信息的传输长度和频率来推断信息的性质。由于被动攻击不直接干扰系统运作，往往不易被察觉，从而使攻击能够持续更长时间，造成更大的潜在危害。

2. 主动攻击

主动攻击则是更直接的信息破坏行为。与被动攻击不同，它不仅包括窃密，还直接威胁到信息的完整性和可靠性。主动攻击可能涉及对信息内容的有选择性修改、删除、添加、伪造和复制，从而造成信息的损坏或失真。

(三) 对信息系统攻击的主要手段

信息系统在运行过程中，经常受到上述威胁和攻击，其破坏手段主要包括如下几种。

1. 冒充

最常见的破坏方式是冒充。非法用户伪装成合法用户，非法访问系统，冒充授权者发送和接收信息，造成信息泄露和丢失。

2. 篡改

在网络环境中，未受监控的信息容易被篡改。攻击者可能会修改信息的标签、内容、属性、接收者和发送者，以取代原始信息，造成信息失真。

3. 窃取

信息盗窃是一种常见的网络攻击手段，它可以通过多种途径实现。例如，在通信线路中，攻击者可能利用电磁辐射来侦截传输中的信息。此外，在信息存储和处理过程中，通过冒充合法用户或通过非法手段访问，攻击者能够窃取重要信息。这种类型的攻击特别难以防范，因为它通常涉及系统的多个环节，包括数据传输、存储和处理等。

4. 重放

重放攻击涉及将之前窃取的信息通过修改或重新排序后，在特定时机重新注入系统。这种攻击手段会导致信息的重复和混乱，破坏信息的真实性和完整性。重放攻击可能用于误导接收方，使其认为是合法的信息传输，从而利用这些假信息进行错误的决策或操作。

5. 推断

推断攻击是一种基于已窃取信息的进一步破坏活动。它的目的不在于直接窃取原始信息，而是对窃取的信息进行统计和分析，以揭露信息的流量变化、交换频率等特征。通过这些分析，攻击者可以推断出更多有价值的信息，如系统的使用模式、重要事件的时序等，进而进行更有针对性的攻击。

6. 病毒

计算机病毒是对信息系统构成直接威胁的一种攻击手段。成千上万种不同的计算机病毒能够破坏系统运作和数据文件，影响信息系统的正常运行。病毒可以通过多种渠道传播，如电子邮件附件、恶意软件下载等，一旦侵入系统，它们可以造成严重的破坏。

三、计算机信息系统的脆弱性

计算机系统本身也因为存在一些脆弱性，抵御攻击的能力很弱，自身的一些缺陷常常容易被非授权用户不断利用。这种非法访问使系统中存储的信息的完整性受到威胁，使信息被修改或破坏而不能继续使用；而且系统中有价值的信息被非法篡改、伪造、窃取或删除而不留任何痕迹时，若计算机信息系统继续运行，还会得出截然相反的结果，造成不可估量的损失。另外，计算机还容易受到各种自然灾害和各种误操作的破坏。

从计算机信息系统自身的结构方面分析，也有一些问题是目前在短时间内无法解决的。

(一) 计算机操作系统的脆弱性

操作系统是计算机重要的系统软件。它掌控和调配着计算机系统中的所有硬件和软件资源，是计算机系统的中枢。操作系统的不安全性不仅影响着计算机系统的整体运行，更是信息安全的严重隐患。由于操作系统的重要性无可替代，因此攻击者往往将其作为主要攻击目标。

(二) 计算机网络系统的脆弱性

计算机网络是将分散在全球各地的电脑系统通过某种媒介连接起来，实现信息和资源共享的一种技术。但是，这种技术在最初的设计中并没有考虑到安全性的问题，导致网络系统的安全存在"先天不足"。

(三) 数据库管理系统的脆弱性

数据库是相关信息的集合。计算机系统中的信息通常以数据库的形式组织存放，攻击者通过非法访问数据库，达到篡改和破坏信息的目的。数据库管理系统安全必须与操作系统的安全进行配套。例如，DBMS 的安全级别为 B2 级，那么操作系统的安全级别同样是 B2 级的。数据库的安全管理还是建立在分级管理概念上的。所以，DBMS 的安全也是脆弱的。

四、计算机信息安全的定义

信息安全是一个不断进化的概念，过去它只是通信保密或信息安全，但如今乃至未来，我们更需要的是信息保障。

信息安全主要涉及信息存储的安全、信息传输的安全以及对网络传输信息内容的审计三个方面，它研究计算机系统和通信网络内信息的保护方法。

从广义来说，凡是涉及信息的完整性、保密性、真实性、可用性和可控性的相关技术和理论都是信息安全所要研究的领域。计算机信息安全是一种保护计算机信息系统的硬件、软件、网络及其系统中数据免受偶然或恶意破坏、篡改或泄露的能力，保证系统稳定运行，信息不中断，从而实现高效的信息处理和交流。

五、计算机信息安全的特征

计算机信息安全具有以下五个方面的特征。

（一）保密性

保密性是指信息不让未经授权的个人或实体获取利用，防止信息泄露。此特性保障了信息的安全，使之只为授权用户所使用。

（二）完整性

完整性是信息未经授权不能进行改变的特性，即信息在存储或传输过程中保持不被偶然或蓄意地删除、修改、伪造、乱读、重放、插入等破坏和丢失。完整性是一种面向信息的安全性，它要求保持信息的原样，即信息的正确生成、正确存储和传输。

完整性与保密性不同，保密性要求信息不被泄露给未授权的人，而完整性则要求信息不致受到各种原因的破坏。影响网络信息完整性的主要因素有设备故障、误码、人为攻击及计算机病毒等。

（三）真实性

真实性也称作不可否认性。在信息系统的信息交互过程中，确保参与者的真实同一性，即所有参与者都不可能否认或抵赖曾经完成的操作和承诺。利用信息源证据可以防止发信方不真实地否认已发送信息，利用递交接收证据可以防止收信方事后否认已经接收到信息。

（四）可用性

可用性是指信息能被授权实体访问、利用和满足其需求的特性。它不仅意味着信息服务在需要时能够满足授权用户或实体的需求，还意味着即使信息系统（如网络）出现部分故障或需要降低使用级别，仍然能够为授权用户提供有效的服务。

（五）可控性

可控性是对信息的传播及内容具有控制能力的特性。即指授权机构可以随时控制信息的机密性。概括地说，计算机信息安全核心是通过计算机、网络、密码技术和安全技术，保护在信息系统及公用网络中传输、交换和存储的信息的完整性、保密性、真实性、可用性和可控性等。

六、计算机信息安全的含义

信息安全的具体含义和侧重点会随着观察者角度的变化而变化。

对于用户（无论是个人还是企业），他们最关注的问题是如何在数据传输、交换和存储过程中保护涉及个人隐私或商业利益的数据的保密性、完整性和真实性。这包括防止竞争对手等通过窃听、冒充、篡改等手段对其利益和隐私造成损害和侵犯。同时，用户也希望他们存储在网络信息系统中的数据不被其他非授权用户访问和破坏。

从网络运行和管理者的角度来说，他们最为关心的问题是如何保护和控制其他人对本地网络信息的访问和读写等操作。比如，避免出现病毒、非法存取、拒绝服务和网络资源非法占用与非法控制等现象，制止和防御网络黑客的攻击。

对安全保密部门和国家行政部门来说，他们最为关心的问题是如何对非法的、有害的或涉及国家机密的信息进行有效过滤和防堵，避免信息非法泄露。秘密敏感的信息被泄露后将会对社会的安定产生危害，对国家造成巨大的损失。

在计算机信息系统中，计算机及其相关的设备、设施（含网络）统称为计算机信息系统的“实体”。实体安全是指为了保证计算机信息系统安全可靠运行，确保计算机信息系统在对信息进行采集、处理、传输、存储过程中，不致受到人为（包括未授权使用计算机资源的人）或自然因素的危害，导致信息丢失、泄露或破坏，而对计算机设备、设施（包括机房建筑、供电、空调等）、环境人员等采取适当的安全措施。

第二节　信息安全体系结构框架

如今，随着信息时代的到来，计算机网络信息系统已在国家各领域得到广泛运用。在人们的生活和生产中，计算机网络信息的重要性日益凸显，许多企业组织也日益依赖于信息。但在计算机网络信息类型增多和人们使用需求提升以及计算机网络系统自身存在的风险，使计算机网络信息系统安全管理成为有关人员关注的重点。为了避免计算机使用用户信息泄露、信息资源的应用浪费、计算机信息系统软硬件故障对信息准确性的不利影响，需要有关人员构建有效的计算机网络信息安全结构体系，通过该结构体系的构建保证计算机网络信息系统运行的安全。

一、计算机网络信息系统安全相关概念

(一) 信息安全产业

在社会主义市场经济的条件下，按照市场规律发展信息安全产业，是国家整体信息安全体系建设的一个重要方面。从市场经济的角度认识信息安全产业，是一个重要的课题，这对领域主管部门、产业部门、从业企业都具有重要的意义。

信息成为一项重要的资产，是包括信息安全产业在内的整个信息产业发展的根本原因。市场经济是以资产运营为手段、以资产增值为目的的经济形态，资产结构及资产运营管理构成了市场经济的两个基本方面。在市场经济环境下，当一种新的资产要素出现时，就会形成围绕这一资产要素的产业链条。市场经济发展到今天，信息作为资产要素的特征日益显现。以信息资产为核心要素，以信息资产运营为核心过程的信息经济，带来了市场经济的一个全新发展阶段。信息是资产的重要构成元素，也是信息产业和信息安全产业发展的关键驱动力。

安全是信息资产区别于其他资产要素的关键属性。信息的高无形价值、强时效性、低传播成本等因素决定了这一点。没有安全保障的信息资产，谈不上资产价值；没有安全管理的信息资产运营，不能实现信息资产的保值和增值。信息资产的价值与其安全状况直接相关。

安全管理是信息资产运营的关键，是信息安全产业响应的主要需求。确保资产及其运营的安全，是资产管理的普遍要求，就信息资产而言，这一点尤为重要。信息安全产业必须解决信息资产运营中的安全管理问题。

为信息资产的安全运营提供保障是信息安全产业的核心价值所在。信息安全产业是由信息资产安全运营需求所决定的产业链条。实现信息资产的安全管理，保障

信息资产的安全运营，是整个信息安全产业的核心价值所在。信息安全产业是信息产业最具投资价值的一个方向，是整个信息产业的一个制高点。

访问控制是信息安全产业的关键技术。人和信息之间的交互管理是信息安全管理的核心，因而实现这种安全机制的访问控制技术成为关键。

(二)计算机网络信息系统安全的内涵和发展目标

计算机网络信息系统安全是指计算机信息系统结构安全，计算机信息系统有关元素的安全，以及计算机信息系统有关安全技术、安全服务以及安全管理的总和。计算机网络信息系统安全从系统应用和控制角度来看，主要是指信息的存储、处理、传输过程中体现其机密性、完整性、可用性的系统辨识、控制、策略以及过程。

计算机网络信息系统安全管理的目标是实现信息在安全环境中的运行。实现这一目标需要可靠操作技术的支持、相关的操作规范、计算机网络系统、计算机数据系统等。

(三)计算机网络信息系统安全体系结构

信息安全涉及的技术面非常广，在规划、设计、评估等一系列重要环节上都需要一套安全体系框架来提供指导。信息系统安全体系结构框架是国家"等级保护制度"技术体系的重要组成部分。在计算机网络技术的不断发展下，基于经典模型的计算机网络信息安全体系结构不再适用，为了研究解决多个平台计算机网络安全服务和安全机制问题，在20世纪80年代末，有关人员提出了开放性的计算机网络信息安全体系结构标准，确定了计算机三维框架网络安全体系结构。

三维框架是一个通用的框架，反映信息系统安全需求和体系结构的共性，是从总体上把握信息系统安全技术体系的一个重要认识工具，具有普遍的适用性。信息系统安全体系结构框架的构成要素是安全特性、系统单元及开放系统互联参考模型结构层次。安全特性描述了信息系统的安全服务和安全机制，包括身份鉴定、访问控制、数据保密、数据完整、防止否认、审计管理、可用性和可靠性。采取不同的安全政策或处于不同安全等级的信息系统可有不同的安全特性要求。系统单元描述了信息系统的各组成部分，还包括使用和管理信息系统的物理和行政环境。

系统单元可分为四个部分：信息处理单元，包括端系统和中继系统；通信网络，包括本地通信网络和远程通信网络；安全管理，即信息系统管理中与安全有关的活动；物理环境，即与物理环境和人员有关的安全问题。

信息处理单元主要考虑计算机系统的安全：通过物理和行政管理的安全机制提供安全的本地用户环境，保护硬件的安全；通过防干扰、防辐射、容错、检错等手段，保护软件的安全；通过用户身份鉴别、访问控制、完整性等机制，保护信息的安全。信息处理单元必须支持安全特性为要求的安全配置，支持具有不同安全策略的多个安全域。安全域是用户、信息客体以及安全策略的集合。信息处理单元支持安全域的严格分离、资源管理以及安全域间信息的受控共享和传送。

通信网络安全：为传输中的信息提供保护。通信网络系统安全涉及安全通信协议、密码机制、安全管理应用进程、安全管理信息库、分布式管理系统等内容。通信网络安全确保开放系统通信环境下的通信业务的安全。

安全管理：包括安全域的设置和管理、安全管理的信息库、安全管理信息通信、安全管理应用程序协议、端系统安全管理、安全服务管理与安全机制管理等。

物理环境与行政管理安全：涉及人员管理、物理环境管理和行政管理，还涉及环境安全服务配置以及系统管理员职责等。

开放系统互联参考模型结构层次：各信息系统单元需要在开放系统互联参考模型的七个不同层次上采取不同的安全服务和安全机制，以满足不同的安全需求。安全网络协议使对等的协议层之间建立被保护的物理路径或逻辑路径，每一层次通过接口向上一层提供安全服务。

二、计算机网络信息安全体系结构特点

(一)保密性和完整性特点

计算机网络信息的重要特征是保密性和完整性，能够保证计算机网络信息应用的安全。保密性主要是指保证计算机网络系统在应用的过程中机密信息不泄露给非法用户。完整性是指计算机信息网络在运行的过程中信息不能被随意篡改。

(二)真实性和可靠性特点

真实性主要是指计算机网络信息用户身份的真实，从而避免计算机网络信息应用中冒名顶替制造虚假信息现象的出现。可靠性是指计算机信息网络系统在规定的时间内完成指定任务。

(三)可控性和占有性特点

可控性是指计算机网络信息系统对网络信息传播和运行的控制能力，强调了系统能有效阻止不良信息对计算机网络产生负面影响的能力。占有性是指经过授权的用户享有网络信息服务的特权，他们可以自由地享用这些服务。

三、计算机网络信息安全体系存在的风险

(一) 物理安全风险

计算机网络信息物理安全风险的问题颇为复杂，包括众多因素，这些因素可能对计算机网络系统平台的内部数据产生严重的破坏。

1. 自然灾害

自然灾害如地震、洪水、雷电等，常常导致计算机系统的硬件损坏，这不仅会影响计算机系统的正常运作，更可能造成重要数据的丢失或损坏。例如，洪水可能导致服务器房间内积水，影响服务器的正常运行；而雷电可能导致电源系统短路，损坏存储设备。

2. 电源故障

电源故障也是一个重要的物理安全风险。计算机系统的稳定运行高度依赖于稳定的电源供应。电源的不稳定或突然断电可能导致计算机设备损坏，数据丢失，甚至可能导致数据文件的损坏，这对于那些需要长时间运行的关键业务系统来说，后果尤为严重。

3. 设备失窃

设备失窃也是一个不容忽视的安全隐患。随着便携式存储设备的普及，如笔记本电脑、移动硬盘等，数据的物理安全风险也随之增加。设备的丢失或被盗不仅意味着硬件的损失，更重要的是存储在设备上的敏感数据也可能落入不法分子之手。

4. 电磁辐射

电磁辐射同样是一个不可忽视的问题。在某些特定的环境中，如强电磁干扰区，电磁辐射可能会导致计算机信息数据的损坏或丢失。此外，电磁泄漏也可能导致敏感信息的泄露，这对于那些处理高度机密数据的机构来说尤为重要。

(二) 网络系统安全风险

计算机信息网络系统安全风险是网络安全管理的重要组成部分，它包括计算机数据链路层和网络层的多个方面。

1. 网络信息传输的安全风险

网络信息传输的安全风险主要指在数据传输过程中可能遭受的威胁。这包括数据在传输过程中被拦截、监听或篡改。例如，未加密的数据传输可能被第三方截获，从而导致敏感信息被泄露。加密技术如 SSL/TLS 协议的使用可以有效减少这类风险。

2. 网络边界的安全风险

网络边界是网络与外界连接的交界处，如防火墙、路由器等，是网络安全的第一道防线。如果这些设备配置不当或存在漏洞，就可能成为攻击者的突破口，导致内部网络受到攻击。

3. 网络病毒安全风险

网络病毒、木马、恶意软件等可以通过多种方式传播，如电子邮件附件、软件下载等。它们可能导致系统崩溃、数据丢失或者被篡改，甚至可能使攻击者控制受感染的计算机。因此，定期更新防病毒软件和系统补丁至关重要。

4. 黑客攻击安全风险

黑客攻击安全风险是网络安全中为人们所熟知的风险之一。黑客可能利用网络系统中存在的安全漏洞进行攻击，如 DDoS 攻击、SQL 注入、跨站脚本攻击等。这些攻击不仅可能导致数据丢失或损坏，还可能导致服务中断，给组织造成重大损失。

(三) 系统应用安全风险

计算机信息网络系统的应用安全风险，关注的是系统应用层中可能引发的各种安全威胁。这些威胁不仅可能损害系统平台和内部数据，还可能对组织的正常运营造成严重影响。

1. 用户的非法访问

非法访问可能通过各种手段实现，如猜测密码、利用系统漏洞、社会工程学等。为了防范这种风险，需要实施严格的访问控制策略，包括使用复杂密码、多因素认证、权限最小化等措施。

2. 数据存储安全问题

数据是组织的核心资产，其安全直接关系到组织的稳定和信誉。数据存储安全问题包括数据泄露、数据损坏和数据丢失等。确保数据存储安全，需要采取加密存储、定期备份、防止未授权访问等措施。

3. 信息输出问题

信息输出不当可能导致敏感信息被泄露或误导用户和管理者。因此，需要确保输出信息的安全性和准确性，如通过实施数据脱敏、访问日志审计等措施。

4. 审计跟踪问题

审计跟踪是确保系统应用安全的重要手段，它帮助组织记录和分析用户活动、系统事件等。缺乏有效的审计跟踪可能导致安全事件的根源难以查找，增加了安全管理的难度。

四、计算机网络信息安全体系结构构建分析

(一) 计算机网络信息安全体系结构

计算机网络信息安全结构是一个动态化概念，具体结构不仅体现在保证计算机信息的完整、安全、真实、保密等，而且需要有关操作人员在应用的过程中积极转变思维，根据不同的安全保护因素加快构建一个更科学、有效、严谨的综合性计算机网络信息安全保护屏障，具体的计算机网络信息安全体系结构模式需要包括以下几个环节。

1. 预警

预警机制在计算机网络信息安全体系结构中扮演着至关重要的角色，它是实施网络信息安全策略的关键依据。通过对整个计算机网络环境及其安全状况进行细致的分析和判断，预警机制能够为计算机信息系统的安全保护提供更为准确的预测和评估。

2. 保护

保护是提升计算机网络安全性能，减少恶意入侵计算机系统的重要防御手段，主要是指经过建立一套机制来对计算机网络系统的安全设置进行检查，及时发现系统自身的漏洞并予以及时填补。

3. 检测

检测是及时发现入侵计算机信息系统行为的重要手段，主要是指通过对计算机网络信息安全系统实施隐蔽技术，从而减少入侵者发现计算机系统防护措施并进行破坏系统的一种主动性反击行为。检测能够为计算机信息安全系统的响应提供有效的时间，在操作应用的过程中减少不必要的损失。检测能够和计算机系统的防火墙进行联动作用，从而形成一个整体性的策略，设立相应的计算机信息系统安全监控中心，及时掌握计算机信息系统的安全运行情况。

4. 响应

如果计算机网络信息安全体系结构出现入侵行为，需要有关人员对计算机网络进行冻结处理，切断黑客的入侵途径，并做出相应的防入侵措施。

5. 恢复

三维框架网络安全体系结构中的恢复是指在计算机系统遇到黑客攻击和入侵威胁之后，对被攻击和损坏的数据进行恢复的过程。恢复的实现需要三维框架网络安全体系结构对计算机网络文件和数据信息资源进行备份处理。

6. 反击

三维框架网络安全体系结构中的反击是技术性能高的一种模块，主要反击行为是标记跟踪，即对黑客进行标记，之后应用侦察系统分析黑客的入侵方式，寻找黑客的地址。

(二) 基于三维框架网络安全体系结构计算机安全系统平台的构建

1. 硬件密码处理安全平台

硬件密码处理安全平台的构建面向整个计算机业务网络，具有标准规范的 API 接口，通过该接口能够让整个计算机系统网络所需的身份认证、信息资料保密、信息资料完整、密钥管理等具有相应的规范标准。

2. 网络级安全平台

网络级安全平台需要解决计算机网络信息系统互联、拨号网络用户身份认证、数据传输、信息传输通道的安全保密、网络入侵检测、系统预警等问题。在各个业务进行互联的时候需要应用硬件防火墙实现隔离处理。在计算机网络层需要应用 SVPN 技术建立系统安全虚拟加密通道，从而保证计算机系统重要信息传输的安全可靠。

3. 应用安全平台

应用安全平台的构建需要从两个方面实现：第一，应用计算机网络自身的安全机制进行应用安全平台的构建。第二，应用通用的安全应用平台实现对计算机网络上各种应用系统信息的安全防护。

4. 安全管理平台

安全管理平台能够根据计算机网络自身应用情况采用单独的安全管理中心、多个安全管理中心模式。该平台的主要功能是实现对计算机系统密钥管理、完善计算机系统安全设备的管理配置、加强对计算机系统运行状态的监督控制等。

5. 安全测评认证中心

为了确保大型计算机信息网络系统的安全性，建立安全测评认证中心是必不可少的。安全测评认证中心的主要功能是通过建立完善的网络风险评估分析系统，及时发现计算机网络中可能存在的系统安全漏洞，针对漏洞制定计算机系统安全管理方案、安全策略。

(三) 实施安全信息系统

1. 确定安全需求与安全策略

根据用户单位的性质、目标、任务以及存在的安全威胁确定安全需求。安全策略是针对安全需求而制定的计算机信息系统保护政策。该阶段根据不同安全保护级的要求提出了一些原则的、通用的安全策略。各用户单位要制定适合自己情况的完整安全需求和安全策略。下面列举一些重要的安全需求。

(1) 支持多种信息安全策略

计算机信息系统的设计和实现必须能够区分不同类型的信息和用户活动，并确保这些活动服从相应的安全策略。这种灵活性使得系统能够在用户共享信息或在不同安全环境下操作时，保障数据不会违反既定的安全策略。系统必须能够处理各种敏感和非敏感信息，并符合各种安全策略的规定。

(2) 使用开放系统

开放系统架构是当代信息系统发展的主流趋势。在这种环境下，计算机信息系统需要为支持不同安全等级的分布式信息系统提供坚实的安全保障。这包括保护分布在多个主机间的信息处理活动和分布信息系统的管理操作，以确保数据的完整性和安全性。

(3) 支持不同安全保护级别

为了适应各种安全需求，计算机信息系统应能够支持不同安全属性的用户访问不同安全级别的资源。这意味着系统能够根据用户的身份和权限，提供相应级别的数据访问和处理能力，从而在确保信息安全的同时，也满足用户的操作需求。

(4) 使用公共通信系统

利用公共通信系统实现网络连通性是一种节约资源的有效方法。然而，在使用这些系统时，必须确保其提供必要的可用性和安全服务。这意味着在使用公共通信资源的同时，还需要确保这些资源不会成为安全威胁的源头，既要保证通信效率，也要确保数据传输过程的安全。

2. 确定安全服务与安全机制

根据规定的安全策略与安全需求确定安全服务和安全保护机制。不同安全等级的信息系统需要不同的安全服务和安全机制。例如，某个信息处理系统主要的安全服务确定为身份鉴别、访问控制、数据保密、数据完整等。

为提供上述安全服务，要确立以下基本安全保护机制：可信功能、安全标记、事件检测、安全审计跟踪和安全恢复等。此外，还要体现以下特定安全保护机制：加密机制、数字签名机制、访问控制机制、数据完整性机制、鉴别机制、通信网络业务填充机制、路由控制机制。

3. 建立安全体系结构框架

确定了安全服务和安全机制后，根据信息系统的组成和开放系统互联参考模型，建立具体的安全体系结构模型。信息系统安全体系结构框架确定主要反映在不同功能的安全子系统。

(四) 计算机网络信息安全体系的实现分析

1. 计算机信息安全体系结构在攻击中的防护措施

如果计算机网络信息受到了病毒感染或者非法入侵，计算机网络信息安全体系结构则能够及时组织病毒或者非法入侵进入电脑系统。三维框架网络安全体系结构在对计算机网络信息系统进行综合分析的过程中，能够对攻击行为进行全面的分析，及时感知计算机系统存在的安全隐患。

2. 计算机信息安全体系结构在攻击之前的防护措施

计算机网络信息支持下各种文件的使用也存在差异，越高使用频率的文件就越容易受到黑客的攻击。为此，需要在文件被攻击之前做好计算机网络信息安全防护工作，一般对使用频率较高文件的保护方式是设置防火墙和网络访问权限。同时还可以应用三维框架网络安全体系结构来分析计算机系统应用中潜在的威胁因素。

3. 加强对计算机信息网络的安全管理

对计算机信息网络的安全管理是计算机系统数据安全的重要保证，具体需做到以下两点：一是拓展计算机信息网络安全管理范围。针对黑客在计算机数据使用之前对数据进行攻击的情况，有关人员可以在事先做好相应的预防工作，通过对计算机系统的预防管理保证计算机信息技术得到充分应用。二是加强对计算机信息网络安全管理力度。具体表现为根据计算机系统，对计算机用户信息情况全面掌握，在判断用户身份的情况下做好加密工作，保证用户数据信息安全。

4. 实现对入侵检测和计算机数据的加密

入侵检测技术是在防火墙技术基础上发展起来的一种补充性技术，是一种主动防御技术。计算机信息系统入侵检测技术工作包含对用户活动进行分析和监听、对计算机系统自身弱点进行审计、对计算机系统中的异常行为进行辨别分析、对入侵模式进行分析等。为了保障网络安全，我们需要进行入侵检测工作。但是，由于外部环境的影响，入侵检测容易受到干扰。因此，我们需要加强对计算机数据的加密处理，以确保信息的安全。

综上所述，在现代科技的发展下，人们对计算机网络信息安全体系结构提出了更高的要求，需要应用最新技术完善计算机网络信息安全体系结构，从而有效防止非法用户对计算机信息安全系统的入侵、减少计算机网络信息的泄露、实现对网络用户个人利益的维护，从而保证计算机网络信息安全系统的有效应用。

第三节　信息安全发展趋势

信息科技的发展，云计算、大数据、物联网、区块链等新技术的广泛应用，让人们进入了一个全新的互联网时代。在享受科技带来的便利的同时，人们也面临着新的威胁。自信息技术出现以来，对应的安全问题就受到广泛关注，网络安全产业的范畴也随着网络安全保障需求的不断延伸而扩展。信息化时代，网络信息安全具体包括网络空间和物理空间安全，涵盖网络系统的运行安全、网络信息的内容安全、网络数据的传输安全、网络主体物理资产的安全。进入互联网时代后，云计算、大数据、物联网、移动互联网引爆技术革命，安全能力也不同于传统的泾渭分明的检测、阻断、审计、加固，在这样的新时代下，网络信息安全也面临新的发展趋势。

一、现实的多面性

随着社会、经济及计算机应用技术的高速发展，计算机的应用已普及现代社会的各行各业，以计算机为技术支持的信息产业，已成为现代社会的三大支柱产业之一。

计算机与人类发明的其他工具一样，既可以用来创造无穷无尽的财富，也可以用来制造破坏甚至灾难——这完全取决于使用计算机的人如何利用它。计算机作为当今时代的一种高科技工具，其应用范围已扩大到现代社会的每一个角落。从商业到教育，从科学研究到日常生活，计算机无处不在，其作用日益显得重要。它不仅简化了许多复杂的工作流程，还为我们提供了一个高效、便捷的信息处理平台。但是，正因为计算机在我们生活中扮演着如此关键的角色，任何对计算机系统的破坏或对其存储信息的损失都可能引发严重的后果。这些后果不仅限于数据丢失或系统故障，还可能包括经济损失、社会秩序的混乱，甚至影响到人们的安全。所以，对计算机系统安全的威胁，就是对整个现代化信息社会的威胁。

网络固然提高了我们的工作效率，带给我们希望，但与此同时，我们也绝不能忽视开放性给我们带来的危险。由于网络的存在，我们的身边也与世界任何地方一样，不断传闻诸如病毒、电子炸弹、"黑客"等事件。遗憾的是，仍然有许多人觉得这一切都离自己太遥远，总以为高科技的东西很神秘，只与高深莫测的技术支持人员有关，所以并不知道是否应该加以关注，更不知道如何采取适当的措施来保护自己的安全。

实际上，网络安全问题在计算机网络问世之初就已产生，尽管当时的人们并未充分重视。正如汽车的发明在拓展人类生活空间的同时，也带来诸如废气、噪声、交通事故等社会问题一样，计算机技术在给人类社会带来巨大进步的同时，也使一些新型违法犯罪活动和新的社会问题随之产生，并日趋严重。

二、网络安全威胁与日俱增

(一) 网络威胁性质在转变

网络安全，作为现代信息社会的重要组成部分，正面临着前所未有的挑战。随着关键信息基础设施的互联互通，我们的生活和工作方式正在经历翻天覆地的变化。这种变革虽然带来了便利，但也伴随着严重的安全威胁。网络攻击的性质正在发生根本性的转变，它们不再局限于个体或企业，而是上升到了国家安全的层面。例如，乌克兰大规模停电事件暴露了网络攻击可能对国家基础设施造成的严重破坏。这种攻击不仅影响了国家的运行，还对公民的日常生活造成了深远的影响。而 Mirai 病毒所导致的大规模断网事故则揭示了物联网设备安全的脆弱性，显示出网络安全问题的复杂性和普遍性。为了应对当前形势，我们必须重新评估网络安全的重要性。网络安全不仅涉及技术问题，还与国家安全密切相关，已经成为一个战略问题。我们需要从更高的层次和更长远的角度来考虑和规划网络安全策略。为此，我们需要同时加强技术防护、法律、政策以及国际合作，构建全方位的网络安全防御体系。

(二) 针对物联网设备的网络攻击将越来越常见

物联网的崛起预示着信息时代的发展将朝着更加互联的方向迈进。随着"人人互联"向"万物互联"的转变不断加速。物联网的核心理念是通过智能连接设备实时收集海量数据，并通过云计算技术进行处理和分析，从而为各行各业创造独特的价值。但是，物联网领域快速发展的同时，也随之引发了一系列与之相关的网络安全问题，具体体现在以下两个方面：一方面，物联网设备的广泛连接导致了海量终端设备的异构性。各种设备具有不同的操作系统、硬件架构和安全防护能力，这使整个物联网生态系统变得参差不齐。缺乏统一的标准和规范，使得物联网设备在设计和制造过程中容易存在漏洞，为潜在的网络攻击提供了可乘之机。另一方面，联网涉及的业务场景多样，网络接入方式和协议繁多。不同行业的物联网设备可能采用不同的通信协议，而传统网络上的安全问题在物联网中仍然存在。这使得黑客可以通过攻击物联网设备之间的通信链路或直接入侵设备来实施网络攻击，从而对整个物联网生态系统产生影响。

近年来的实际案例也证明了物联网设备安全问题的严峻性。例如，Mirai 病毒通过感染大量摄像头设备，发动了大规模的分布式拒绝服务（DDoS）攻击，导致网络瘫痪。在德国，家用路由器遭受广泛感染，导致用户无法正常上网。国内也发生过大量摄像头被黑客入侵，导致用户隐私泄露的事件。这些事例表明，物联网设备成为网络攻击的有效入口，攻击手段也日益翻新，危害程度不断加深。

随着物联网的不断发展，越来越多的设备将连接到互联网上。然而，对于物联网设备安全性的关注和防范措施相对不足。缺乏足够的安全意识和有效的网络安全策略，使得物联网设备容易受到各种网络攻击的威胁。物联网设备的广泛应用使得它们成为犯罪分子攻击的理想目标，因此迫切需要加强对物联网设备安全性的重视和防范措施的制定。

三、未来网络安全发展趋势

(一) 人工智能的创新应用是网络安全技术发展的趋势

人工智能 (AI) 作为一项前沿技术，近年来在网络安全领域取得了显著进展，成为技术发展的趋势之一。随着数据量的爆发式增长、深度学习算法的优化以及计算能力的提升，人工智能再次站上了浪潮之巅。在网络安全技术的发展过程中，人工智能的创新应用日益受到重视，并在主动安全防护、主动防御、策略配置等方面发挥越来越重要的作用。基于神经网络的人工智能在入侵检测方面取得了显著的成果。通过训练神经网络识别异常模式，可以有效地检测网络中的入侵行为。这种技术不仅可以识别传统的攻击方式，还能够发现新型的威胁，提高了网络安全的检测水平。此外，人工智能在识别垃圾邮件、发现蠕虫病毒、侦测和清除僵尸网络设备、发现和阻断未知类型恶意软件执行等方面也展现出了卓越的潜力。这些应用不仅提高了网络安全的效率，还为网络管理员提供了更全面的安全保障。微软推出的基于人工智能的软件安全检测工具 SRD 更是为软件开发者提供了强大的支持。该工具利用人工智能技术，能够检测新软件中存在的错误与安全漏洞，从而提升了测试软件的自动化和智能化程度。这种创新的安全检测手段不仅有助于提前发现并修复潜在的安全问题，还能大大减少人为因素对软件安全性的影响，为软件开发生态系统的健康发展提供了有力支持。

但是，正如硬件和软件领域的技术不断发展一样，黑客也在不断寻找新的手段来攻击安全系统。利用人工智能和机器学习为攻击提供技术支持已成为一种趋势。黑客通过分析大量数据，利用机器学习算法发现网络安全系统的漏洞，从而更有效地发起攻击。这种情况下，网络安全专业人员需要不断更新防御策略，以及加强对新兴威胁的监测和防范。在当前网络空间环境日益复杂的情况下，人工智能和机器学习的应用将成为攻防双方日益激烈较量的关键因素。对于网络安全的未来发展，人工智能扮演着积极的推动者角色，为建立更强大、更智能的网络安全体系提供了新的可能性。尽管人工智能的应用可以极大地提高网络安全性，但在实际应用中，我们也需要认识到人工智能在网络安全方面可能存在的潜在风险。因此，我们需要积极研究相应的对策，以确保人工智能的发展不会被用于恶意目的，从而最大限度地发挥其在网络安全中的作用。

（二）网络安全防护思路在转变

自适应安全理念推崇应持续地进行恶意事件检测、用户行为分析，及时发现网络和系统中进行的恶意行为，及时修复漏洞、调整安全策略，并对事件进行详尽的调查取证。通过这些获得的知识，指导自己下一次或其他用户的安全评估，实现神奇的"预测"。

由此提出的自适应安全框架（ASA）强调构建自适应的防御能力、检测能力、回溯能力和预测能力，通过持续的监控和分析调整各项能力，做到自动调整，相互支撑，闭环处置，动态发展。

1.防御能力

防御能力是网络安全的首要防线。这包括部署先进的硬件和软件解决方案，如防火墙、入侵检测系统（IDS）和入侵预防系统（IPS）。这些技术通过分析数据流量来识别和阻止潜在的威胁。一个有效的防御策略还包括网络分段，这有助于限制攻击者在内部网络中的移动能力。此外，数据加密和安全的身份验证机制也是防御策略的关键组成部分，它们确保敏感信息的保密性和完整性。除了技术解决方案，防御能力还包括员工培训和意识提升。员工是组织的重要资产，但也可能成为网络攻击的薄弱环节。因此，定期培训员工识别和应对网络威胁（如钓鱼攻击）是至关重要的。

2.检测能力

在进行威胁检测时，重要的是要注重及时发现并定位攻击活动。为此，需要采取一系列措施来监控网络活动，以确保能够及时发现异常行为。为此，可以使用安全信息和事件管理（SIEM）系统。这种系统可以收集来自整个IT环境中的数据，并对其分析，以提供实时的安全告警。通过这种方法，可以提高整个系统的安全性，从而降低被攻击的风险。这些系统的有效性在很大程度上依赖于其能够识别和区分正常行为与异常行为的能力。机器学习和人工智能技术在其中发挥着越来越重要的作用，它们通过学习正常的网络行为模式来提高检测异常的准确性。

3.回溯能力

当一个威胁被检测到时，回溯能力变得至关重要。这不仅仅是关于对事件进行响应和缓解，更是要理解攻击是如何发生的，以及其影响的深度。这包括进行详细的取证分析，以确定攻击者的身份、入侵方式和目标。回溯能力的一个关键组成部分是制订有效的应急响应计划。这些计划提供了一套清晰的指导原则和步骤，以便在安全事件发生时迅速采取行动。此外，从安全事件中学习并改进是回溯能力的一个重要方面，这有助于提高未来对类似事件的防御和响应能力。

4.预测能力

预测能力是一种关于预防可能存在的安全威胁的技能。为此，需要从多种渠道收集和分析信息，如利用公开的漏洞数据库、跟踪暗网上的活动，以及与其他组织共享情报。预测能力的一个重要方面是漏洞管理和评估。组织需要定期评估他们的系统以发现潜在的漏洞，并且基于威胁情报来优先处理它们。

（三）新技术驱动安全能力革新

传统的安全技术在云计算、大数据等技术的驱动下，焕发出勃勃生机。云计算技术让传统的安全能力能够在云上部署，随云迁移，软件定义安全（SDS）使得安全防护能力随需而来，弹性可扩展，极大地提高了灵活性；大数据技术解决了海量信息的快速分析、处理的难题，让我们有能力能够从海量的结构化、非结构化、半结构化数据中找到规律、找到目标，机器学习、深度学习进一步加强大数据技术的分析能力，让结果更准确。

1.基于全流量的可定制化的安全分析

未来网络安全防御体系将更加看重网络安全的监测和响应能力，充分利用网络全流量、大数据分析及预测技术，大幅提高安全事件监测预警和快速响应能力，应对大量未知安全威胁。网络流量分析解决方案融合了传统的基于规则的检测技术，以及机器学习和其他高级分析技术，它通过监控网络流量、连接和对象，找出恶意的行为迹象。通过对原始全流量的数据进行分析，以大数据分析系统为基础，构建安全分析模型，运用机器学习算法驱动机器自学习，让安全分析更智能，分析结果更准确。

2.基于威胁情报的新安全服务

威胁情报是基于证据的知识，涉及资产面临的现有或新出现的威胁或危害，可为主体威胁或危害的响应决策提供依据。威胁情报正是网络攻防战场上"知己知彼"的关键。特别是随着各种高级威胁的出现，企业机构在防范外部攻击过程亟须依靠充分、有效的安全威胁情报作为支撑，以做出更好的响应决策。作为高级威胁对抗能力的基石，威胁情报的重要性已经得到各机构管理层和业界的充分重视。

(四) 网络安全管理的理念在发生变化

近年来，RSA 大会的热点发现也预测了未来网络安全趋势，其中云计算安全将备受重视，安全防护的重心将由防护转变为检测和预防，数字生态系统将驱动下一代安全。大数据技术的发展也不断推动安全能力的进化、革新，使得安全能力由被动防护不断向主动检测、主动处置、积极预测发展，不断化被动为主动，实现安全防护能力的持续发展。对于网络攻击，甚至 APT 攻击，更应该考虑的是如何及时、准确地发现攻击，及时处理，并及时恢复正常业务，将网络攻击带来的损失降至最低。在信息化时代，攻击已经成为常态且持续性存在。因此，为了确保信息安全防御体系的有效运作，其所必须具备的持续监控和分析能力也应保持持续性。只有这样，才能够实现信息安全防护、检测、响应以及预测能力的可持续发展。

技术在不断进步，环境在不断变化，网络安全环境会随着外部网络安全形势而动态变化，安全能力也要做到随机应变，需要在已有安全防护能力的基础上，提升主动检测和持续响应能力，从而提高对各类安全威胁的动态感知能力和处置能力。

第四章　新信息技术的应用

第一节　云计算技术及应用

一、云计算基本概念

对于云计算，业界并没有统一的定义，不同的机构有不同的理解，但普遍认为它是并行处理、分布式计算、网格计算的发展，是由规模经济推动的一种大规模分布式计算模式。它通过虚拟化、分布式处理、在线软件等技术将数据中心的计算、存储、网络等基础设施以及其开发平台、软件等信息服务抽象成可运营、可管理的IT资源，然后通过互联网动态提供给用户，用户按实际使用数量进行付费。可以看出，云计算具有以下几个关键点：一是由规模经济推动；二是一种大规模的分布式计算模式；三是通过虚拟化实现数据中心硬件资源的统计复用；四是能为用户提供包括软硬件设施在内的不同级别的IT资源服务；五是可对云服务进行动态配置，按需供给，按量计费。

就像电力、煤气一样，云计算希望把计算、存储等IT资源，通过互联网这个管道输送给每个用户，使得用户拧开开关，就能获得所需要的服务。

云服务提供商通过虚拟化等技术把数据中心的IT资源集中起来，统计复用后提供给多个租户。为最大化经济效益，云计算要求数据中心最起码具备以下两种能力：第一种能力是动态调配资源的能力，即按照实际情况动态增加或减少运行实例。第二种能力是按用户实际使用的资源数量进行计费。例如，根据实际使用的存储量和计算资源，按时、月、年等计费。按需供给，按量计费，一方面提高了数据中心的资源利用率；另一方面也降低了云企业用户的IT运营成本。

二、云计算关键技术及其应用发展

虚拟化技术、分布式技术、在线软件技术和运营管理技术是云计算的关键技术，是开展云服务的基础。

（一）虚拟化技术

1. 主要的虚拟化技术

虚拟化是将底层物理设备与上层操作系统、软件分离的一种去耦合技术，它通过软件或固件管理程序构建虚拟层并对其进行管理，把物理资源映射成逻辑的虚拟资源，对逻辑资源的使用与物理资源相差很少或者没有区别。虚拟化的目标是实现IT 资源利用效率和灵活性的最大化。实际上，虚拟化是云计算相对独立的一种技术，具有悠久的历史。从最初的服务器虚拟化技术，到现在的网络虚拟化、文件虚拟化、存储虚拟化，业界已经形成了形式多样的虚拟化技术。云计算的持续走热，更是促进了虚拟化技术的广泛应用。

（1）服务器虚拟化

服务器虚拟化也称系统虚拟化，它把一台物理计算机虚拟化成一台或多台虚拟计算机。各虚拟机间通过被称为虚拟机监控器（VMM）的虚拟化层共享 CPU、网络、内存、硬盘等物理资源，每台虚拟机都有独立的运行环境。虚拟机可以看成对物理机的一种高效隔离复制，要求同质、高效和资源受控。同质说明虚拟机的运行环境与物理机的环境本质上是相同的；高效是指虚拟机中运行的软件需要有接近在物理机上运行的性能；资源受控制 VMM 对系统资源具有完全的控制能力和管理权限。一般来说，虚拟环境由三个部分组成：硬件、VMM 和虚拟机。VMM 取代了操作系统的位置，管理着真实的硬件。

对服务器的虚拟化主要包括处理器（CPU）虚拟化、内存虚拟化和 I/O 虚拟化三部分，部分虚拟化产品还提供中断虚拟化和时钟虚拟化。CPU 虚拟化是 VMM 中最核心的部分，通常通过指令模拟和异常陷入实现。内存虚拟化通过引入客户机物理地址空间实现多客户机对物理内存的共享，影子页表是常用的内存虚拟化技术。I/O 虚拟化通常只模拟目标设备的软件接口而不关心硬件具体实现，可采用全虚拟化、半虚拟化和软件模拟三种方式。

按 VMM 提供的虚拟平台类型可将 VMM 分为两类：一是完全虚拟化，它虚拟的是现实存在的平台，现有操作系统无须进行任何修改即可在其上运行。二是类虚拟化，虚拟的平台是 VMM 重新定义的，需要对客户机操作系统进行修改以适应虚拟环境。完全虚拟化技术又分为软件辅助和硬件辅助两类。按 VMM 的实现结构还可将 VMM 分为以下三类：一是 Hypervisor 模型，该模型下 VMM 直接构建在硬件层上，负责物理资源的管理以及虚拟机的提供。二是宿主模型，VMM 是宿主操作系统内独立的内核模块，通过调用宿主机操作系统的服务来获得资源，VMM 创建的虚拟机通常作为宿主机操作系统的一个进程参与调度。三是混合模型，它是上述两种模式的结合体，由 VMM 和特权操作系统共同管理物理资源，实现虚拟化。

（2）存储虚拟化

存储系统大致可分为直接依附存储系统（Directed Accessed Storage，DAS）、网络附属存储（Net Attached Storage，NAS）和存储区域网络（Storage Area Network，SAN）三类。DAS 是服务器的一部分，由服务器控制输入 / 输出，目前大多数存储系统属于这类。NAS 将数据处理与存储分离开来，存储设备独立于主机安装在网络上，数据处理由专门的数据服务器完成。用户可以通过 NFS 或 CIFS 数据传输协议在 NAS 上存取文件、共享数据。SAN 向用户提供块数据级的服务，是 SCSI 技术与网络技术相结合的产物，它采用高速光纤连接服务器和存储系统，将数据的存储和处理分离开来。SAN 采用集中方式对存储设备和数据进行管理。

随着年月的积累，数据中心通常配备多种类型的存储设备和存储系统，这一方面加重了存储管理的复杂度，另一方面也使得存储资源的利用率极低。存储虚拟化应运而生，它通过在物理存储系统和服务器之间增加一个虚拟层，使物理存储虚拟化成逻辑存储，使用者只访问逻辑存储，从而实现对分散的、不同品牌、不同级别的存储系统的整合，简化了对存储的管理。通过整合不同的存储系统，虚拟存储具有如下优点：①能有效提高存储容量的利用率。②能根据性能差别对存储资源进行区分和利用。③向用户屏蔽了存储设备的物理差异。④实现了数据在网络上共享的一致性。⑤简化管理，降低了使用成本。

目前，业界尚未形成统一的虚拟化标准，各存储厂商一般根据自己所掌握的核心技术来提供虚拟存储解决方案。从系统的观点看，有三种实现虚拟存储的方法，分别是主机级虚拟存储、设备级虚拟存储和网络级虚拟存储。主机级虚拟存储主要通过软件实现，不需要额外的硬件支持。它把外部设备转化成连续的逻辑存储区间，用户可通过虚拟管理软件对它们进行管理，以逻辑卷的形式进行使用。设备级虚拟存储包含两方面内容：一是对存储设备物理特性的仿真；二是对虚拟存储设备的实现。仿真技术包含磁盘仿真技术和磁带仿真技术，磁盘仿真利用磁带设备来仿真实现磁盘设备；磁带仿真技术则相反，利用磁盘存储空间仿真实现磁带设备。虚拟存储设备的实现，是指将磁盘驱动器、RAID、SAN 设备等组合成新的存储设备。设备级虚拟存储技术将虚拟化管理软件嵌入硬件实现，可以提高虚拟化处理和虚拟设备 I/O 的效率，性能和可靠性较高，管理方便，但成本也高。

网络级虚拟存储是基于网络实现的，通过在主机、交换机或路由器上执行虚拟化模块，将网络中的存储资源集中起来进行管理。有三种实现方式：①基于互联设备的虚拟化，虚拟化模块嵌入每个网络的每个存储设备中。②基于交换机的虚拟化，将虚拟化模块嵌入交换机固件或者运行在与交换机相连的服务器上，对与交换机相连的存储设备进行管理。③基于路由器的虚拟化，虚拟化模块被嵌入路由器固件上。网络存储是对逻辑存储的最佳实现。

(3) 网络虚拟化

一般而言，企业数据中心网络规划设计部门往往会为单个或少数几个应用建设独立的基础网络，随着应用的增长，数据中心的网络系统变得十分复杂，这时需要引入网络虚拟化技术对数据中心资源进行整合。网络虚拟化有两种不同的形式，纵向网络分割和横向节点整合。当多种应用承载在一张物理网络上时，通过网络虚拟化的分割功能（纵向分割），可以将不同的应用相互隔离，使得不同用户在同一网络上不受干扰地访问各自的不同应用。纵向分割实现对物理网络的逻辑划分，可以虚拟化出多个网络。对于多个网络节点共同承载上层应用的情况，通过横向整合网络节点并虚拟化出一台逻辑设备，可以提升数据中心网络的可用性及节点性能，简化网络架构。

对于纵向分割，在交换网络可以通过虚拟局域网技术来区分不同业务网段，在路由环境下可以综合使用 VLAN、MPLS-VPM、Multi-VRF 等技术实现对网络访问的隔离。在数据中心内部，不同逻辑网络对安全策略有着各自独立的要求，可通过虚拟化技术将一台安全设备分割成若干逻辑安全设备，供各逻辑网络使用。横向整合主要用于简化数据中心网络资源管理和使用，它通过网络虚拟化技术，将多台设备连接起来，整合成一个联合设备，并把这些设备当作单一设备进行管理和使用。通过虚拟化整合后的设备组成了单一逻辑单元，在网络中表现为一个网元节点，这在简化管理、配置、可跨设备链路聚合的同时，简化了网络架构，进一步增加了冗余的可靠性。网络虚拟化技术为数据中心建设提供了一个新标准，定义了新一代网络架构。它能简化数据中心运营管理，提高运营效率；实现数据中心的整体无环设计；提高网络的可靠性和安全性。端到端的网络虚拟化，通过基于虚拟化技术的二层网络，能实现跨数据中心的互联，有助于保证上层业务的连续性。

2. 虚拟化技术应用

虚拟化经过多年的发展，已经出现很多成熟产品。在 VMware、Micro-soft 等主流虚拟化厂家的推动下，虚拟化产品以其在资源整合以及节能环保方面的优势被广泛应用在各个领域。对于 IDC 业务，引入虚拟化能够降低服务提供的粒度，提高资源的利用率和业务开展的灵活性。就云计算而言，虚拟化是必不可少的一项技术，可以说，虚拟化的成熟，使得基于大规模服务器群的云计算变为可能。虚拟化是开展 IaaS 云服务的基础。以下从三个方面对虚拟化的应用进行介绍。

(1) 企业数据中心整合

企业 IT 规划部门在设计数据中心时，为简化运维，常常将每个业务部署在单独的服务器上，随着业务的增长，数据中心应用系统日趋复杂，服务器数量也越来越庞大。与此同时，服务器的利用率却参差不齐，有的服务器平均利用率不足10%，有的服务器则因访问过量而拥塞崩溃。这使数据中心变得难以管理，IT资源浪费严重，投资无法精细控制。虚拟化能够整合数据中心的IT基础资源，简化数据中心的运维管理。引入虚拟化后，企业数据中心将获得以下几个方面的优势：①将多台服务器整合到一台或少数几台服务器上，减少服务器数量。②在单一服务器平台上运行多个应用，极大提升资源的利用率。③实现数据中心资源的集中和自动化管理，降低IT运维成本。④避免了旧系统的兼容问题，免除了系统维护和升级等一系列问题。虚拟化技术的引入，有助于构建环保、节能、高效、绿色的新一代数据中心。

（2）IDC整合

IDC（Internet Data Center，互联网数据中心）是中国电信的传统业务，发展至今，遭遇了来自业务领域的瓶颈和来自技术领域的挑战。在业务领域方面，1DC业务以空间、带宽、机位等资源出租为主，不同运营商间差异不大，缺乏特色；业务运营密度低，单服务器运行单一业务，导致盈利也低。主机业务面临虚拟主机业务密度高、收益低，独立主机收益高、领域密度低的矛盾。在技术方面，IDC资源利用率低、闲置率高，超过90%的服务器在90%的时间中CPU使用率不足10%，出现一些应用资源过剩，另一些应用资源不足的矛盾。IDC在管理维护方面也存在困难，维护响应支持时间长、操作慢，备份恢复困难，无集中灾备。在业务和技术双重需求下，IDC急需引入虚拟化技术。

引入虚拟化技术，IDC资源的分割粒度将由原来以服务器为单位转变为以虚拟机为单位，单一服务器平台可以运行多项互相独立的业务，供不同客户使用。虚拟化的引入，还将丰富IDC的业务模式。虚拟化能给1DC带来以下几个方面的改进。

①降低IDC的运营成本，包括管理、硬件、基础架构、电力、软件方面。

②提升现有基础架构的价值。

③提升IT基础设施的灵活性，以应用为单位实现资源的动态分配。

④优化IDC服务质量，快速提供灾备/恢复、简便的集群配置和高可靠性部署，减少系统升级和更新导致的服务器停机时间，以提高服务质量。

⑤提供更为轻松的自动化和管理功能。虚拟IDC被认为是传统IDC业务的发展趋势，它将在业务创新、安全运营、高效管理、绿色节能等方面带来良好的竞争优势。

（3）IaaS云服务

虚拟化也是开展IaaS云服务的基础，IaaS把计算、存储、网络等IT基础设施通过虚拟化整合和复用后，通过互联网提供给用户。就云计算中心而言，虚拟化是

IT 设施的基础架构。在提供 IaaS 服务之前,云提供商需采用虚拟化技术将计算、存储、网络、数据库等 IT 基础资源虚拟化成相应的逻辑资源池。这样可以带来以下几个方面的好处。

①把逻辑资源同时提供给多个租户,实现资源的统计复用,可以最大化数据中心 IT 资源的使用率。

②基于虚拟资源的动态调配,可以方便地解决数据中心资源分配不均衡的问题。

③以虚拟资源为单位提供给客户使用,提高了资源的灵活性。

④虚拟化整合了数据中心的服务器、存储系统、网络平台,减少了数据中心的物理设备数量,降低了数据中心的复杂度。

⑤计算、存储、网络等资源独立管理,简化了运维难度。

⑥虚拟化技术本身具有的负载均衡、虚拟机动态迁移、故障自动检测等特性,有助于实现数据中心的自动化智能管理。

(二) 分布式技术

分布式处理是信息处理的一种方式,是与集中式处理相对的一个概念,它通过通信网络将分散在各地的多台计算机连接起来,在控制系统的管理控制下,协调地完成信息处理任务。分布式处理常用于对海量数据进行分析计算,它把数据和计算任务分配到网络上不同的计算机,这些计算机在控制器的调度下共同完成计算任务,在设备性能大幅提升的今天,分布式处理的性能主要取决于数据和控制的通信效率。

分布式处理是云计算的一个关键环节,它可以部署在虚拟化之上,解决云计算数据中心大规模服务器群的协同工作问题,由分布式文件系统、分布式计算、分布式数据库和分布式同步机制四部分组成。在云计算出现以前,业界就不乏对分布式处理的理论研究和系统实现。

1. 主要的分布式处理技术

一个完整的计算机系统由计算硬件、数据和程序逻辑组成,对于分布式处理来说,计算机硬件由云计算数据中心各服务器、存储和网络设施组成,这些设施可以是虚拟化后的逻辑资源,数据则存放在分布式文件系统或分布式数据库中,程序逻辑由分布式计算模型定义。当分布在网络的计算机访问相同的资源时,可能会引起与资源的冲突,因此需要引入并发控制机制,解决分布式同步问题。接下来从以下几个方面对分布式处理技术进行简要介绍。

(1) 分布式文件系统

文件系统是共享数据的主要方式,它是操作系统在计算机硬盘上存储和检索数据的逻辑方法。这些硬盘可以是本地驱动器,也可以是网络上使用的卷或存储区域网络（SAN）上的导出共享。通过对操作系统所管理的存储空间进行抽象，文件系统向用户提供统一的、对象化的访问接口，屏蔽了对物理设备的直接操作和资源管理。

分布式文件系统是分布式计算环境的基础架构之一，它把分散在网络中的文件资源以统一的视点呈现给用户，简化了用户访问的复杂性，加强了分布系统的可管理性，也为进一步开发分布式应用准备了条件。分布式文件系统建立在客户机/服务器技术基础之上，由服务器与客户机文件系统协同操作。控制功能分散在客户机和服务器之间，使得诸如共享、数据安全性、透明性等在集中式文件系统中很容易处理的事情变得相当复杂。文件共享可分为读共享、顺序写共享和并发写共享三种，在分布式文件系统中顺序写需要解决共享用户的同一视点问题，并发写则需要考虑中间插入更新导致的一致性问题。在数据安全性方面，需要考虑数据的私有性和冲突时的数据恢复。透明性要求文件系统给用户的界面是统一完整的，至少需要保证位置透明并发访问透明和故障透明。此外，扩展性也是分布式文件系统需要重点考虑的问题，增加或减少服务器时，分布式文件系统应能自动感知，而且不对用户造成任何影响。

基于云数据中心的分布式文件系统构建在大规模廉价服务器群上，面临以下几个挑战：一是服务器等组件的失效将是正常现象，需解决系统的容错问题；二是提供海量数据的存储和快速读取；三是多用户同时访问文件系统，需解决并发控制和访问效率问题；四是服务器增减频繁，需要解决动态扩展问题；五是需提供类似传统文件系统的接口以兼容上层应用开发，支持创建、删除、打开、关闭、读写文件等常用操作。

以 Google GFS 和 Hadoop HDFS 为代表的分布式文件系统，是符合云计算基础架构要求的典型分布式文件系统设计。系统由一个主服务器和多个块服务器构成，被多个客户端访问，文件以固定尺寸的数据块形式分散存储在块服务器中。主服务器是分布式文件系统中最主要的环节，它管理着文件系统所有的元数据，包括名字空间、访问控制信息、文件到块的映射信息、文件块的位置信息等；还管理系统范围的活动，如块租用管理、孤儿块的垃圾回收以及块在块服务器间的移动。块服务器负责具体的数据存储和读取。主服务器通过心跳信息周期性地跟每个块服务器通信，给它们指示并收集它们的状态，通过这种方式系统可以迅速感知服务器的增减和组件的失效，从而解决扩展性和容错能力问题。

为保证系统的健壮性和可靠性，设置了辅助主服务器（Secondary Master）作为主服务器的备份，以便在主服务器故障停机时迅速恢复过来。

系统采取冗余存储的方式来保证数据的可靠性，每份数据在系统中保存三个以上的备份。为保证数据的一致性，对数据的所有修改需要在所有的备份上进行，并用版本号的方式来确保所有备份处于一致的状态。

客户端被嵌入每个程序里，实现了文件系统的 API，帮助应用程序与主服务器和块服务器通信，对数据进行读写。客户端不通过主服务器读取数据，它从主服务器获取目标数据块的位置信息后，直接和块服务器交互进行读操作，避免大量读写主服务器而形成系统性能瓶颈。在进行追加操作时，数据流和控制流被分开。客户端向主服务器申请租约，获取主块的标识符以及其他副本的位置后，直接将数据推送到所有的副本上，由主块控制和同步所有副本间的写操作。

与传统分布式文件系统相比，云基础架构的分布式文件系统在设计理念上更多地考虑了机器的失效问题、系统的可扩展性和可靠性问题，它弱化了对文件追加的一致性要求，强调客户机的协同操作。这种设计理念更符合云计算数据中心由大量廉价 PC 服务器构成的特点，为上层分布式应用提供了更高的可靠性保证。

（2）分布式数据库

分布式数据库是一组结构化的数据集，逻辑上属于同一系统，而物理上分散在用计算机网络连接的多个场地上，并统一由一个分布式数据库管理系统管理。与集中式或分散数据库相比，分布式数据库具有可靠性高、模块扩展容易、响应延迟小、负载均衡、容错能力强等优点。在银行等大型企业，分布式数据库系统被广泛使用。分布式数据库仍处于研究和发展阶段，目前还没有统一的标准。对分布式数据库来说，数据冗余并行控制、分布式查询、可靠性等是设计时需主要考虑的问题。在分布式数据库中，数据冗余是其突出的特点之一，这一特性不仅确保了系统可靠性，而且奠定了并行计算的基础。有两种类型的数据重复：一是复制型数据库，局部数据库存储的数据是对总体数据库全部或部分复制。二是分割型数据库，数据集被分割后存储在每个局部数据库里。冗余保证了数据的可靠性，但也增加了数据一致性问题。由于同一数据的多个副本被存储在不同的节点里，对数据进行修改时，须确保数据所有的副本都被修改。这时，需要引入分布式同步机制对并发操作进行控制，最常用的方式是分布式锁机制以及冲突检测。在分布式数据库中，由于节点间的通信可能会导致查询处理的延迟增加，而节点之间的独立计算能力则允许并行处理查询请求成为可行的解决方案。因此，对分布式数据库来说，分布式查询或称并行查询是提升查询性能的最重要手段。可靠性是衡量分布式数据库优劣的重要指标，当系统中的个别部分发生故障时，可靠性要求对数据库应用的影响不大或者无影响。

基于云计算数据中心大规模廉价服务器群的分布式数据库同样面临以下几个挑战：一是组件的失效问题，要求系统具备良好的容错能力；二是海量数据的存储和快速检索能力；三是多用户并发访问问题；四是服务器频繁增减导致的可扩展性问题。

以 Google Big Table 和 Hadoop Hbase 为代表的分布式数据库是符合云计算基础架构要求的典型分布式数据库，可以存储和管理大规模结构化数据，具有良好的可扩展性，可部署在上千台廉价服务器上，存储 petabyte 级别的数据。这类型的数据库通常不提供完整的关系数据模型，只提供简单的数据模型，使得客户端可以动态控制数据的布局和格式。

Big Table 和 Hbase 采取了基于列的数据存储方式，数据库本身是一张稀疏的多维度映射表，以行、列和时间戳作为索引，每个值是未作解释字节数组。在行关键字下的每个读写操作都是原子性的，不管读写行中有多少不同的列。Big Table 通过行关键字的字典序来维护数据，一张表可动态划分成多个连续行，连续行称为 Tablet，它是数据分布和负载均衡的基本单位。Big Table 把列关键字分成组，每组为一个列族，列族是 Big Table 的基本访问控制单元。通常，同一列族下存放的数据具有相同的类型。在创建列关键字存放数据之前，必须先创建列族。在一张表中列族的数量不能太多，列的数量则不受限制。Big Table 表项可以存储不同版本的内容，用时间戳来索引，按时间戳倒序排列。

分布式数据库通常建立在分布式文件系统之上，Big Table 使用 Google 分布式文件系统来存储日志和数据文件。Big Table 采用 SS Table 格式存储数据，后者提供永久存储的、有序的、不可改写的关键字到值的映射以及相应的查询操作。此外，Big Table 还使用分布式锁服务 Chubby 来解决一系列问题。例如，保证任何时间最多只有一个活跃的主备份；存储 Big Table 数据的启动位置；发现 Tablet 服务器；存储 Big Table 模式信息、存储访问权限等。

Big Table 由客户程序库、一个主服务器（Master）和多个子表服务器（Tablet Server）组成。Master 负责给子表服务器指派 fablet，检测加入或失效的子表服务器，在子表服务器间进行负载均衡，对文件系统进行垃圾收集以及处理诸如建表和列族之类的表模式更改工作。子表服务器负责管理一个子表集合，处理对子表的读写操作及分割维护等。客户数据不经过主服务器，而是直接与子表服务器交互，避免了对主服务器的频繁读写造成的性能瓶颈。为提升系统性能，Big Table 还采用了压缩、缓存等一系列技术。

（3）分布式计算

分布式计算是让几个物理上独立的组件作为一个单独的系统协同工作，这些组件可能指多个 CPU，或者网络中的多台计算机。假设一台计算机能够在 5 秒钟内完成一项任务，并假设 5 台计算机以并行方式协同工作，则这些计算机能够在 1 秒钟内共同完成该项任务。实际上，由于协同设计的复杂性，分布式计算并不都能满足这一假设。就分布式编程而言，核心的问题是如何把一个大的应用程序分解成若干可以并行处理的子程序。有两种可能处理的方法，一种是分割计算，即把应用程序的功能分割成若干个模块，由网络上多台机器协同完成；另一种是分割数据，即把数据集分割成小块，由网络上的多台计算机分别计算。对于海量数据分析等计算密集型问题，通常采取分割数据的分布式计算方法，对于大规模分布式系统则可能同时采取这两种方法。

大型分布式系统通常会面临如何把应用程序分割成若干个可并行处理的功能模块，并解决各功能模块间协同工作的问题。这类系统可能采用以 C/S 结构为基础的三层或多层分布式对象体系结构，把表示逻辑、业务逻辑和数据逻辑分布在不同的机器上，也可能采用 Web 体系结构。

基于 C/S 架构的分布式系统可借助中间件技术解决各模块间的协同工作问题。中间件是分布式系统中介于操作系统与分布式应用程序之间的基础软件，它屏蔽了底层环境的复杂性，有助于开发和集成复杂的应用软件。通过中间件，分布式系统可以把数据转移到计算所在的地方，把网络系统的所有组件集成为一个连贯的可操作的异构系统。

基于 Web 体系架构的分布式系统，或称 Web Service，是位于 Internet 上的业务逻辑，可以通过基于标准的 Internet 协议进行访问。Web 服务建立在 XML 上，具有松散耦合、粗粒度、支持远程过程调用 RPC、同步或异步能力、支持文档交换等特点。Web Service 模型是一个良好的、高度分布的、面向服务的体系结构，它采用开放的标准，支持不同平台和不同应用程序的通信，是未来分布式体系架构的发展趋势。

（4）分布式同步机制

在分布式系统中，对共享资源的并行操作可能会引起丢失修改、读脏数据、不可重复读等数据不一致问题，这时需要引入同步机制，控制进程的并发操作。有下列几种常用的并发控制方法。

①基于锁机制的并发控制方法。

②基于时间戳的并发控制方法。

③乐观并发控制方法。

④基于版本的并发控制方法。

⑤基于事务类的并发控制方法。

对于由大规模廉价服务器群构成的云计算数据中心来说，分布式同步机制是开展一切上层应用的基础，是系统正确性和可靠性的基本保证。Google Chubby 和 Hadoop Zoo Keeper 是云基础架构分布式同步机制的典型代表，用于协调系统各部件，其他分布式系统可以用它来同步访问共享资源。

2. 分布式处理技术应用

经过多年的发展，分布式处理已逐渐成为一项基本的计算机技术，被广泛应用在各行业大型系统的构建中，包括虚拟现实、金融业、制造业、地理信息、网络管理等。它基于网络，充分利用分散在各地的闲散计算机资源，具有大规模、高效率、高性能、高可靠性等优点。在云计算领域，分布式处理是至关重要的技术，它不仅适用于大规模廉价服务器群，更是构建 PaaS 云服务和提供 SaaS 服务的基础。这一技术的出现，为云计算的发展注入了新的动力，为用户带来了更加高效、稳定、安全的云服务体验。

PaaS 云服务把分布式软件开发、测试、部署环境当作服务提供给应用程序开发人员，分布式环境成为服务提供的内容。因此，要开展 PaaS 云服务，首先，需要在云计算数据中心架设分布式处理平台，包括作为基础存储服务的分布式文件系统和分布式数据库、为大规模应用开发提供的分布式计算模式以及作为底层服务的分布式同步设施。其次，需要对分布式处理平台进行封装，使之能够方便地为用户所用，包括提供简易的软件开发环境 SDK、提供简单的 API 编程接口、提供软件编程模型和代码库等。Google 应用引擎（App Engine）是 PaaS 的典型应用，它构建在 Google 内部云平台上，由 Python 应用服务器群、Big Table 数据库及 GFS 数据存储服务组成。用户基于 Google 提供的软件开发环境，可以方便地开发出网络应用程序，并部署运行在 Google 云平台。通过这种方法，Google 成功将其内部云计算基础架构运营起来，供广大互联网应用程序开发人员使用。

分布式处理技术也是提供 SaaS 云服务的基础，这体现在两个方面。首先，分布式网络应用开发技术（这里指中间件技术和 Web Service 技术）是主要的在线软件技术之一，许多作为 SaaS 服务运营的在线软件，都是基于分布式网络应用技术设计开发的。其次，部署在云计算数据中心的软件系统，需要借助分布式处理技术来协调整个系统的工作，以充分发挥服务器集群的作用。Salesforce 公司是在 SaaS 领域运营最为成功的企业，它的在线 CRM、ERP 等服务就是通过 Web Service 接口提供给用户的。

3. 分布式处理现状和发展趋势

随着计算机网络技术的发展和电子元器件性价比的不断提升，分布式处理技术逐渐得到各行业的广泛关注和普遍应用。它通过有效调动网络上成千上万台计算机的闲置处理资源及存储资源，来组成一台虚拟的超级计算机，为超大规模计算事务提供强大的计算能力。最早，分布式处理技术主要用在科研领域和工程计算中，通过征用志愿者的闲散处理器及存储资源，来共同完成科学计算任务。随着 Internet 的迅速发展和普及，分布式计算成为网络发展的主流趋势，中间件技术、Web Service、网格、移动 Agent 等分布式技术的出现，更是推动了分布式技术的应用，越来越多的大型应用系统都基于分布式技术来构建，以期在性能、可靠性、可扩展性方面取得最佳。

目前，网络上的分布式应用系统主要采取三层或多层 C/S 架构，并借助中间件技术进行系统集成。基于标准的 Internet 协议的 Web Service 技术，以其开放标准和良好的平台兼容性，逐渐得到业界的关注和认可，也被认为是未来分布式体系架构的发展趋势。随着云计算的持续走热，作为云计算基础技术之一的分布式处理技术，必将得到越来越多的重视和研究。分布式处理技术将根据云计算数据中心高带宽、由大规模廉价服务器群组成的特点，在容错性、可靠性和可扩展性方面做出更多的考虑。此外，分布式处理作为 PaaS 的服务内容，将随着互联网应用的发展，在计算模式、存储形式等方面有所改进和完善。SaaS 在线软件运营行业的发展，将促进中间件和 Web Service 技术这些分布式应用技术的发展和应用。为应对 SaaS 大规模运营的需求，分布式技术将在健壮性、兼容性和性能方面做出改进。虽然分布式处理技术已经发展多年，但是业内并没有形成相关的标准。云计算的发展成熟，有利于促进分布式处理技术行业标准的形成。

（三）在线软件技术

在线软件技术是我们对 SaaS 服务构建技术的统称。SaaS 的实现方式主要有两种，一种是通过 PaaS 平台来开发 SaaS。PaaS 平台提供了一些开发应用程序的环境和工具，我们可以在线直接使用它们来开发 SaaS 应用。例如，salesforce.com 推出的 force.com 平台，它提供了对 SaaS 构架的完整支持，包括对象、表单和工作流的快速配置，基于它，开发人员可以很快地创建并发布 SaaS 服务。另一种是采用多用户构架和元数据开发模式，使用 web2.0、structs、hibernate 等技术来实现 SaaS 中各层的功能。

（四）运营管理技术

运营管理是云计算服务提供的关键环节，任何一项业务的成功开展都离不开运营管理系统的支撑。就 IaaS 而言，当虚拟化技术将闲散的物理资源集中和管理起来后，IaaS 云服务提供商需要考虑如何将这些抽象的虚拟资源提供给用户，并从中创造经济效益。就 PaaS 而言，在云平台上部署分布式存储、分布式数据库、分布式同步机制和分布式计算模式等技术后，平台就具备了分布式软件开发的基本能力，PaaS 云服务提供商需要考虑如何将这个开发平台提供给用户，并解决与此相关的一系列问题。就 SaaS 而言，由于服务本身构建在互联网上，用户具备联网能力即可在线使用。不管哪一种服务的运营管理系统，都需要解决产品在运营过程中涉及的计费、认证、安全、监控等系统管理问题和用户管理问题。此外，针对业务特点的不同，各业务运营管理系统还需解决各自不同的问题。

IaaS 运营管理系统针对 IaaS 业务，一方面需对 IT 基础设施进行管理，包括屏蔽硬件差异、监控物理资源使用状态、动态分配虚拟资源等；另一方面还需提供与用户交互的接口，包括提供标准的 API 接口、提供虚拟资源的配置接口、提供服务目录供用户查找可用服务、提供实时监视和统计功能等。

PaaS 运营管理系统针对 PaaS 业务，要将整个平台作为服务提供给互联网应用程序开发者，需要解决用户接口和平台运营相关问题。

在用户接口方面，包括提供代码库、编程模型、编程接口、开发环境等。代码库封装平台的基本功能如存储、计算、数据库等，供用户开发应用程序时使用。编程模型决定了用户基于云平台开发的应用程序类型，它取决于平台选择的分布式计算模型。对于 PaaS 服务来说，编程模型对用户必须是清晰的，用户应当很明确基于这个云平台可以解决什么类型问题以及如何解决该类型的问题。PaaS 提供的编程接口应该是简单、易于掌握的，过于复杂的编程接口会降低用户将现有应用程序迁移至云平台，或基于云平台开发新型应用程序的积极性。提供开发环境 SDK 对运营 PaaS 来说不是必需的，但是，一个简单、完整的 SDK 有助于开发者在本机开发、测试应用程序，从而简化开发工作，缩短开发流程。GAE 和 Azure 等著名的 PaaS 平台，都为开发者提供了基于各自云平台的开发环境。

在运营管理方面，PaaS 运行在云数据中心，用户基于 PaaS 云平台开发的应用程序最终也将在云数据中心部署运行。PaaS 运营管理系统需解决用户应用程序运行过程中所需的存储、计算、网络基础资源的供给和管理问题，需根据应用程序实际运行情况动态增加或减少运行实例。为保证应用程序的可靠运行，系统还需要考虑不同应用程序间的相互隔离问题，让它们在安全的沙盒环境中可靠运行。

云计算运营管理是一个复杂的问题，目前业界还未形成相关的标准，也没有可以拿来直接部署使用的系统，云服务提供商需各自实现。

第二节　大数据技术及应用

大数据技术已经深入渗透到我们社会生活的各个领域，我们既是大数据的消费者，也是大数据的生产者。无数的移动互联网用户实时产生和上传了大量的位置信息、社交媒体内容、交通出行数据、在线购物数据、邮件和其他社交信息。服务提供商会迫不及待地存储这些信息，因为他们清楚地意识到这些数据的巨大价值。与此同时，大数据现象正对各行各业产生深远影响，催生了诸如工业大数据、金融大数据、环境大数据、医疗健康大数据、教育大数据等多种新型业态。业界已经开始结合各行业和领域的特点和优势，利用大数据技术进行产业创新和升级。在此过程中，我们对大数据的定义、价值和应用范围有了更为清晰的认识，众多满足特定需求的大数据技术也正逐步走向成熟，构成了一个日益完善的大数据处理技术体系。

一、大数据的相关概念

大数据指的是那些无法用常规软件工具在短时间内抓取、处理、分析和管理的大规模数据集。这类数据往往包括多种形式的数据，其范围可以是从每年快速增长的小数据到达到 100TB 以上的高速实时数据流。

(一) 大数据的特征

大数据的主要特征常被概括为"4V"：Volume（规模性）、Variety（多样性）、Velocity（速度性）、Value（价值性）。

1. Volume（规模性）

Volume 是指大数据的规模巨大。数据储存单位从以往的 GB 和 TB 已经扩展到了 PB 和 EB 级别。随着网络以及信息技术的飞速发展，各种数据源包括社交网络、移动网络和各类智能终端等开始出现爆发式的增长，全球的企业都面临着处理海量数据的挑战。此外，许多我们以前未曾想到的数据来源，现在也都可以产生巨量的数据。

2. Variety（多样性）

一个普遍观点认为，人们使用互联网搜索是形成数据多样性的主要原因，这一看法部分正确。大数据大致可分为三类：一是结构化数据，如财务系统数据、信息管理系统数据、医疗系统数据等，其特点是数据间因果关系强；二是非结构化的数据，如视频、图片、音频等，其特点是数据间没有因果关系；三是半结构化数据，如 HTML 文档、邮件、网页等，其特点是数据间的因果关系弱。

3. Velocity（速度性）

数据被创建和移动的速度快。在网络时代，通过高速的计算机和服务器，创建实时数据流已成为流行趋势。企业应理解快速创建数据的重要性，但同样需要掌握处理、分析和返回给用户实时数据的技能。

4. Value（价值性）

相比于传统的小数据，大数据最大的价值在于通过从大量不相关的各种类型的数据中，挖掘出对未来趋势与模式预测分析有价值的数据，并通过机器学习方法、人工智能方法或数据挖掘方法进行深度分析，发现新规律和新知识，并运用于农业、金融、医疗等各个领域，从而最终达到改善社会治理、提高生产效率、推进科学研究的效果。

（二）大数据的构成

大数据分为结构化数据、非结构化数据和半结构化数据三种。结构化数据是指信息经过分析后可分解成多个互相关联的组成部分，各组成部分间有明确的层次结构，其使用和维护通过数据库进行管理，并有一定的操作规范。通常，信息系统涉及生产、业务、交易、客户等方面的数据，采用结构化方式存储。在数据的海洋中，结构化数据虽仅占比约20%，却承载了企业长期积累的各领域数据需求，其发展已达到成熟阶段。这类数据，通常包括格式化和易于机器处理的信息，如数据库中的表格数据，其准确性和易处理性使其成为企业分析和决策的重要基础。相比之下，非结构化数据包括那些未能完全数字化的文档文件、图片、图纸资料、缩微胶片等。这类数据含有大量有价值的信息，却不易于直接处理和分析。特别是在移动互联网和物联网的推动下，非结构化数据的增长速度是成倍的。

1. 结构化数据

结构化数据是由二维表结构来逻辑表达和实现的数据，也称作行数据，其严格地遵循数据格式与长度规范，有固定的结构、属性划分和类型等信息，主要通过关系型数据库进行存储和管理，数据记录的每一个属性对应数据表的一个字段。

2. 非结构化数据

与结构化数据相对的是不适于由数据库二维表来表现的非结构化数据，包括所有格式的办公文档、各类报表、图片和音频、视频信息等。在数据较小的情况下，可以使用关系型数据库将其直接存储在数据库表的多值字段和变长字段中；若数据较大，则存放在文件系统中，数据库则用于存放相关文件的索引信息。这种方法广泛应用于全文检索和各种多媒体信息处理领域。

3. 半结构化数据

半结构化数据可被定义为同时具备一定程度的结构化特征和灵活多变特性的数据类型，其本质上属于非结构化数据的范畴。与普通纯文本、图片等相比，半结构化数据具有一定的结构性，但和具有严格理论模型的关系数据库的数据相比，其结构又不固定。如员工简历，处理这类数据可以通过信息抽取、转换等步骤，将其转化为半结构化数据，采用 XML、HTML 等形式表达；或者根据数据的大小，采用非结构化数据存储方式，结合关系数据存储。

随着大数据技术的发展，对非结构化数据的处理越来越重要。在利用传统的关系型数据库技术存储、检索非结构化数据的技术上，近年来逐渐发展出多种 NoSQL 数据库来应对非结构化数据处理的需求，但 NoSQL 数据库无法替代关系型数据在结构化数据处理上的优势，可以预见关系型数据库和 NoSQL 数据库将在大数据处理领域共同存在，在各自擅长的领域继续发挥其优势。

二、大数据技术的应用

(一)大数据在物流领域的应用

智能物流是大数据在物流领域的典型应用。智能物流融合了大数据、物联网和云计算等新兴 IT 技术，使物流系统能模仿人的智能，实现物流资源优化调度和有效配置以及物流系统效率的提升。自 IBM 在 2010 年首次提出智能物流概念以来，智能物流在全球范围内得到了快速发展。大数据技术是智能物流发挥其重要作用的基础和核心，物流行业在货物流转、车辆追踪、仓储等各个环节中都会产生海量的数据，分析这些物流大数据，将有助于人们深刻认识物流活动背后隐藏的规律，优化物流过程，提升物流效率。

1. 智能物流的概念

智能物流，又称智慧物流，是利用智能化技术，使物流系统能模仿人的智能，具有思维、感知、学习、推理判断和自行解决物流中某些问题的能力，从而实现物流资源优化调度和有效配置、物流系统效率提升的现代化物流管理模式。

智慧供应链展现了先进化、互联化和智能化三大显著特点，其中，先进化主要体现在数据获取方式的转变：传统的人工数据采集被感应设备、识别设备和定位设备所替代，实现了供应链的动态可视化和自动化管理。这种自动化不仅包括库存的自动检查，还包括对存货位置错误的自动报告。互联化则指的是将整个供应链网络化，其不仅包括客户、供应商以及 IT 系统之间的互联，也包括零件、产品和智能设备之间的相互连接。这种网络化不仅加强了供应链的通信能力，还增强了整体的规划和决策功能。智能化体现在通过仿真模拟和分析技术，帮助管理者评估不同选择的风险和限制条件，从而提高供应链管理的效率和准确性，降低成本，提升质量。这种智慧供应链拥有学习、预测和自动决策的能力，极大地减少了人为干预的需求。这三大特性共同构成了智慧供应链的核心，使其在现代商业环境中成为提升效率和竞争力的关键工具。

智能物流经历了自动化、信息化和网络化三个发展阶段。自动化阶段是指物流环节的自动化，即物流管理按照既定的流程自动化操作的过程；信息化阶段是指现场信息自动获取与判断选择的过程；网络化、泛在化阶段是指将采集的信息通过网络传输到数据中心，由数据中心做出判断与控制，进行延时动态调整的过程。

2. 智能物流的作用

智能物流具有以下三方面的重要作用。

(1) 提高物流的信息化和智能化水平

在物流领域，物品信息的管理和智能决策有着重要的意义。在现代物流系统中，不仅需要考虑库存水平的合理设置、最佳运输路线的选择、自动化跟踪系统的控制、自动化分拣系统的运行以及物流配送中心的高效管理等多个方面，而且需要将物品的信息存储在特定的数据库中，并利用智能算法对各种情况进行智能分析和决策，以提供更加精准的建议和指导。这种智能化的决策和建议，将会大大提高物流效率，降低成本，提高客户满意度。同时，还会对物流行业的创新和发展产生积极的影响。因此，就物流行业而言，积极推进物品信息管理和智能决策技术的研究和应用，将具有深远的意义和积极的作用。

(2) 降低物流成本和提高物流效率

交通运输、仓储设施、信息通信、货物包装和搬运等对信息交互和共享的需求相对较高，采用物联网技术对物流车辆进行集中调度可以有效地提高运输效率。同时，利用超高频 RFID 标签读写器实现仓储进出库管理，能够快速识别货物的进出库情况，促进物流供应链的顺畅运转。另外，利用 RFID 标签读写器建立智能物流分拣系统，可以有效提高生产效率并保证系统的可靠性，从而进一步提升物流业的整体水平。

(3) 提高物流活动的一体化

通过整合物联网相关技术，集成分布式仓储管理及流通渠道建设，可以实现物流中运输、存储、包装、装卸等环节全流程一体化管理模式，以高效地向客户提供满意的物流服务。

3. 智能物流的应用

智能物流正在被广泛应用。目前，许多国内城市正致力于在智慧港口、多式联运、冷链物流和城市配送等领域开发物联网应用，推动大型物流企业系统级的应用。在生产和物流信息系统领域，通过集成射频标签识别技术、定位技术、自动化技术以及相关软件信息技术，探索利用物联网技术实现物流环节的全流程管理。此外，还在开发面向物流行业的公共信息服务平台，优化物流系统配送中心网络布局，并集成分布式仓储管理及流通渠道建设。这些举措旨在最大限度地减少物流环节、简化物流过程，并提高物流系统的快速反应能力。与此同时，进行跨领域信息资源整合，建设基于卫星定位、视频监控、数据分析等技术的大型综合性公共物流服务平台，以及发展供应链物流管理。

4. 大数据是智能物流的关键

在物流领域，两个著名理论——"黑大陆说"和"物流冰山说"揭示了该领域的深层潜力和挑战。管理学之父彼得·德鲁克提出的"黑大陆说"强调了物流活动在流通领域中的模糊性，标记出了一个充满潜在机会的区域。而西泽修教授的"物流冰山说"则将物流比作一座冰山，指出大部分潜在价值都隐藏在水面以下，未被充分探索和利用。这些理论共同强调了物流领域中不透明和未开发区域的重要性，揭示了其中的巨大潜力。对于这样一个模糊且充满机会的领域，要如何深入了解、有效掌握并充分利用其中的潜力呢？答案便是通过大数据技术。

大数据在物流行业中扮演着至关重要的角色，其能力在于从大量数据中发现隐藏的、有价值的信息，为物流领域提供了一把开启"黑大陆"的金钥匙。在物流行业的各个环节，如货物流转、车辆追踪、仓储等，都会产生大量数据。这些所谓的物流大数据，一旦得到合理利用和深度分析，就能揭示出物流运作背后的模式和规律，使曾经难以捉摸的"黑大陆"变得清晰可见。利用大数据技术，我们可以对物流环节中产生的数据进行深度的归纳、分类、整合、分析和提炼，从而为企业的战略规划、运营管理和日常运作提供重要的支持和指导。这不仅能够有效提升快递物流行业的整体服务水平，而且有助于优化用户体验，提高运营效率和成本效益。

随着大数据技术的日益成熟和应用，物流行业正从以往的粗放式服务逐渐转变为更加个性化、精细化的服务模式。这种转变不仅影响了物流企业的内部运作，也改变了其与客户的互动方式。通过对内部和外部的相关信息进行全面的收集、整理和分析，物流企业可以更好地理解每位客户的独特需求，并据此提供定制化的产品和服务。这种以数据为基础的个性化服务将颠覆传统的物流商业模式，推动整个行业朝着更加智能化、高效化的方向发展。如此一来，物流企业不仅能够更有效地利用资源，还能提供更加精准和满意的服务，从而为企业带来更大的竞争优势和市场机遇。

（二）大数据在城市管理中的应用

1. 智能交通

随着我国全面进入汽车社会，交通拥堵已经成为亟待解决的城市管理难题。许多城市纷纷将目光转向智能交通，期望通过实时获得关于道路和车辆的各种信息，分析道路交通状况，发布交通疏导信息，优化交通流量，提高道路通行能力，有效缓解交通拥堵问题。智能交通管理技术可以帮助交通工具的使用效率提升 50% 以上，交通事故死亡人数减少 30% 以上。

智能交通将先进的信息技术、数据通信传输技术、电子传感技术、控制技术以及计算机技术等有效集成并运用于整个地面交通管理，同时可以利用城市实时交通信息、社交网络和天气数据来优化最新的交通情况。智能交通融合了物联网、大数据和云计算技术，其整体框架主要包括基础设施层、平台层和应用层。基础设施层主要包括摄像头、感应线圈、射频信号接收器、交通信号灯、诱导板等，负责实时采集关于道路和车辆的各种信息，并显示变通诱导信息；平台层是将来自传感层的信息进行存储、处理和分析，支撑上层应用，包括网络中心、信号接入和控制中心、数据存储和处理中心、设备运维管理中心、应用支撑中心、查询和服务联动中心；应用层主要包括卡口查控、电警审核、路况发布、诱导系统、信号控制、指挥调度、辅助决策等应用系统。

遍布城市各个角落的智能交通基础设施（如摄像头、感应线圈、射频信号接收器），每时每刻都在生成大量感知数据，这些数据构成了智能交通大数据。利用事先构建的模型对交通大数据进行实时分析和计算，就可以实现交通实时监控、交通智能诱导、公共车辆管理、旅行信息服务、车辆辅助控制等各种应用。以公共车辆管理为例，公共车辆管理系统已成为各大城市的普遍趋势。例如，北京、上海、广州、深圳、厦门等城市，已经成功建立了自己的公共车辆管理系统。该系统利用 GPS 导航定位设备，对道路上行驶的所有公交车和出租车进行实时监控。这意味着，管理中心可以获取每个车辆的当前位置信息，并根据实时道路情况计算得到车辆调度计划。这些调度计划包括车辆到达和发车时间，以便实现运力的合理分配和提高运输效率。就乘客而言，可以通过智能手机安装"掌上公交"等软件，随时随地查询各条公交线路以及公交车当前到达位置。这可以避免乘客焦急等待，也可以帮助他们在赶时间的情况下选择打车。这种功能极大地方便了乘客出行，也提高了公共车辆管理系统的整体效率。此外，晋江等城市的公交车站还专门设置了电子公交站牌，可以实时显示经过本站的各路公交车的当前到达位置，大大方便了公交出行的群众，尤其是很多不会使用智能手机的中老年人。

2. 环保监测

（1）森林监视

森林是地球的"绿肺"，可以调节气候、净化空气、防止风沙、减轻洪灾、涵养水源及保持水土。但是，在全球范围内，每年都有大面积森林遭受自然或人为因素的破坏。森林火灾被称为森林面临的严重威胁之一，也是林业中严重的自然灾害之一。森林火灾可能对森林环境造成毁灭性的影响，尤其在保护人类生存的宝贵森林资源方面，必须采取有效的应对措施。为了实现这一目标，我国已建立起针对森林监视的体系，包括地面巡护、瞭望台监测、航空巡护、视频监控以及卫星遥感等技术手段。近年来，随着数据科学的不断发展，人们已经开始将大数据应用于森林监视中，包括谷歌森林监视系统。该系统基于 Google 搜索引擎的时间分辨率以及 NASA 和美国地质勘探局的地球资源卫星的空间分辨率，利用卫星的可见光和红外数据，系统可以绘制出某地的森林卫星图像，并在这些图像中识别出每个像素的特征信息。如果某个区域的森林被破坏，相应的像素信息将会发生变化，系统可以有效地监测森林的变化情况。当大片森林被砍伐破坏时，该系统将自动发出警报，提醒相关人员及时采取应对措施。

（2）环境保护

大数据已经被广泛应用于污染监测领域，借助于大数据技术，采集各项环境质量指标信息，集成整合到数据中心进行数据分析，并把分析结果用于指导下一步环境治理方案的制定，可以有效提升环境整治的效果。在当下日益严峻的环境保护形势下，大数据技术的应用已成为一项重要的研究课题。通过应用大数据技术，我们能够实现环境监测的"无死角"，实现 7×24 小时的连续监测，及时发现和分析环境中的异常情况，从而能够更加准确地掌握和预测环境变化的趋势。同时，借助于大数据可视化技术，我们能够将环境数据进行立体化呈现，让用户更加直观地了解到环境的真实状况，进一步提高环保工作的效率和质量。因此，大数据技术在环境保护方面的应用具有重要的优势，值得我们重视和探索。

数据分析结果和治理模型，利用数据虚拟出真实的环境，辅助人类制定相关环保决策。在我国，环境监测领域已经开始积极探索将"大数据"引入实践。例如，公众与环境研究中心等著名的环保非政府组织，由马军领衔，已经成功制定了"中国水污染地图""中国空气污染地图"以及"中国固废污染地图"，并建立了国内首个公益性的水污染和空气污染数据库。此外，该组织还通过可视化图表的方式将环境污染情况直观地呈现给公众。这些举措对提高环境监测的准确性和透明度，促进环境保护工作的开展具有重要意义。在一些城市，大数据也被应用到汽车尾气污染治理中。汽车尾气已经成为城市空气重要污染源之一，为了有效防治机动车污染，我国各级地方政府都十分重视对汽车尾气污染数据的收集和分析，为有效控制污染提供服务。

3. 城市规划

大数据正深刻改变着城市规划的方式。对于城市规划师来说，规划工作高度依赖测绘数据、统计资料以及各种行业数据。目前，规划师可以通过多种渠道获得这些基础性数据，用于开展各种规划研究。随着我国政府信息公开化进程的加快，各种政府层面的数据开始逐步对公众开放。与此同时，国内外一些数据开放组织也都在致力于数据开放和共享工作，如开放知识基金会（Open Knowledge Foundation）、开放获取（Open Access）、共享知识（Creative Commons）、开放街道地图（Open Street

Map）等组织。此外，数据堂等数据共享商业平台的诞生，也大大促进了数据提供者和数据消费者之间的数据交换。

城市规划研究者利用开放的政府数据、行业数据、社交网络数据、地理数据、车辆轨迹数据等开展了各种层面的规划研究。利用地理数据可以研究全国城市扩张模拟、城市建成区识别、地块边界与开发类型和强度重建模型、中国城市间交通网络分析与模拟模型、中国城镇格局时空演化分析模型，以及全国各城市人口数据合成和居民生活质量评价、空气污染暴露评价、主要城市都市区范围划定以及城市群发育评价等。基于公交 IC 卡数据的应用具有广泛的潜力，能够为城市规划、交通管理、公共安全和居民生活提供重要的支持。通过对公交 IC 卡数据的综合分析，可以获得诸如城市居民通勤行为、职住分布、人的行为模式等重要信息，同时还可以实现人脸识别、事件影响分析等功能。这些应用能够有效地提升城市的管理效率和服务水平，为城市的可持续发展提供有力支撑。利用移动手机通话数据，可以研究城市联系、居民属性、活动关系及其对城市交通的影响；利用社交网络数据，可以研究城市功能分区、城市网络活动与等级、城市社会网络体系等；利用出租车定位数据，可以开展城市交通研究；利用搜房网的住房销售和出租数据，同时结合网络爬虫获取的居民住房地理位置和周边设施条件数据，就可以评价一个城区的住房分布和质量情况，从而有利于城市规划设计者有针对性地优化城市的居住空间布局。

4. 安防领域

近年来，随着网络技术在安防领域的普及、高清摄像头在安防领域应用的不断提升以及项目建设规模的不断扩大，安防领域积累了海量的视频监控数据，并且每天都在以惊人的速度生成大量新的数据。例如，我国很多城市都在开展平安城市建设，在城市的各个角落密布成千上万个摄像头，7×24 小时不间断采集各个位置的视频监控数据，数据量之大，超乎想象。

除了视频监控数据，安防领域还包含大量其他类型的数据，即结构化、半结构化和非结构化数据。结构化数据包括报警记录、系统日志记录、运维数据记录、摘要分析结构化描述记录，以及各种相关的信息数据库，如人口信息、地理数据信息、车驾管信息等；半结构化数据包括人脸建模数据、指纹记录等；非结构化数据主要指视频录像和图片记录，如监控视频录像、报警录像、摘要录像、车辆卡口图片、人脸抓拍图片、报警抓拍图片等。所有这些数据一起构成了安防大数据的基础。

之前这些数据的价值并没有被充分发掘出来，跨部门、跨领域、跨区域的联网共享较少，检索视频数据仍然以人工手段为主，不仅效率低下，而且效果不理想。基于大数据的安防目标旨在实现跨区域、跨领域安防系统联网，实现数据共享、信息公开以及智能化的信息分析、预测和报警。在此基础上，大数据技术可以用于视频监控分析，支持海量视频数据中的视频图像统一转码、摘要处理、视频剪辑、视频特征提取、图像清晰化处理、视频图像模糊查询、快速检索和精准定位等功能。同时，深入挖掘海量视频监控数据背后的有价值信息，可以快速反馈信息，以辅助决策判断。这一目标的实现，将让安保人员从繁重的人工肉眼视频回溯工作中解脱出来，大大提高视频分析效率，缩短视频分析时间。

第五章　电子信息技术的内涵与作用

第一节　信息技术与电子信息技术的发展

一、信息技术

在现代人们的日常生活中，关于信息的名称、话题无处不在。比如，我们可以通过手机将短信息发送到世界的几乎任意一个角落，可以通过 E-mail、QQ、MSN、SKYPE 等网络通信工具，与相距万里的友人互通有无。许多大学都有信息科学与技术学院，有电子信息专业，有信息技术课程。但是，一个很简单的问题：到底什么是信息？恐怕一百个人会有一百个答案，但是又肯定很少有人能做出一个全面而科学的定义。

(一)信息的概念

信息一词，在我国可谓古已有之。有人考证，在我国，"信息"这个词语出现于陈寿的史书《三国志》中。书中记载，"诸葛恪围合肥新城，城中遣土刘整出围传消息。王子俭期曰：'正数欲来，信息甚大'"。到了唐代，诗人李中在《碧云集》有"梦断美人沈信息，目穿长路倚楼台"的诗句。唐代另一著名诗人杜牧在《寄远》诗中写道："塞外音书无信息，道傍车马起尘埃。"宋代李清照则发出"不乞隋珠与和璧，只乞乡关新信息"的感叹。显然，这些信息都是消息的代名词而已。

信息一词的英文表达为"information"，表示音信、通信、消息、通知、情况。但到目前为止，围绕信息定义问题，相关学者分别从语言学、哲学、自然科学等不同角度提出各自的定义，但目前尚没有谁能给出基础科学层次上的信息定义。北京语言大学的李芸博士曾以《信息科学和信息技术术语概念体系研究》为题，对现存的各种有关信息的定义做了综述与比较，罗列了近百条有关信息的各种定义。其中具有代表性的信息定义有三个。

第一，香农信息定义。1948 年，美国科学家香农在著名的电子类期刊《贝尔系统技术学报》上发表了一篇名为《通信的数学理论》的文章，从计量角度将信息定义为"信息不确定性的消除"。香农在科学界有"信息论之父"的美称。

第二，维纳信息定义。1950 年，美国数学家、控制论的创始人维纳在其著作

《人有人的用处》中提出信息是"指人与外界相互作用的过招中相互交换的内容的名称"。1963 年，维纳在其《控制论》一书中又说了一句有关信息的话，"信息就是信息，既不是物质也不是能量"。前者是从自然科学角度下的定义，后者则是从哲学角度进行叙述。

第三，我国著名学者钟义信的定义。1988 年，他在其著作《信息的科学》一书中，将信息定义为："信息是事物存在的方式或运动的状态，以及这种方式和状态的直接或间接的表述。"

在此，我们并不试图对信息的各种定义做考据式的分析，仅给出一个简明的定义为：信息从其本质来讲，是一种非物质性的资源，它存在于物质运动和事物运行的过程之中，它可以简单地概括为信息是表达物质运动和事物运动的状态和方式的泛称。

(二) 信息技术

信息技术（Information Technology，IT），是指用于管理和处理信息所采用的各种技术的总称。对"信息技术"，可从广义、中义、狭义三个层面来定义。广义而言，信息技术是指能充分利用与扩展人类信息器官功能的各种方法、工具与技能的总和，此定义强调的是从哲学上阐述信息技术与人的本质关系。中义而言，信息技术是指对信息进行采集、传输、存储、加工、表达的各种技术之和，该定义强调的是人们对信息技术功能与过程的一般理解。狭义而言，信息技术是指利用计算机、网络、广播电视等各种硬件设备及软件工具与科学方法，对各种信息进行获取、加工、存储、传输与使用的技术之和，该定义强调的是信息技术的现代化与高科技含量。

这里所说的信息技术取狭义，也可称为电子信息技术。电子信息技术主要是指信息获取、信息传递、信息存储、信息处理和信息显示等技术。如果将电子信息技术看作一个多维坐标系中的一个向量，则信息获取、信息传递、信息存储、信息处理和信息显示是构成这个向量的四个不同维度上的分量，每一个分量，都有其自成一体的系统理论与技术，这在本书的后续章节将深入展开。信息的获取是作为信息处理技术的前端，一般要借助特定的电子设备来实现，如电子信息战中，通过雷达、声呐信息探测设备，在噪声中探测到相应的电信号、声信号。信息的传递则需借助通信技术与设备，将物理的消息转变成电信号或光信号，然后通过无线或者有线的方式进行远程传输。信息存储则一般通过计算机来实现，将信息存放在内部存储器或者外部存储器中，以备处理。信息处理则是另一个重要的技术，一般通过通用或者专用的数字信号处理芯片来实现。信息显示，则是将信息物化成图形、文字等形式，在计算机的显示屏、LCD 阵列上显示出来。

（三）信息技术的分类

关于信息技术的分类，不同的分类标准得到的分类方案是不同的。从信息的技术载体来分，可以将信息技术分为微电子信息技术、光电子信息技术、超导电子信息技术、分子电子信息技术、生物信息技术等。从技术要素的角度来看，可把信息技术分为微电子技术、通信技术、计算机技术、网络技术、软件技术等。

二、电子技术发展

信息传输是人类社会生活必不可少的内容。从人们的语言交流到书信来往，从古代的高台烽火到近代的舰船旗语，无一不是在寻求快速、远距离的信息传送。到了 19 世纪，电磁学的理论与实践有了坚实的基础，人们开始探索用电磁能量来传送信息的方法。自此，许多伟大的发明与发现纷纷出现。

1837 年，莫尔斯发明了有线电报，传送了以点、划码组成的信息，创建了莫尔斯电码，开创了有线通信的新纪元。可见，人类最早的通信是以数字方式进行的。1876 年，贝尔发明了有线电话，能够直接将语言信号转变为电信号在导线上传输。电报和电话的发明，为快速、准确、有效地传送信息提供了新手段，是通信技术的重大突破。但这种传送都是沿着导线进行的。能否将有线改为无线、利用空间传送信息，成为一个重要课题。1865 年，英国物理学家麦克斯韦发表了"电磁场的动力理论"这一著名研究，总结了前人在电磁学方面的工作，得出了电磁场方程（后人称为麦克斯韦方程），从理论上证明了电磁波的存在，这一理论为后人的无线电发明和发展奠定了理论基础。1887 年，德国物理学家赫兹以卓越的实验技巧证实了电磁波的客观存在，并证明了电磁波在自由空间的传播速度与光速相同，并能产生反射、折射、驻波等与光波性质相同的现象。许多科学家在此基础上，为研究电磁波通信做出了重要贡献，包括英国的罗吉、法国的勃芝利、俄国的波波夫、意大利的马可尼等人，其中以马可尼最为著称。1887 年，马可尼使用 800kHz 中波频率进行了从英国至北美纽芬兰的世界上第一次横跨大西洋的无线电报通信试验，开创了人类无线通信的新纪元。1894 年，俄国青年波波夫改进了无线电接收机并为之增加了天线，并于 1896 年成功地用无线电进行了莫尔斯电码的传送，距离为 250m。1895 年，马可尼在几百米的距离间用电磁波进行无线通信获得了成功，1901 年又首次完成了横渡大西洋的正式通信。从此，无线电通信进入了实用阶段。但此时的发射设备是火花发射机、电弧发生器或高频发电机等，接收设备则用粉末（金属屑）检波器，性能指标甚差。1904 年，弗莱明发明了电真空二极管，开创了无线电电子学的新时代。1907 年，福雷斯特发明了电真空三极管（简称电子三极管，通称电子管），用它可组成具有放大、振荡、混频（变频）、调制、检波、整流、波形变换等各种功能的电子线路，为近代各种电子设备提供了核心器件，使各种电子设备的制造成为可能。如1921年出现的2MHz警车移动通信系统就是一例。因此，电子管的诞生是电子技术发展史上第一个重要里程碑。1906年，美国物理学家费森登设立了世界上第一个广播站。1920年，美国匹兹堡进行了首次商业广播。1925年，美国人贝尔德发明了机械扫描式电视机。1927年，英国试播了30行机械扫描式电视。1928年，美国实现了电子扫描方式的电视发送与传输。1945年，美国在三基色工作原理的基础上制成了世界第一台全电子管彩色电视接收机。电子技术发展史上的第二个重要里程碑是肖克莱等人于1947年发明了晶体三极管（也称半导体三极管），其特点是体积小、重量轻、耗电小、寿命长、耐震动等，这些方面的性能大大超过了电子管，故在不少的电子线路或电子设备中取代了电子管，使电子技术迈向了一个新的高度。1948年，肖克莱所在的贝尔实验室报道了这一发明。1956年，第一台无线电寻呼机由摩托罗拉公司研究成功。1983年，我国上海开通了第一个模拟寻呼系统。1973年，美国人马丁·库柏发明了世界上第一部手机电话。1979年，美国芝加哥试验成功模拟蜂窝式移动电话系统（AMPS），1983年投入商用，使用频段为800/900MHz。1982年，欧洲成立了全球移动通信系统，简称为CSM，开创了第二代的移动通信历程。

电子技术发展史上的第三个重要里程碑是20世纪60年代开始诞生的集成电路，这种电路是按某种功能或需求，将晶体管和相关电路结合在一起，以某种半导体工艺制造出的一种集成器件，利用这种器件来造就电子设备，可使设计简化、性能提高、结构紧凑、体积减小、系统合理。几十年来，由于半导体工艺与集成电路技术的不断发展与提高，中、大规模乃至超大规模集成电路不断涌现，通用型及专用型产品也层出不穷，它们对电子技术、信息处理、计算机的发展、社会的进步起到了不可估量的推动作用。

计算机技术是20世纪杰出的科技成果之一，它的诞生与发展对电子技术的进程起到举足轻重的作用。1946年，世界上第一台电子数字积分式计算机问世。随后出现了第一代（1945—1958年）电子管计算机、第二代（1958—1969年）晶体管计算机、第三代（1964—1971年）集成电路计算机及第四代（1971年至今）的超大规模集成电路计算机。目前，人们正在向第五代人工智能计算机方向突破，以便在更高程度上模拟人脑的思维功能。在2019年的时候，谷歌率先发布了具备53个量子比特的量子计算机原型机"悬铃木"，这一量子计算机的等效速度至少是最快的传统超级计算机的53亿倍；而在当时，谷歌所研发的量子计算机"悬铃木"在短短几分钟内就完成了一项超高难度的计算任务，这项任务即使最先进的超级计算机Summit花1万年也不可能完成，所以谷歌也公然表示："悬铃木"问世好比莱特兄弟实现首次飞行、苏联发射人类第一颗人造卫星，谷歌开启了计算机发展的新纪元。

不过让人出乎意料的是，我国在量子计算机领域也一直在进行深入的研究，而2020年中国研发的"九章"量子计算机的速度比谷歌快100亿倍，这也就意味着谷歌研发出的"最强大的超级量子计算机在它面前也不过是一个算盘"。中国"九章"量子计算机的脱颖而出也让我国成功地打破了谷歌的量子霸权。

电子技术从它诞生到现在已经有一百多年的历史，历经了电子管时代、晶体管时代、中大规模集成电路时代，如今已发展到超大规模集成电路及超大规模专用集成电路时代。高速多功能计算机的快速更新换代，手机新功能的层出不穷，高新电子产品的大量涌现，都离不开集成电路所做的巨大贡献，它们都是电子技术、计算机技术、信息处理技术、半导体制造工艺等多种高新技术综合发展的必然结果。

电子技术的含义十分丰富，应用更加广泛。国民经济中的任何一个行业，人民生活中的每一个环节，天文地理、宇宙航行等无一不与这项技术息息相关。

第二节　电子信息科学技术

一般来说，电子信息科学技术主要是采用电子学的方法与手段来研究信息科学与技术，概括而言，是研究信息获取、传输、处理、存储等。

一、信息获取

一切生物都要随时获取外部信息才能生存。人类主要通过眼、耳、鼻等来获取外界信息，并利用大脑对信息进行加工、分析和处理，而后做出反应。目前还做不出对外部环境感知能超过人类的机器。信息科学技术的最高目标是能制造出和人类一样的机器：能感知外部环境，能自主进行思维分析并做出判断，能根据判断对外部环境做出反应，即采取适当行动。目前在信息获取技术方面研究比较深入的是语音和图像信息的获取。

（一）语音信息的获取

获取语音信息有多种方法，除了前面提到的早期留声机采用直接记录声波引起的机械振动的方法外，其大量采用的方法是将声音转换成电信号，统称这类转换器为拾音器。拾音器实际上是一种声音传感器，如固定电话和移动电话中的送话器、会场扩音系统中的麦克风等。按声波转换成电信号的不同机理，大致有两类器件，一类是采用压电晶体（或者压电陶瓷），另一类是采用动感线圈。压电陶瓷的物理特性是：当瓷体受压，则产生电，可通过瓷片两边的金属膜将电信号引出；如果在瓷片两边加电压信号，则瓷片就产生与电压信号相同的振动。动感线圈的工作原理是线圈切割磁力线而产生电压。

这两类拾音器的共同结构是都有一个"纸盆"以感知声波的振动。如将拾音器的输出送至受话器（或喇叭）则可发声。压电陶瓷成本低，灵敏度高，但音质不好，目前动感线圈原理制作的传感器用得较多，体积最大的如扩音器中的麦克风；最小的如移动电话中的送话器，直径仅约 6mm，厚度不到 1mm。

（二）图像信息的获取

图像信息的获取应用十分广泛，如照相机、摄像机、视频会议、远程医疗、实时监控、机器人视觉、地球资源遥感等。要获取图像，首先要有摄像头。摄像头分为光电扫描摄像头和半导体电荷耦合器件（CCD）摄像头两大类，早期用光电摄像管，后来采用 CCD，其区别在于摄像管中的感光器件。

1. 光电摄像管的工作原理

以光电导摄像管为例，它由感光靶面、光学镜头和电子束扫描控制（编转线圈）系统等组成。外部景物通过光学镜头成像在由光电转换材料制成的靶面上。光的强弱不同，感光靶面上相应感光点上的电压强度就不同，各感光点上的电压信号由摄像管产生的电子束扫描靶面获取。从左至右扫描一条线，称为一"行"，扫描完整靶面一次为一"场"。这即是早期电视摄像头的工作原理。扫描的快慢根据应用要求不同而不同，在模拟电视系统中每秒扫描 50 场，每场图像扫描 625 行。如果是资源卫星中的图像遥感，则扫描频率要慢得多。顺便说明，彩色图像是由红、绿、蓝 3 种颜色图像合成的，因而要有红、绿、蓝 3 个摄像头分别摄像才能合成出彩色图像。

2. CCD 半导体摄像头工作原理

摄像头用电荷耦合器件（Charge Couple Device，CCD）代替了光电摄像管的靶面，用 DSP（Digital Signal Processing）控制芯片代替光电摄像管中的电子束扫描系统。一个 CCD 元件构成一个像素点，目前 CCD 已能做到 1450 万个像素点。DSP 芯片也比电子束扫描的控制精度高得多，且消耗功率很小。目前 CCD 几乎应用到了所有的图像传感器领域。CCD 图像传感器的电荷耦合单元的原理结构：每一个 CCD 单元由电荷感应控制和传递 3 个小单元构成，电荷的多少由光的强弱决定，各单元的电荷依次按行在控制单元的控制下传递出去，按行、场的规律排列就组成了一幅图像。

可以制造出对不同光线敏感的 CCD 器件用作不同用途，如红外成像和微波遥感等。红外成像应用广泛，如医疗、温度检测、夜视仪、工业控制、森林防火等；

微波遥感可用于资源卫星、探物、探矿等。

(三) 物理参数信息的获取

工业控制中往往需测量被控制对象的物理参数，如温度、压力、张力、变形、流量 (液体或气体)、流速等，而这些都是通过传感器实现的。一般传感器都得将被测参数的变化变成电参数的变化才能录取。设计与制造好的传感器的关键是材料。由于语音和图像信息的复杂性，在部分专业的教学计划中还安排有"语音信号处理"和"数字图像处理"方面的课程，这也是多年来研究生学习和课题研究的主要方向之一。对语音和图像进行处理的有效工具是计算机。要使语音和图像进入计算机，首先必须将其数字化，变成一连串数字。

二、信息传输

信息传输是电子信息科学中的一个重要方面。信息传输的另一个常用技术名词叫通信。大学本科设有通信工程专业以培养从事信息传输理论、技术和设备的设计与制造人才。

(一) 通信系统模型

信源——消息的来源，即由它产生出消息。根据消息与信息的含义，可以认为，"信源"是指客观世界，包括人类社会和宇宙。信息是由信源发出的。

1. 发送设备

发送设备是指多个功能分设备的总称，包括信息获取、信号数字化、信号处理、编码和调制等。

2. 信道

信道即信号经过的通道，如大气空间、电线或海水等。

3. 接收设备

接收设备是指完成与发送设备对消息所进行的相反变换 (如解码、解调等)，最后还原出所传送的消息。人们希望接收设备还原的消息与送入发送设备的消息完全相同，这不是不能做到，而是在不少场合没有必要。这是因为：任何仪器都具有一定的精度，只要求恢复的消息达到感知仪器的精度要求即可；要提高传送消息的精度需付出设备成本代价。因而应根据通信系统的实际应用需求在传送消息的精度和设备成本代价之间折中选择。接收者可以是人，也可以是机器。

4. 干扰源

干扰源表示信号在传输过程中可能引入的各种干扰，如设备的内部噪声和外来干扰等。通信设备多种多样，应用环境各不相同，要完成通信系统设备的设计制造，需要学习电路理论的多门课程，不过现在已很少用分离元件来制造电子系统，而是采用集成电路，因而电子系统的设计基本上等同于集成电路的设计。此外，现代通信系统都是硬件与软件的结合，甚至可以用计算机系统平台来实现原有通信系统的功能，因此除硬件技术外还应掌握软件技术。

(二) 通信系统类型

有多种划分通信系统类型的方法。如按信道类型来划分，可以将通信系统划分为有线通信与无线通信。固定电话、互联网、闭路电视属于有线，移动电话、卫星通信、广播电视属于无线；光纤传输属于有线，大气激光通信属于无线，等等。

无线通信可以工作在不同的频率中。中波广播的频率是 535 ~ 1605kHz，广播电视工作在 49 ~ 863MHz，移动通信工作在 450 ~ 2300MHz（在与电视重叠的频率部分二者须错开，即已分配给电视的频段，移动通信就不能用）；频率不同，无线通信设备的性能指标就会不同，因而各个频段安排的用途也不同。

(三) 通信系统中的理论技术问题

对于通信系统中的理论技术问题已研究了一个多世纪，建立有较完善的通信系统理论体系，总括起来其主要包括信源编码理论、信道编码理论、调制理论、噪声理论和信号检测理论等。由于理论是在工程实践基础上的知识系统化和认知的升华，随着设备实现技术的不断进步，上述理论也一直在发展，今后还会进一步发展。

为什么要编码？是为了更好地表示和可靠地传送信息。信源编码可以降低数据率；信道编码可以减小差错率，即使是在传输过程中出现了零星差错，信道编码也可以发现并纠正。最简单的可以发现错误的信道编码是传真机采用的"奇偶校验码"，通过加一位"0"或者"1"，使信道中传送的每个码字"1"的个数总是偶数（原信号中"1"的个数如为奇数，则将码字的最后一位置"1"……如已为偶数则置"0"）。

调制理论主要研究什么？主要是研究提高通信效力问题，相当于加宽马路宽度，多划分几个车道。马路的宽窄等效于通信系统的频带宽度，频带宽度的单位是赫兹，通信效力以每赫兹带宽可传送的信息量来衡量。好的调制技术可以将通信效力提高数十倍。

信号检测理论研究什么？研究如何从噪声中提取信号。有人打了个比方："如果没有噪声，那么，月亮上一个蚊子叫地球上也能听到。"因为可以将信号无限放大。但通信系统中的实际情况是总是存在噪声，而且噪声总是同信号混在一起无法分开，放大信号的同时噪声也放大了，这时放大对凸显信号毫无意义，只有当信号功率与噪声功率之比大到一定程度时接收机才能发现信号。信号检测理论是研究在尽可能低的信噪比情况下能发现信号。这在有的条件下对信息传输至关重要，例如，宇宙通信，飞船在遥远的宇宙空间靠太阳能电池供电，发射信号功率不可能做大，因而到达地球站的功率必然很微弱，使得地球站接收机输入端的信噪比必然很低，而好的信号检测技术可以降低对信噪比的要求。目前较好的信号检测，可以将输入信噪比降至 5dB 左右，而理论极限是 −1.6dB（分贝是一个数值取以 10 为底的对数后再乘以 10，是表示信号强度的单位）。

（四）通信网技术

当代通信一般都不是单点对单点，而是众多用户同时接入一个网络中，任何一个用户都可以跟接入网络的另一个用户通信，如固定电话网、移动通信网和互联网等。同一时刻可能有几万、几十万用户在同时呼叫对方：武汉的用户甲如何找到北京的用户乙？固定电话网中的用户甲如何找到移动电话网中的用户乙？这涉及路由和电路交换原理，同时还涉及通信网的体制结构与信号结构问题。固定电话网中的语音数据速率、信号结构与移动通信网中的语音数据速率、信号结构不同，这时要实现跨网通信除要选择路由和进行数据交换之外，还必须进行信号格式和速率的变换。

（五）互联网的未来

目前的信息网络组成格局是多网并存：固定电话网、移动电话网、互联网和有线电视网等。近年各网的发展情况是固定电话网用户在减少，移动电话网、互联网在扩展。现在互联网已成为全世界信息汇聚的平台，不但可以通过互联网了解当前世界正在发生的新闻，而且可以通过互联网打电话（网络电话、视频电话）、看电视（IPTV）、发邮件（代替传真），同时还可以在网上开视频会议等。网络已经成为人们工作、学习和娱乐的场所，也正成为越来越多人们生活的一部分。有人预言：未来将是互联网的一网独大，其他的网络将会逐步融合到互联网中来。而互联网技术本身也必将不断演进、发展。

三、信息处理

（一）信号处理与信息处理

信号通常是指代表消息的物理量，如电信号、光信号等，它们是由消息经变换后得到的。在通信中通常采用的信号有两类，一类是模拟信号，另一类是数字信号。它们由多个参数决定，如信号幅值、频率、持续时间等（光信号同样有这些参数），信号的每个参数都可以由消息确定，如果消息是无失真变换成信号，这时消息中的信息就转移到了信号中，因而此时的信号序列已经含有信息。这一信号序列已成为信息的载体。除了人脑可以直接对信息进行加工处理之外，机器只能通过对载有信息的信号序列的处理才能实现对信息的处理。那么信号处理是否等同于信息处理？答案是：非也！它们虽有联系，但也有区别。

1. 信号处理

信号处理是针对信号中的某一参数所进行的运算，如编码、滤波插值、去噪和变换等。在处理过程中系统并未考虑信号参数所代表的信息含义。输入的是信号参数，输出的仍然是信号参数，它无法感知信号参数所代表的信息内容和信号处理后的效果。例如，手机在传送语音时，首先获取的是模拟语音波形，而后将模拟波形变成数字信号，接着将数字信号每20ms切割为一段，而后分析这20ms的语音波形参数，再接着是将这一组波形参数再编码为新的数字信号。在上述这些处理过程中，系统是机械地根据信号进行操作，从一组参数变成了另一组参数，丝毫未顾及信号中的信息，即使是在分割信号流时正好是将语音的一个音节切成两半，它也照切不误。因而手机对语音所进行的上述处理应属于信号处理。信号处理的目的和设计要求，并非服从或者服务于信息本身。上述手机对语音所进行的处理就是服从于通信系统对语音数据速率的限制，因而它不惜损伤语音信息本身。

2. 信息处理

信息处理有两种模型，一种是"信号—信息"，另一种是"信息—信息"。信息处理往往要通过对信号中代表信息的相应信号参数的处理来实现。信息处理与信号处理的区别主要是信息引入了对信号参数的理解。因而它对信号参数的处理目的是服从于信息本身，如要求图像清晰度高、音质好等。信息处理主要包括信息参数提取、增强、信息分类与识别等。信息处理模块的设计与评价以其输出信息的指标作为依据。

数字电视属于第一类信息处理，它输入信号，输出图像。在数字电视机中对信号进行的处理都是为了获得好的图像。语言翻译机属于第二类信息处理，系统中对语音信号进行的处理，如编码、语音参数提取、语音识别、语义分析、语音合成等，都是以语音信息的质量指标为前提。因而信息处理的输出是信息（语音、文字和图像），信息处理系统中对信号进行处理的目的是获得所需要的信息参量指标，这和信号处理中的"信号—信号"模型是不同的，因而将其表示为"信号—信息"模型。

（二）汉字识别

汉字识别分为印刷体汉字识别和手写体汉字识别。印刷体汉字识别已经成熟，困难的是手写体汉字识别，因为各人的写字风格不同、行草程度不同，手写体汉字识别又分为联机手写体汉字识别和脱机手写体汉字识别。所谓联机手写体汉字识别是利用与识别系统（专用计算机或者专用汉字识别器等）相连的专用输入设备（如写字板、光笔等）写入单个汉字，待机器识别该汉字后再输入下一个汉字。这一技术已较成熟，目前大部分手机都有该项功能。所谓脱机手写体汉字识别是将文件、单据上的手写体汉字以照片或者扫描的方式输入识别系统，由系统完成对汉字的识别。

在脱机手写体汉字识别系统中又分为特定人手写汉字识别和非特定人手写汉字识别。非特定人手写体汉字识别是最困难的。然而经过持续多年的研究，当前该项技术也已接近实用程度，系统的正确识别率可达95%以上，采用一般个人计算机识别速度可达 2～5 个汉字／秒。

（三）语音信息处理

语音信息处理包括语音识别与语音合成两个方面。目前，语音信息处理技术研究已取得惊人进展，已有成熟的语音识别与语音合成芯片，不但在机器人中采用，而且已应用在智能玩具中，制造出了能听懂人说话和能说话的玩具，预计市场前景广阔。与此同时，语音研究的条件也越来越好，在新近发布的 Windows Vista 操作系统中嵌入了一个允许研究人员通过 API 访问的语音平台，人们可以利用这一平台来研究语音信息，同时该平台还为计算机提供语音电话（speech server）和语音命令（voice command）等功能。

1. 语音识别

语音识别的第一步是将模拟语音波形数字化；第二步是从数字语音信号中提取语音参数，在这一步中要采用多种数字语音信号处理技术，如线性预测系数（LPC）分析、全极点数字滤波、离散傅里叶变换、反变换、求倒谱系数等；第三步是建立语音的声学模型和语音模型；第四步是根据语音参数搜索和匹配语音模型与声学模型，最后识别出语音。其中还有很多技术细节问题需要考虑，由于汉语有很多同音字，因此需要利用语义分析、"联想"等人工智能策略。但技术发展的潜力是无限的，当前语音识别所达到的水平，在 10 年前是想象不到的。

2. 语音合成

如果语音识别是将语音通过数字语音处理变为文本文件，那么，可以说语音合成是语音识别的逆过程，是将文本文件转换成语音，这就不难理解语音合成的原理了。采用语音合成技术可以生产出能读书、读报的机器。

(四)图像信息处理

语音信号是一维时间函数，而图像是二维的；语音信号的处理只是对数字序列进行运算，图像信号的处理是对一个平面的数据（矩阵）进行运算。因而图像信号处理的运算量比语音要大得多。图像信息处理的内容很多，包括图像去噪、增强、变换、边沿提取；图像分割、图像识别和图像理解等。图像信息处理有着广泛应用，如视频通信、网络电视、监控、人脸识别、机器人视觉、导弹自动寻的、目标识别、地球资源勘探等。

四、信息存储

信息存储在电子信息学科领域应划入计算机科学的范畴。下面介绍几种应用最广的电子信息存储技术。

(一) 磁存储

磁存储的主要设备是硬盘，它是计算机的外部设备。计算机将数据通过磁头变成磁的信号形式刻录在硬盘磁体上。记录在硬盘上的数据可以擦洗后重写。硬盘的尺寸有多种规格，可以直接插在摄像机内作为数字图像的大容量存储器。单个硬盘的容量在不断增加。存取数据的速度决定了硬盘的转速，数据存取的速度越快，转速越高，因而高转速硬盘比低转速硬盘好。

(二) 光存储

光存储是计算机将数据通过激光头记录在 CD（Compact Disc）盘片上。有一次写入型 CD 盘片和多次擦写型 CD 盘片两种。盘片性能差别较大，目前较好的蓝光 DVD 盘片可保存数据 70 年，随着技术的进步，盘片的数据容量将会提高很多。

(三) 半导体移动存储器

半导体移动存储器也称为闪存（Flash Menory），闪存是可擦写存储器 EEPROM 的一种，配上不同的接口电路就得到了不同形式的产品。USB 移动存储器是闪存配上 USB（Universal Serial Bus，通用串行总线）接口。

(四)21 世纪新一代存储器——纳米存储器

目前，光存储器的存储单元尺寸在微米级水平，而正在发展中的纳米存储器的存储单元尺寸在纳米级水平，因而如采用纳米存储技术，在相同几何单元内的信息存储容量将提高 100 万倍。用一个形象比喻就是：一个大型图书馆中的所有资料，可以轻松地存放到一个不到 2cm 的纳米存储器单元内。目前正在研究的纳米存储器有多种，从而有不同的名称，如分子存储器、全息存储器、纳米管 RAM、微设备存储、聚合体存储等。

（五）信息检索

信息检索是信息技术研究的重要内容，其含义是将信息按一定方式组织和存储起来，并根据用户的需要查找出所需要的信息内容。信息检索技术包含两个方面：一是信息的组织、结构和标识；二是检索系统。

根据信息检索的内容可划分为文件检索、数据检索、事实检索和概念检索等。无论是何种内容的检索都要通过检索系统来进行。一个检索系统通常由检索文档、系统规则和检索设备（计算机、网络等）构成。

信息化社会即信息网络化社会，社会各方面的信息都汇聚到网络中，只有在网络具备良好信息检索功能的条件下，信息才能发挥作用，社会才能共享网络资源，才能实现社会信息化。

第三节　电子信息的反商品化作用

一、电子信息产品与电子信息商品

电子信息的反商品化只是电子信息自身某些特征可能会起到的反商品化作用，这并不妨碍人们利用并控制电子信息的某些特征，就像人们利用和控制短缺一样，使得原本无限制供应的极大富集的资源成为稀缺资源，因此，信息商品的出现是必然的。

在对信息产品定义时，许多学者倾向从广义的角度去阐释，如"信息产品就是以知识形态存在的人类劳动成果，是利用其使用价值满足人类认识活动和实践需要的一种生产要素"。也有学者将其更为细化地定义为"信息产品是以信息为核心资源和生产要素的，以知识形态存在的人类劳动成果，利用其使用价值满足人类认识活动和实践需要的一种产品"。结合上述定义，不难得出，电子信息产品不过是信息产品中以电子形式或者说是数字形式存在的产品，值得注意的是，无论是哪种定义，都没有提到交换和市场，也就是说同前文提到的产品一样，电子信息产品的概念中，还没有涉及商品化的问题。

　　同样，对于信息商品来讲，和信息产品相比增加了交换和市场的概念，Varian HR 定义信息商品为"任何能够数字化的商品"。言外之意不难看出，除了可以用作交易的信息商品之外，仍有大量的信息产品存在，这些信息产品能够满足人们对信息的消费，并且不需要人们为其支付费用。在对信息商品特性的研究上，有学者提出了信息商品具有创造性、低边际成本、可无限制快速复制以及独一无二需求、弹性小等特点，这些特点实际上是电子信息特点的子集，只不过，其中的某些特点如独一无二的特质，是从社会资源控制的角度来讲的，因为技术上的独一无二是不太可能的，同样地，电子信息产品实际上也可以无限制地被复制，这里的独一无二其实更强调的是该种信息商品的供应者所提供的服务是独一无二的，而每一个使用者使用的商品实际上是一样的，他们真正付费得到的与其说是服务，不如说是一种使用权限，这种使用权限通常以 ID 的形式出现，较为常见的如某专业软件提供商提供给客户的序列号等。

二、电子信息反商品化

(一) 反商品化

　　"反"是需要有特定的对象的，分权是互联网和电子信息所带来的"反"传统的中央集权的最直接的体现，这里的"反商品化"概念分析的入手点，却并非"反"或"对抗"，恰恰相反，电子信息的"反商品化"源于"分享"精神，马克思·韦伯在《新教伦理与资本主义精神》一书中曾提道："引起这场革命的一般并不是投入该行业的新资金流，而是新的精神，即资本主义精神。"引文中所提及的"革命"是较为广义的革命，而并非特指工业革命，是指资本主义精神与传统主义精神的对抗，进而引发的从实际生产结构的变革到组织结构的变革，换言之，新投入行业的资金流，仅仅是表象，其的确发挥了变革的作用。

　　同样，在提到"反商品化"这一概念时，也不应该局限于从现象的层面进行分析，需要深入探究导致这种现象产生的背后深层次的原因，也就是需要从精神层面进行分析。以电子信息为例，电子信息反商品化的出现，并不仅仅因为电子信息的某些特征本身就有着反商品化的特点，而是因为人们有着分享的精神，具体到信息方面，也可以理解为"知识分享"（knowledge shared），知识分享是指知识由知识拥有者到知识接受者的跨时空扩散的过程，这种分享精神的存在是有条件的，达文波特和普鲁萨曾提出，在团体内分享知识需要具有下列三项条件。

　　1.互惠

　　组织团体内部进行知识分享并不是单向的，如果是单向的，那么就不该称为

"分享"，而应该被称为"传授"，也就是说，分享者提供某些信息供大家分享，是期望能够从其他人那里获得自己所需要的信息，在电子信息出现之前，这种互惠关系仅在有限的空间内发挥作用，电子信息及互联网的出现无疑起到了放大的作用，将原本十几人、几十人的"团体"扩大成为"网民团体"，网民参与互联网讨论的频率越高、次数越多，那么以电子信息形式存在的"知识"即"信息"也就越来越多，从这个层面上来讲，网民是互联网内容的生产者，与此同时，又可以通过获得别人发布在网络上的信息，满足自己对信息的需求。

结合电子信息的诸多特点，不难发现，电子信息的互换，不受时间和空间的限制，成本也较低，从这两点来讲，通过互联网进行电子信息的互换，在很大程度上满足了人们知识分享的条件，即互惠。

2. 名声

从这个角度来讲，名声作为人们知识分享的条件，主要适用于那些在某些领域深耕多年的专业人士，或者是某些为博人眼球获取关注后以期达到某些目的的人，而绝大多数知识分享的参与者，扮演的都是搬运工或者学徒的角色。因此，从这个意义上来讲，为获得名声而分享知识的人，其分享的知识多具有原创或整合的精神，学术界的知识分享和这一描述较为吻合。此外，娱乐文化等大众传媒领域，以及营销市场广告行业进行这种分享的前提也往往是为名声，只不过，其最终的目的相比学术界更为市场化，更为功利一些，从企业的角度来讲，这种名声被称作"商誉"（good will）。电子信息出现后的互联网时代，无论是对个人还是团体组织来讲，"名誉经济"现象已经较为普遍了，官方或个人网站会有流量统计，博客、微博、微信等社交媒体会有粉丝数统计，视频网站的视频有观看次数统计等，都是"名誉经济"的典例。

3. 无私心态

这种无私分享，代表了绝大多数网民的心态，也正是互联网精神的所在，这种无私分享的知识可能是原创的内容，也可能仅仅是将原本稀缺的信息资源发布在网络上供更多的人获取，但无论哪种分享，都极大地丰富了互联网的"电子信息资源"，大量的信息资源打破了原有资源的稀缺性，电子信息的特征又加速了其稀缺性消失的过程，电子信息的反商品化也就体现在这里，电子信息的出现，导致了某些信息稀缺性的终结。

结合前文"商品化"概念及人类"知识分享"行为产生的条件，或许仍然很难给"反商品化"一个终极定义，因为反商品作为一种现象存在的同时，也表现为某种精神，在此，为"反商品化"给出如下定义。

反商品化，由商品化的定义可以推知为：使原本属于买卖和通过货币实行交换的事物，在市场经济的条件下已经转化或变异为不再具有进行买卖和货币等价交换的价值了。反商品化的"反"字所表达的含义是面对商品化的一种对抗，它并不直接也不剧烈，这里的"反"作为动词使用，更倾向于是对一个过程的描述，"转化"或"变异"是其核心，转化和变异的过程都是缓慢的，也就是说，反商品化是对原有商品的某一方面特征予以干预，促使其发生改变，使其从商品变为普通物品，不再具有或者较少有买卖和交换的价值，这种改变表现在许多方面。例如，某商品市场的不断萎缩，如音像制品市场的萎缩；某商品被其他商品取代，如电子书替代了纸质书。从根本上分析，可以说电子书的出现致使书籍原有的交换价值变低了。

反商品化的对象包括正在商品化过程中的产品和服务。以网易邮箱为例，网易邮箱本来是免费向用户提供服务的，由于网易公司没有在邮箱业务上找到较好的商业模式盈利，于是就开始了网易邮箱的商品化进程，即开始向用户收费，而彼时，市场上其竞争对手的邮箱业务却是免费的，有些公司还会提供免费扩容升级的服务，虽然网易邮箱已经开始了商品化的试水，但是由于邮箱这一技术并非网易独有，市场上诸多邮箱业务是以反商品化的姿态出现的。因此，网易邮箱的商品化进程使其丧失了大量用户，而其竞争对手却早已看到了电子信息、反商品化在邮箱业务领域的发展趋势，果断放弃了邮箱业务商品化的路线，继续免费为用户提供邮箱业务，使得网易邮箱最后也不得不放弃向所有用户收费的计划。

电子信息、时代核心的竞争力在于技术，技术的核心在于人才，以收费模式存在的企业，其核心技术和人才都是领先世界的，一旦市场上出现了撼动其地位的产品或服务，这类企业往往会采取收购兼并的模式进行阻挠，但是，只要有竞争存在，这类掌握技术的初创公司就会不断涌现，冲击传统行业。例如，微信业务对传统运营商短信业务的冲击，支付宝等互联网金融公司对银行业的冲击都是如此。

（二）反商品化的特性

1. 去交换性

反商品化的去交换性在某种层面上主要表现为只是供应，供应而不要求进行交换，索取回报，这在电子信息时代表现得尤为明显，互联网的精神也在于此，网民既是电子信息供应者，也是使用者，或者仅仅是使用者（仅从网民主动行为的角度考虑，不考虑互联网公司间接收集用户数据，再将用户数据作为数据产品输出的被动行为），网民在上网搜索信息、使用信息时，并不需要进行交换，这也是电子信息与传统信息的主要区别之一。

2. 去稀缺性

利润的形成主要与商品化过程有关，因为商品化的过程实际上是买方和卖方共同作用的结果，其产生的原因是，资源的稀缺性，也正是因为资源具有稀缺性才使得商品流通有了存在的必要和可以发展的空间，更直接的表述就是：商品化使得买方和卖方满足了彼此对稀缺资源的需求，买方得到了商品，卖方得到了货币。商品化存在的关键是资源的稀缺性，如果某种资源失去了稀缺性，那么也就很难被商品化，在这种情况下会出现两种情形：第一种情形是，尽管人们对这种资源的需求仍然存在，却能够以免费的代价取得，比如部分电子书籍，这时人们在该资源的获取享用上就得到了极大的满足；第二种情形是，某种资源被其他资源迅速取代，使得该资源的需求量骤减，人们不再需要这种资源并迅速地转向其替代资源。前者如电子书、电子音乐等，电子信息的出现使原本稀缺的书籍和唱片变得不再稀缺，人们在阅读书籍、倾听音乐的过程中获得了极大的满足；后者如寻呼机，当手机的价格下降到一定程度时，寻呼机的功能就不再能够满足人们的需要了。

3. 去价值转换性

使用价值和价值是马克思主义政治经济学中的重要概念，作为商品的因素出现，具体表现为相互对立；相互排斥，即商品的生产者和商品的消费者，谁也不可能同时占有使用价值和价值，这种对立，只能通过价值交换来实现，即通过交换，商品生产者将自己生产的商品的使用价值让渡给他人，从而获得商品的价值；同样，商品的消费者支付他人生产商品的价值，从而获得他人生产商品的使用价值。不难看出，商品的生产者和消费者是相分离的，但是，电子信息出现后，从某种程度上来讲，这种生产者和消费者相分离的情况发生了改变，电子信息的生产者也是电子信息的消费者，不存在让渡使用价值的情况。除此之外，这种让渡是建立在互惠基础上的，因此也就不涉及获得价值。这种独特的去价值转换性现象的前提条件是技术成熟，也就是电子信息技术成熟，尽管一本书原本是作为商品出现的，但是被电子化后，就具备了电子信息的特征，这种特征使得电子化的书籍拥有者既可以自己占有该资源，也可以同时分享给他人，是去价值转换性的表现。

综上，反商品化的关键影响因素在于失去交换性和对资源稀缺性的饱和转换控制，在此也就为电子信息反商品化了提供了理论依据，电子信息的出现，使得传统的需付费获得的信息能够以数字的形式存在，极大地丰富了信息资源，改变了原有的信息资源稀缺的局面，使得人们能够免费获得信息。此外，也使得部分书籍和音像制品退出了市场，但是，这种数字信息与传统信息的更迭过程与手机取代寻呼机的过程相比，会显得较为持久和漫长。原因是多方面的，但关键因素在于，部分书籍和音像制品仍然存在一定的市场生存空间，相较于电子信息，书籍也有着自己不可取代的优势，但是寻呼机和手机相比，却很难找到优势，因为寻呼机的所有功能都已经被手机功能覆盖了。

(三) 电子信息反商品化的独特性

在讨论电子信息反商品化之前，需要提及的是与反商品化相关的另一个涉及公共资源的反商品化概念。这里所说的电子信息的反商品化，并不是指新闻报道中经常提及的"教育反商品化"和"文化反商品化"。教育反商品化指的反对将原本属于国家福利、政府职能范围内的公共资源商品化，使得原本可以免费得到的商品和服务需要付费得到，而"文化反商品化"的概念则类似。反商品化的"反"字作动词"反对"解释更为形象也更为准确，但是电子信息的反商品化却完全是另一回事，这种反商品化体现在电子信息作为替代品出现后，对传统商品的冲击，使其市场萎缩，甚至消失的过程。

此外，电子信息相对于"教育""文化"来讲，不是先前就存在的概念和事物，而是新生的事物，其反商品化的过程实质上是一个"替代"的过程，同时，这种"替代"与传统经济学中提到的"替代"也有区别。以煤油灯为例，由于电灯的出现使得煤油灯的生产和销售萎缩，逐渐退出市场，尽管作为收藏之用的煤油灯仍可以作为商品出售，但是从更广泛的意义上来讲，煤油灯已经不具备一般商品所拥有的特征了，更具体的表述应为：对多数人而言，煤油灯已经没有使用价值了，经济领域内发生的这种替代过程，并不能被定义为反商品化，因为其替代品仍是商品，仍具有使用价值，仍在市场上进行买卖和流通；与之相反，电子信息不仅替代了原有商品，而且是免费替代，这就完全颠覆了传统经济学里的某些概念如资源稀缺、机会成本、竞争垄断与意愿价格，等等。

电子信息的反商品化，区别于因替代商品出现，使得原有商品不得不退出市场的更替的过程，电子信息反商品化的作用，并非仅仅使得原有商品市场萎缩，乃至逐渐退出市场，更为重要的是，商品的替代品，即电子信息的边际成本为零，或者更为直白地表述为：免费。从这个角度来讲，电子信息的反商品化不仅是一个替代的过程，它的出现从某种程度上来讲，终结了某些事物的替代品商品化过程。

(四) 电子信息商品价值分析

电子信息的反商品化是由电子信息的某些特征决定的，这些特征是电子信息自身的特性，是客观存在的，而那些被商品化了的电子信息，其本身特性并未发生改变，而是受人为因素影响可控制，改变了某些特性的适用范围，限制了这些特性。

为了更好地理解电子信息产品和电子信息商品，最好的切入点便是从价值论的角度切入，电子信息商品具有交换价值和使用价值，使用价值被认为是"用户使用情报信息时所获得的效益"，而信息的交换价值是指"信息产品及其在市场上的交换价值"。不难看出，对于信息产品来讲，其具有使用价值，却没有交换价值（交换和分享是不一样的，而现在互联网上绝大多数电子信息是可供网民共享的，仅有少数电子信息以商品的形式存在），因此，也就不能被称为信息商品，因为信息商品兼具了使用价值和交换价值。

信息产品之所以能够被商品化，主要原因在于，一些信息商品提供商，主要为软件公司，提供了附加服务，如信息处理服务。这样的例子有很多，如 Photoshop 软件的付费版就提供给用户一些高级图片处理功能，这些功能比免费版本更强大；视频文件格式转换软件，虽然免费版本也支持格式转换，但是其付费版本转换的速度更快。所以，电子信息的反商品化实际上是普遍的，是一种既成的事实，只不过这种既成的事实不能够满足人们对其他因素的要求，如对时间成本的要求等，这种对时间成本的要求或者对其他因素的要求一起，又催生了新的市场需求，信息商品的供应商正是抓住了这些需求才能够生产出筛选、处理电子信息的信息产品，为用户服务，从这个角度来讲，被商品化的不是电子信息本身，而是处理电子信息的技术和服务。

电子信息的反商品化为互联网世界制造了大量的基础元素，这些基础元素就好比已经成熟了的小麦、未经打磨的宝石，对于多数能够通过自己劳动将小麦磨成面粉、将未经打磨的宝石切割出轮廓的人们来说，电子信息就是产品；对于那些不通过自己劳动，而对想直接获得面粉或切割打磨过的宝石的人来说，这些电子信息就是商品了。所以，从某种程度来说，电子信息的反商品化极大地丰富了互联网世界的基础信息元素，但同时，由于元素过于繁杂，因此获取准确信息的成本也就增加了，这种局面，给了人们将电子信息商品化的可乘之机，大量的信息商品出现，信息经济和信息产业也因此获得了长足发展。

三、电子信息反商品化对各产业的影响

电子信息反商品化，并不是逆商品化，这里的"反"放在对各产业的影响的背景中来讲，是一种强大的破坏力，它所打破的是传统商品交易的环节，或者说缩减了商品流通的环节。从商业模式的角度来讲，它实现了 B2B、B2C、C2C，并且在此过程之中催生了第三方交易平台的发展，如支付宝等；O2O 这种把线上的消费者带到现实的店铺中去的商业模式，电子信息所带来的这些商业模式的改变，实际上是对传统商业渠道的重构，区别在于，传统商业模式中的渠道多元化增加了商品的销售成本，而为此买单的是消费者。因此，电子信息反商品化采取直销形式就是电子信息所构建的营销网络对传统营销渠道的冲击，就是电子信息反商品化的表现，简单来说，就是降低渠道费用。

（一）电子信息反商品化对非文化产业的影响

1. 改变传统零售业格局

电子信息的反商品化作用，尤其是对零售业领域内的影响还是比较大的。这主要表现为：电子信息反商品化促进电子商务发展，它降低了有创业意愿的人的创业门槛，活跃了经济，同时改变了部分工薪阶层的收入结构，使其收入来源变得多样化。

由电子信息构筑的网络购物世界，其规模在递增，但是，这并非意味着实体店铺经营的成本全部转嫁到了网络上，事实上，电子信息在这一过程中起到反商品化的作用，最佳的体现就是降低了店铺经营成本。而正是在经营成本降低的条件下，使得自主创业开店的门槛降低了，这也间接印证了网购交易金额和增长率递增的事实：越来越多的商家选择在网络上进行交易，越来越多的消费者也将网购作为其购物的主要方式之一。

2. 丰富消费者购物渠道

电子信息的反商品化，不是指通过由电子信息构成的网络平台就可以获得免费的商品，而是指电子信息出现和发展，使得原有的经营生态链发生了变化，这个曾经"完整"的生态链上的有些商品，也就是前文中提到的营销渠道，不再像从前一样举足轻重了，而是变成了可有可无的环节，而这些薄弱的环节终将退出历史的舞台。比较典型的例子如小米手机的网络营销模式，以及乐视 TV 的网络营销模式，和同行业内已经占据市场大部分份额的其他品牌相比，价格低了近30%～50%，由此可见传统营销渠道的费用占比之高。尽管也有人说，传统营销渠道不会消失，但是就目前形势来看，渠道数量的减少已经是无可挽回了。

3. 影响经营者的经营策略

以发展较为成熟的实体店铺和网络店铺为例，实体店铺经营的注册成本、店铺房租成本、水电取暖物业成本在网络店铺经营时都不再是必需的了。因此，网络店铺经营在很大程度上节约了成本，网络店铺的开店门槛降低。假定其他成本不变，网络店铺经营唯一比实体店铺经营多出的部分是网络通信成本，但这笔小额费用无法和店铺房屋租金等大额费用相比，因此，总体上看，网络店铺的经营成本远远低于实体店铺经营成本。

此外，许多网络店铺实际上并无库房业务、库存商品，尽管在网店中有商品出售，但实际上这些商品的货源地及库存都是在商品的生产厂商处，这样就不会造成货品积压的现象，也不需要大量的投入即可进行某种商品的经营活动，相比较实体经营店铺不仅需要在库存或某方面支出一部分费用，还需承担较大的滞销风险，而这部分风险所带来的损失就有可能影响到下一个经营周期的资本投入，店主的资金周转会出现问题，很有可能就难以维系经营了，而网络店铺的经营者则无须担心这个问题。

有争论说，尽管网络商铺的经营成本降低了，但是网络店铺的商品售价也相应降低了，因此，从利润角度来看，网络店铺并没有比实体店铺经营的利润高多少。当然，这种争论的存在一定是有其现实依据的，但就成本而言，电子信息反商品化的作用确实存在，并深深地影响到了每一个参与的经济主体。

（1）对于商家来讲，电子商铺取代了实体店，其经营成本大大降低，没有了铺面租金、水电费等费用，其用于营销等项目的预算就可相应增加，改善经营状况。

（2）对于消费者来讲，网络商城的出现，使其对网络购物的认识进一步深入，通过价差、物流、成本和评价体验等多个维度的对比，消费者笃信网购优势明显，因而，中国网络购物增长率逐年增高的现象也就合情合理了。

（3）对于那些与实体店经营相关的主体来讲，其经营或多或少都受到了电子信息反商品化的冲击。首先，首当其冲的便是房主租金的损失。房主只能将商用房屋改租给民用，或者寻找其他途径做其他用途，但无论怎样，其租金收入与租给商户用作经营店铺对比，还是相对较少的。其次，是与房屋相关的水电等基础生活商品供应商的损失。这些商铺不再经营后，或许原有房屋会被改建成仓库，那么水电的使用或将减少，若用作民居可能不会减少水电使用量，但是由于房屋的所有权等比较分散的原因，进行集中升级改建成办公室的可能性不大，因此，损失仍然是难以避免的。再次，是实体店附近的餐饮业的损失。商户不再经营实体店铺后，附近的客流量自然也就减少了，那么对附近的餐饮住宿行业也会产生一定的影响，影响的大小依规模而定。最后，一部分原本是营业员的服务业从业人员不得不改换工作，另谋生路。

4. 降低行业进入壁垒

在网络上开一间店铺的成本和开一家实体店进行经营的成本是无法相提并论的，传统的创业者在创业之初的投入相对较大，因为是实体经营，所以就涉及店铺租金，店铺里的水电费、取暖费、物业管理费用等，而且一旦进行实体经营，就需要注册营业执照，不仅办理流程复杂，还需要缴费，上述的种种费用是经营者前期需要进行的投入，对没有能力负担这些费用的创业者来讲，这些投入就是其进入行业的壁垒。

相比之下，在淘宝集市开店则要省去很多麻烦，其服务中心的官方网站上标明"目前在淘宝集市开店为免费，但为保障消费者利益，开店成功后部分类目需交纳一定额度的消保保证金（保证金交纳成功后也随时可申请解冻）"，免费开店是淘宝这个虚拟平台做得最为成功的地方之一，因为店铺是电子化的，也就是虚拟的，这就省去了房租、水电等费用，正是电子信息的出现，才使得这样的经营模式成为可能，它使得本来应该成为商品的房屋水电等曾经的"必需品"，成了虚拟的电子信息符号，就连挂在店铺里的商品也仅仅是图像，它们以电子信息的形式存在。

5. 增加经营者收入来源

电子信息使得兼职创业成为可能，增加了个体的收入来源。信息时代，电子商务使"分身术"得以实现，"打烊"这个属于工业时代的词汇已经不再适用于互联网上的店铺了，上班族白天去公司上班，晚上回到家就可以经营自己的店铺，当订单被确认后，店主甚至都不需要亲自发货，而是通过为其供给货源的供应商发货，从中赚取差价。因此，店主的收入来源就从单一的工资收入变成了工资加店铺收入。

而对许多拥有实体店铺的"全职"经营者来讲，网络店铺是其开拓的另一营销渠道，这一营销渠道和实体店的经营可以同时进行，而且现在实体店铺非正常营业时段仍可以接收订单，所以，对这类经营者来说，增设网络店铺也增加了他们的收入来源。

实际上，电子信息的反商品化作用在电子商务方面的表现主要体现为网络店铺对实体店铺等实体渠道的冲击方面，和唱片业相似，网络店铺的出现使得许多零售店面不得不关门，因为开设实体店铺的成本过高。使得商品的价格缺乏竞争力，消费者不买单，而开设网店的成本却要小得多，当然，免费不是绝对的，如果想要店铺得到消费者的关注还需要向电子商务平台交纳一定的推广费用，但是，正如前文所说，免费不是反商品化的目的，而只是反商品化过程中的一种表现。从电子商务的兴起可以看出，在传统信息产业之外的领域内，电子信息也发挥着反商品化的作用。

(二) 电子信息反商品化对文化产业的影响

电子信息的反商品化在文化产业的表现较为明显，从经济层面来讲，电子信息的反商品化给人们带来了更多的选择，使得供需关系发生改变，这显然冲击了传统文化产业，但是又在反商品化的过程中推动了文化产业的变革；从社会层面来讲，充斥着电子信息的互联网又潜移默化地影响着人类的行为方式。

1. 传统发布环节被肢解，审阅机制被破坏

首先，非互联网时代，人们阅读的内容是非常有限的，主要原因在于获取信息的渠道有限。网络普及之前的主流媒体，从某种程度来讲，既是言论发表的平台，也是言论受限的平台。这里所指的言论受限，主要指的是由于版面有限，可发行的文章数量受限。其次，由于编辑对文章偏好不一样，因此在审阅过程中，受主观因

素影响较大，有些很有价值，但是不符合编辑择稿标准，或与编辑思想相左的文章被埋没了。有些优秀的作者失去了发声的平台，日本作家三谷幸喜的作品《笑的大学》讲述的就是这样的故事，书中的审查官将剧团的编剧折磨得体无完肤，剧本改了又改，最后变得面目全非，令人啼笑皆非。尽管这部作品有着更为深刻的内涵，但其发生的时代背景以及故事的主线，却正好诠释了电子信息出现之前的社会情况。最后，也是最为重要的一点，读者想要阅读内容是需要付费的，天下没有免费的午餐，这是工业时代商品化最典型的写照。电子信息的出现，使得人类精神文明的成果通过电子化的方式得以保存、传播，而这一切的成本，区别传统的信息发布成本为零。

除上述原因外，非互联网时代，一篇文章从投稿到编辑审阅，再到发表，所需时间长短不一，但都会有周期限制。因此，无论是月刊还是季刊，其内容更新的速度相比今天的网络，都是无法相提并论的。电子信息出现后的互联网时代，人们可以在网络上随意发布文章，没有审稿周期，无论是个人博客还是公共论坛，再也没有版面限制，审阅机制被破坏，人人是作者、人人是主编，阅读文章不仅不需要付费，而且还可以在线与作者及其他读者互动，正是在这样的环境中，诞生了一批网络作家，如唐家三少、我吃西红柿、天蚕土豆等。如果说，这些作者中有人在创作作品时是按字数收费的，并不是纯粹的"网络写手"，那么，知名博主的博文一定是"网民作品"的典型了。

跳过发行出版环节，打破编辑审阅机制，人人是作者、人人是主编是电子信息反商品化的作用之一。尽管电子信息在反商品化的过程中，使得整个出版界都难挽颓势，但似乎也间接使文化得到了空前的繁荣，人们不需要购买报纸杂志，不需要每天准点守在电视机旁去获取消息，只需要上网百度一下就可以获知相关信息，而这只是网络时代最初的图景，在社交媒体发达的今天，每一个独立的个体都有发表言论的自由，加之网络传播效应，从Facebook到Twitter，信息在以各种形式更新着。如今，再也没有人抱怨可读的东西太少了，取而代之的是让人目不暇接的由电子信息构成的数字世界。

2. 自媒体发展壮大，言论自由与法律边界模糊

从公元前59年，尤利乌斯·恺撒命人记录在木板上的名为《每日纪事》的手书新闻，到印刷术发明后公元11世纪的北宋小报，再到世界新闻史上第一份真正的报纸——《法兰克福新闻》的诞生，新闻史的发展经历了从非商品化小范围阅读传播，到商品化大规模量产，跨越了十几个世纪，然而现在的新闻业却开始走向了反商品化的进程，这并非意味着新闻工作者的劳动是义务的、免费的，而是原本应当为阅读新闻付费的读者现在不需要再付费了。新闻，尤其是曾经被视作为"商品"的印

刷报业新闻，正逐渐退出历史舞台。这一切变化产生的根源是电子信息对传统纸质信息的替代，这是电子信息反商品化的又一作用的体现。

电子信息成为新闻主要存在形式之后，加之互联网助力作用，传统报业理论及媒介道德束缚下的"新闻"的概念，早已挣脱了捆绑着它的缰绳。新闻检查制度，在面对互联网潮水般涌动的新闻时，也分身乏术，监控和审查成为各国政府的梦魇。网络世界里新闻无时无处不在，有关真相和谣言的讨论，又一次站在了风口浪尖。

言论自由与法律的边界一向是模糊的，自媒体在发展壮大的同时，其所面临的问题也越来越多，而许多舆情出现的发端就在自媒体人处。舆情难以控制的原因有很多，其中之一就是民众对主流媒体持有怀疑态度，使其更加倾向于相信网络上非主流媒体发布的信息，因为网络信息不仅可以匿名发布，还不需要经有关部门审查。这样就降低了第一手信息被歪曲的可能性，因而也就更加真实。但发布信息的人总是主观的，只能看到事情的表象，不假思索地进行发布，不仅没有揭露事实，反而会以讹传讹。

3. 网民在线共同协作，创造价值

如果说这方面最为典型的例子是维基百科，所有参与编辑的人员都是自愿的，那么，每当大家在某个网站用自己的账号进行登录时，被迫进行的验证码输入操作则是被动的，甚至是在用户不知情的情况下与其他网民一起完成的在线协作。验证码输入本来是用来区分操作对象的属性的，比如登录一家票务网站，为了防止黄牛写好的程序进入网站进行票务抢购，因而设计了验证码输入，其原理是：程序不像人类，不能够对这些扭曲的文字进行识别，人类可以识别这些扭曲的文字，并进行输入，因而也就有效地保护了网站不被恶意侵害。原本这样的验证码输入对用户来讲，只是例行的步骤，但近年来，学者们决定将那些古旧的无法靠机器识别编译成电子书格式的书籍进行扫描，然后将扫描结果同验证码输入系统结合起来，因此，每当用户在进行验证码读取并输入的时候，就是在通过人工识别某一部古书里的某个词汇，经过更为严密的算法，学者们从所有输入的系统中提炼出结果，也就是一本书被电子化了，这个程序的运行使得每年都有几百万本书能够在网民的在线共同协作下完成电子化。

综上，除了信息产业之外，电子信息在其他行业的反商品化作用也是非常明显的，在这种作用力下，各行业跨界交流进程加快，互联化速度加快，信息消费成为主流，这背后蕴含的经济学及社会学理论还有待学者们进一步研究和探讨。

第六章　通信系统概述

第一节　通信分类

传递信息的过程称为通信。通信的内容包括很多方面，通常按载体、传输内容、信号形式（或波形）、工作方式、通信位置等分成各种不同的类别。下面本节将对各种类型作扼要介绍。

一、按载体分类

载体是指传递信息的媒介。按载体的不同，通信可分为电通信和光通信两大类。电通信简称电信，是指利用电作为载体传送信息的通信；光通信是指利用光作为载体传送信息的通信。无论是电通信还是光通信，又可按其传输媒介的不同，分为有线通信和无线通信两大类。用导线传送信息的通信方式叫作有线通信，用高频无线电波传送信息的通信方式叫作无线通信。前者的媒介是导线，通常称为传输线；后者的媒介是空间。

有线通信又可分为明线通信、电缆通信、波导通信、光纤或光缆通信等。无线通信又可分为长波、中波、短波、超短波、微波通信以及激光空间传播通信等。这里主要介绍明线通信、电缆通信和光纤通电三种。

(一) 明线通信

架空明线：由电杆支持架于地面上的裸导线电信线路，行业内简称为明线。架空明线是通信线路中的一种，通常用来传送电话、电报、传真和数据等电信业务。

(二) 电缆通信

1. 电话通信系统的基本构成

电话通信系统的基本任务是提供从任一个终端到另一个终端传送语音信息的路由，完成信息传输、信息交换后为终端提供良好的服务。

2. 本地电话网

本地电话网（Local Telephone Network）是指在一个长途编号区内，由若干端局

（或端局与汇接局）、局间中继线、长市中继线及端局用户线所组成的自动电话网。

本地电话网的主要特点是在一个长途编号区内只有一个本地网，同一个本地网的用户之间呼叫只拨本地电话号码，而呼叫本地网以外的用户则需按长途程序拨号。

我国本地电话网有两种类型：特大城市、大城市本地电话网，中、小城市及县本地电话网。

3. 电话实现方式

电缆直接连接：MDF（Main Distribution Frame，总配线架）→电缆交接箱→电缆分线箱（盒）→用户。OLT → EPON → ONU →用户。

光纤通信（Fiber-optic Communication），是以光作为信息载体，以光纤作为传输媒介的通信方式，首先将电信号转换成光信号，再通过光纤将光信号进行传递，属于有线通信的一种。光经过调变后便能携带资讯。光纤通信系统对于电信工业具有革命性，同时在数个时代里扮演着非常重要的角色。光纤通信具有传输容量大、保密性好等优点。光纤通信现在已经成为当今最主要的有线通信方式。

（三）光纤通信

最基本的光纤通信系统由光发信机、光收信机、光纤线路、中继器以及无源器件组成。其中，光发信机负责将信号转变成适合于在光纤上传输的光信号，光纤线路负责传输信号，而光收信机负责接收光信号，并从中提取信息，然后转变成电信号，最后得到对应的话音、图像、数据等信息。

光发信机由光源、驱动器和调制器组成，实现电 / 光转换的光端机。其功能是将来自电端机的电信号对光源发出的光波进行调制，成为已调光波，然后再将已调的光信号耦合到光纤或光缆去传输。

光收信机由光检测器和光放大器组成。实现光 / 电转换的光端机，其主要功能是将光纤或光缆传输来的光信号经光检测器转变为电信号，然后再将这微弱的电信号经放大电路放大到足够的电平，送到接收端的电端机去。

光纤线路的功能是将发信端发出的已调光信号经过光纤或光缆的远距离传输后，耦合到收信端的光检测器上去，完成传送信息任务。

中继器由光检测器、光源和判决再生电路组成。它的作用有两个：一个是补偿光信号在光纤中传输时受到的衰减，另一个是对波形失真的脉冲进行整形。

无源器件包括光纤连接器、耦合器等，完成光纤间的连接、光纤与光端机的连接及耦合。

光纤通信的原理是：在发送端首先要把传送的信息（如话音）变成电信号，然后调制到激光器发出的激光束上，使光的强度随电信号的幅度（频率）变化而变化，并通过光纤经过光的全反射原理传送；在接收端，检测器收到光信号后把它变换成电信号，经解调后恢复原信息。

光通信正是利用了全反射原理，当光的注入角满足一定的条件时，光便能在光纤内形成全反射，从而达到长距离传输的目的。光纤的导光特性基于光射线在纤芯和包层界面上的全反射，使光线限制在纤芯中传输。光纤中有两种光线，即子午光线和斜射光线。子午光线是位于子午面上的光线，而斜射光线是不经过光纤轴线传输的光线。

二、按传输内容分类

按传输内容分类，通信可分为报文通信、话音通信、图像通信和数据通信等。

报文通信（电报）是指利用电报的方法在远距离间传送书面信息的一种通信方式，传输的内容为报文（电报码、文字、图片等）。传送的基本方式有编码电报和传真电报两种。编码电报是把电报字符编成电码，发报端按一定的电码发出信号脉冲；收报端把收到的信号脉冲译成字符。传真电报是把文字、手迹图表等用电的方法按原样直接传送到对方的通信方式。

话音通信，即传送语言的通信，也就是通常说的电话。实际上，广义的电话应包括有线电话和无线电话。

图像通信，即传输的信息内容为图像的通信。图像通信可分为活动图像通信与静止图像通信两大类。活动图像通信常见的有电视通信、可视电话、会议电视等。静止图像通信常见的有传真等。

数据通信，即传送的信息内容为数据的通信。它是一种较新的通信方式，能够迅速、准确地传递与处理大量数据。目前，数据的处理、存贮等多由数字计算机完成。

三、按信号形式（或波形）分类

按信号形式（或波形）分类，通信有模拟通信与数字通信两大类。

模拟通信是用随时间连续变化的信号来传送信息的通信，如传递声音信息的通信就是一种模拟通信。它先将声音变成电信号，然后再送到传输线路上去，这个电信号的大小和变化规律随讲话声音的音量和变化规律而变化，也就是电信号模拟声音变化，这种电信号称为模拟信号。传送模拟信号的通信称为模拟通信。

数字通信是用离散的信号来传送信息的通信，也就是说，数字通信传输的是二进制或多进制的数字脉冲信号。应该指出，任何模拟信号都可以数字化，变为数字信号来传输。

四、按工作方式分类

按工作方式分类，通信包括单工通信和双工通信。

1. 单工通信

单工通信是只能单方向工作的通信方式。单工通信又分为单频单工和双频单工等工作方式。

单频单工通信指发信者与收信者均采用同一频率工作。在接收状态时，只是本机的接收机工作，而发射机不工作。当需要发话时，则按发射键（送、受话器转换开关），使发射机加电工作，把信号发出去（这时本机接收机不工作），即"按一讲"式工作方式。这种方式在无线电通信中应用很广，因为它体积小，耗电少，价格低，发射对接收不产生任何影响，接收机灵敏度可做得比较高。单频单工的缺点是在对方讲话时不能随时插话，必须等对方讲完之后才能讲话。另外，这种方式的无线电话与有线电话连接较为困难。

双频单工通信指发信者与收信者使用两个不同的频率。发话的方法也遵循"按一讲"方式。这种方式便于转信，如汽车与汽车通信机之间的通信距离在市内只有 5～6 公里，为了扩大它们之间的通信距离，可以通过一个固定的架在高处的转信台来进行中间转接。由于转信台的收、发频率是不同的，所以要求汽车的通信机也是收、发不同频率的。

2. 双工通信

双工通信是指双方可同时进行双向通信的工作方式。通信双方可自由地会话，平时我们常用的有线电话就是双工通信方式。双工通信是指在同一时刻，信息可以进行双向传输，和打电话一样，说的同时还能听，边说边听。这种发射机和接收机分别在两个不同的频率上（两个频率差有一定要求）能同时进行工作的双工机也称为异频双工机。双工手持机大多在 VHF 频段和 UHF 频段上跨段工作。一般将双工手持机称为跨段双工手持机。其工作时，或 VHF 发射、UHF 接收，或 UHF 发射、VHF 接收。而双工车载机及基地 / 中转台就不存在这个问题，可以跨段双工工作，也可以做成（VHF 或 UHF 频段）同频双工机。由于使用了将收、发信号进行隔离的双工器或使用收、发分开的双天线，在 VHF、UHF 频段中，只要有一定的频差（国家标准 VHF 频段为 5～7MHZ、UHF 频段为 10MHZ）就可以完成同频双工工作。

五、按通信对象所处位置与状态分类

按通信对象所处位置与状态分类，通信可分为固定通信、卫星移动通信。

1. 固定通信

固定通信是指通信对象相对固定的通信。固定通信和移动通信是相对应的概念，其主要特征是终端的不可移动性或有限移动性，如普通电话机、IP电话终端、传真机、无绳电话机、联网计算机等电话网和数据网终端设备。固定通信业务是指通过固定通信网提供的业务，在此特指固定电话网通信业务和国际通信设施服务业务。

固定通信业务包括固定网本地电话业务、固定网国内长途电话业务、固定网国际长途电话业务等。

固定网本地电话业务是指通过本地电话网（包括ISDN网）在同一个长途电话编号区范围内提供的电话业务。固定网本地电话业务包括以下主要业务类型：一是端到端的双向话音业务；二是端到端的传真业务和中、低速数据业务（如固定网短消息业务）；三是呼叫前转、三方通话、主叫号码显示等补充业务；四是经过本地电话网与智能网共同提供的本地智能网业务；五是基于ISDN的承载业务。

固定网国内长途电话业务是指通过长途电话网（包括ISDN网），在不同"长途编号"区，即不同的本地电话网之间提供的电话业务。某一本地电话网用户可以通过加拨国内长途字冠和长途区号，呼叫另一个长途编号区本地电话网的用户。固定网国内长途电话业务包括以下主要业务类型：一是跨长途编号区端到端双向话音业务；二是跨长途编号区的端到端的传真业务和中、低速数据业务；三是跨长途编号区的呼叫前转、三方通话、主叫号码显示等各种补充业务；四是经过本地电话网、长途网与智能网共同提供的跨省长途编号区的智能网业务。

固定网国际长途电话业务经营者必须自己组建国内长途电话网络设施，所提供的国内长途电话业务类型可以是一部分或全部。提供一次国内长途电话业务经过的本地电话网和长途电话网可以是同一个运营者的网络，也可以由不同运营者网络共同完成。固定网国际长途电话业务是指国家之间或国家与地区之间，通过国际电话网络（包括ISDN网）提供的国际电话业务。某一国内电话网用户可以通过加拨国际长途字冠和国家（地区）码，呼叫另一个国家或地区的电话网用户。固定网国际长途电话业务包括以下主要业务类型：一是跨国家或地区端到端双向话音业务；二是跨国家或地区的端到端的传真业务和中、低速数据业务；三是经过本地电话网、长途网、国际网与智能网共同提供的跨国家或地区的智能网业务，如国际闭合用户群话音业务等。

固定网国际长途电话业务的经营者必须自己组建国际长途电话业务网络，无国际通信设施服务业务经营权的运营商不得建设国际传输设施，必须租用有相应经营权运营商的国际传输设施，所提供的国际长途电话业务类型可以是一部分或全部。提供固定网国际长途电话业务，必须经过国家批准设立的国际通信出入口。提供一次国际长途电话业务经过的本地电话网、国内长途电话网和国际网络可以是同一个运营者的网络，也可以由不同运营者的网络共同完成。

2. 卫星移动通信

卫星移动通信是利用卫星转发信号实现的移动通信，可采用赤道固定卫星，也可以采用中低轨道的多颗星座卫星转接。卫星移动通信的代表是铱星系统。

所谓铱星系统，是美国摩托罗拉公司提出的第一代真正依靠卫星通信系统提供联络的全球个人通信方式，旨在突破现有基于地面的蜂窝无线通信的局限，通过太空向任何地区、任何人提供语音、数据、传真及寻呼信息。铱星系统是由 66 颗无线链路相连的卫星（外加 6 颗备用卫星）组成的一个空间网络。设计时，原定发射 77 颗卫星，因铱原子外围有 77 个电子，故取名为铱星系统。后来又对原设计进行了调整，卫星数目改为 66 颗，但仍保留原名称。

铱星系统工作于 L 波段的 1616～1626MHz，卫星在 780km 的高空，100min 左右绕地球一圈。系统主要由三部分组成：卫星网络、地面网络、移动用户。系统允许在全球任何地方进行语音、数据通信。铱星系统有 66 颗低轨卫星分布在 6 个极平面上，每个平面分别有一个在轨备用星。用户由所在地区上空的卫星服务，网络的特点是星间交换，极平面上的 12 颗工作卫星就像无线电话网络中的各个节点一样进行数据交换。6 颗备用星随时待命，准备替换由于各种原因不能工作的卫星，保证每个平面至少有一颗卫星覆盖地球。每颗卫星与其他 4 颗卫星交叉连接，两个在同一个轨道面，两个在临近的轨道面。地面网络包括系统控制部分和关口站。系统控制部分是铱星系统管理中心，它负责系统的运营、业务的提供，并将卫星的运动轨迹数据提供给关口站。系统控制部分包括 4 个自动跟踪遥感装置和控制节点、通信网络控制、卫星网络控制中心。关口站的作用是连接地面网络系统与铱星系统，并对铱星系统的业务进行管理。铱星电话的全球卫星服务使人们无论在偏远地区或地面有线、无线网络受限制的地区，都可以进行通话。当用户拨了电话号码以后，信号首先到达离用户最近的一颗铱星，然后转送到地面上该手机归属的关口站，关口站相当于一个呼叫中心，用户必须向它登记，以便在使用铱星电话时能进行校验、寻找路由及计费。随后关口站再把信号传送到铱星网上，并在铱星间传送，直到到达目的地为止。目的地可以是另一部铱星手机，也可以是一部普通固定电话或蜂窝移动电话手机，整个过程会在 10s 内完成。

六、按通信对象分类

按通信对象分类，通信分为人—人通信、人—机通信、机—机通信。

人—人通信。通信的对象全是人，即人与人之间进行通信，如打电话等。我们平常所说的通信就是指这种通信。

人—机通信。目前的机器多为计算机，即人与计算机之间交换信息，称为人—机通信。这种通信，首先要将人的语言转换成计算机能懂的语言。然后，计算机作出反应，用屏幕显示或用打印机打印出结果，也可将结果转换成人的语音。

机—机通信，即计算机与计算机之间的通信。随着现代技术的发展，机—机通信已成了重要的通信手段，尤其是由多台计算机组成的计算机通信网，已得到了越来越广泛的应用。

以上这些分类只是典型的几种分类方法，远没有包括通信类型的全部。通信还有很多分类方法：如按信道数分类，可分为单路通信与多路通信；按信道分割方式分类，可分为频分多路通信与时分多路通信；按信息保密分类，可分为保密通信与非保密通信。另外，按组网方式、交换方式等还可分出若干类型来，这里就不再赘述了。

第二节　通信系统的组成

通信的目的是传输信息，把实现信息传输所需的一切技术设备和传输媒质的总和称为通信系统。在实际中，使用的各类通信系统虽然表现形式各异，但都具有一定的共性，这些共性可以抽象概括为通信系统模型。

一、通信系统的一般模型

信源的作用是将消息转换成随时间变化的原始电信号，原始电信号通常又称基带信号。常用的信源有电话机的话筒、摄像机、传真机和计算机等。

发送设备的基本功能是将信源和信道匹配起来，即将信源产生的原始电信号变换为适合在信道中传输的信号形式。发送设备一般由调制器、滤波器和放大器等单元组成。在数字通信系统中，发送设备还包含加密器和编码器等。

信道是信号传输的通道，可以是有线的，也可以是无线的。如双绞线、同轴电缆、光缆等是有线信道，中长波、短波、微波中继及卫星中继等是无线信道。

噪声源是信道中的所有噪声以及分散在通信系统中其他各处噪声的集合。噪声主要源于热噪声、外部的干扰（如雷电干扰、宇宙辐射、邻近通信系统的干扰等），以及由于信道特性不理想使得信号失真而产生的干扰。为了方便分析，通常将各种噪声抽象为一个噪声源并集中在信道上加入。

接收设备的基本功能是完成发送设备的反变换，如解调、解密、译码等。接收设备的主要任务是从接收到的带有干扰的信号中正确恢复出相应的原始电信号。

受信者又称信宿，其作用是将接收设备恢复出的原始电信号转换成相应的消息。通信系统的一般模型反映了通信系统的共性。根据所要研究的对象及所关心的问题的不同，应使用不同形式的较具体的通信系统模型。

二、模拟通信与数字通信系统模型

通信系统为了实现消息的传递，首先要将消息转换为相应的电信号（以下简称信号）。通常这些信号是以它的某个参量（如振幅、频率、相位等）的变化来表示消息的。按照信号参量取值方式的不同，可将信号分为模拟信号和数字信号。

消息是被载荷在信号的某一参量上的，即该参量是携带着消息的，如果该参量的取值是连续的或取无穷多个值的，则该信号称为模拟信号；如果该参量的取值是离散的，则该信号称为数字信号。可见，区别数字信号与模拟信号的准绳，是看其携带消息的参量的取值是连续的还是离散的，而不是看时间。数字信号的波形在时间上可以是连续的，而模拟信号的波形在时间上可以是离散的。

根据通信系统所传输的是模拟信号还是数字信号，可以相应地把通信系统分成模拟通信系统和数字通信系统，下面分别对这两种系统加以介绍。

1. 模拟通信系统模型

若通信系统中传输的信号是模拟信号，则称该系统为模拟通信系统。在发送端，信源将消息转换成模拟基带信号（原始电信号）。基带信号通常具有很低的频谱分量，如语音信号为 300 ~ 3400Hz，图像信号为 0 ~ 6MHz，一般不宜直接传输，因此，常常需要对基带信号进行转换，由调制器将基带信号转换为适合信道传输的已调信号。已调信号常被称为频带信号，其频谱具有带通形式且中心频率远离零频，适合在信道中传输。在接收端，解调器对接收到的频带信号进行解调，恢复出基带信号，再由受信者将其转换成消息。

需要注意的是，在实际的通信系统中，信号的发送和接收还应包括滤波、放大、天线辐射、控制等过程，这些都简化到了调制器和解调器装置中。

2. 数字通信系统模型

若通信系统中传输的信号是数字信号，则称该系统为数字通信系统。与模拟通信系统模型相比较，数字通信系统模型不仅包括调制解调过程，还包括信源编（译）码、加（解）密、信道编（译）码等。

在数字通信系统中，信源的输出可以是模拟基带信号，也可以是数字基带信号。所以信源编码有两个主要任务：一个是若信源输出的是模拟基带信号，则信源编码将包括模/数转换功能，即把模拟基带信号转换为数字基带信号；另一个是实现压缩编码，减小数字基带信号的冗余度，提高传输速率。而信源译码则完成信源编码的逆过程，即解压缩和数/模转换。

在某些数字通信系统中，可以根据需要对所传输的信号进行加密编码。通常采用的方法是，在发送端由加密器将数字信号序列人为地按照一定规律进行扰乱，在接收端再由解密器按照约定的扰乱规律进行解码、恢复出原来的数字信号序列。

信道编码的任务是提高信号传输的可靠性，其主要做法是在数字信号序列中按一定的规则附加一些监督码元，使接收端能根据相应的规则进行检错和纠错。信道译码是信道编码的逆过程，其功能是对所接收的信号进行检错和纠错之后，去掉之前附加上的监督码元，恢复出原来的数字信号序列。

同步是数字通信系统中不可缺少的组成部分。数字通信系统是一个接一个按节拍传输数字信号单元(码元)的，因此，发送端和接收端之间需要有共同的时间标准，以便接收端准确知道接收的每个数字信号单元(码元)的起止时间，从而按照与发送端相同的节拍接收信号。若系统没有同步或失去同步，则接收端将无法正确辨识接收信号中所包含的消息。

3. 数字通信的特点

目前数字通信的发展十分迅速，在整个通信领域中所占的比重日益增长，在大多数通信系统中已替代模拟通信，成为当前通信技术的主流。这是因为，与模拟通信相比，数字通信更能适应现代社会对通信技术越来越高的要求。数字通信的主要优点如下。

(1)抗噪声性能好。数字信号携带消息的参量只取有限个值。例如，二进制数字信号就只有"1"码和"0"码两种状态。若发送端发送"1"码对应电压值 A（V）、"0"码对应电压值 0（V），信号经过信道传输后，则叠加噪声的影响会导致波形出现失真。当接收端对接收信号进行抽样判决时，只要在抽样时刻噪声的影响不足以导致信号取值超过判决门限（这里为 A/2），则接收端仍可以正确地再生"1""0"码的波形，完全消除噪声的影响。而模拟信号携带消息的参量是连续取值的，一旦叠加上噪声，即使噪声很小，其影响也无法消除。

(2)接力通信时无噪声积累。在接力通信系统中，模拟信号每经过一个中继站都有噪声积累，通信质量逐渐下降。而数字信号每经过一个中继站都会再生一次原始信号，只要噪声的影响不使判决出错，就没有噪声积累。

(3)差错可控。数字通信中可以采用纠错编码等技术，使信号传输出错的概率降低。

(4)数字通信易于进行加密处理，保密性强。

(5)数字信号便于处理、储存、交换及与计算机等设备连接，可以使语音、图像、文字、数据等多种业务变换成统一的数字信号并在同一个网络中进行传输、交换和处理。

(6) 易于集成化，从而使通信设备微型化。

三、数字通信的主要优、缺点

数字通信的主要优、缺点都是相对于模拟通信而言的。

(一) 数字通信的主要优点

1. 抗干扰、抗噪声性能好

在数字通信系统中，传输的是数字信号。以二进制为例，信号的取值只有两个，这样发送端传输的以及接收端需要接收和判决的电平也只有两个值：为"1"码时，取值为 A；为"0"码时，取值为 0。传输过程中由于信道噪声的影响，必然会使波形失真。在接收端恢复信号时，首先对其进行抽样判决，再确定是"1"码还是"0"码，并再生"1""0"码的波形。因此，只要不影响判决的正确性，即使波形有失真也不会影响再生后的信号波形。而在模拟通信中，如果模拟信号叠加上噪声，即使噪声很小，也很难消除。

数字通信的抗噪声性能好还表现在微波中继 (接力) 通信时，它可以消除噪声积累。这是因为数字信号在每次再生后，只要不发生错码，它仍然像信源中发出的信号一样，没有噪声叠加在上面。因此，中继站再多，数字通信仍具有良好的通信质量。而模拟通信中继时，只能增加信号能量 (对信号放大)，不能消除噪声。

2. 差错可控

数字信号在传输过程中出现的错误 (差错) 可通过纠错编码技术来控制。

3. 易加密

数字信号与模拟信号相比，容易加密和解密。因此，数字通信的保密性好。

4. 易于与现代技术相结合

由于计算机、数字存储、数字交换以及数字处理等现代技术飞速发展，许多设备、终端接口均采用数字信号，因此极易与数字通信系统相连接。正因如此，数字通信才得以高速发展。

(二) 数字通信的主要缺点

数字通信相对于模拟通信来说，主要有以下两个缺点。

1. 频带利用率不高

数字通信中，数字信号占用的频带较宽。以电话为例，一路数字电话一般要占据 20~60kHz 的带宽，而一路模拟电话仅占用约 4kHz 的带宽。如果系统传输带宽一定的话，模拟电话的频带利用率要高出数字电话 5~15 倍。

2. 需要严格的同步系统

数字通信中，要准确地恢复信号，必须要求接收端和发送端保持严格同步。因此，数字通信系统及设备一般都比较复杂，体积较大。

随着数字集成技术的发展，各种中、大规模集成器件的体积不断减小，加上数字压缩技术的不断完善，数字通信设备的体积将会越来越小。随着科学技术的不断发展，数字通信的两个缺点也显得越来越不重要了。实践表明，数字通信是现代通信的发展方向。

第三节　无线电通信原理

无线电通信是利用电磁波来传递信息的。信息的内容可以是符号、文字、语言、音乐、图片和活动景象等。根据传送的信息不同，通信可分为电报、电话、传真、电视、数据等几种基本的通信类型。从广义的角度来看，雷达、导航、遥控遥测等也可列入通信的范畴。

通信的种类繁多，而且各种通信使用的技术设备也都不完全相同。每种通信机都有其本身的一些特殊要求，但其基本原理并无多大差别。本节以单路无线电话为例介绍无线电通信的基本工作原理。

一、调幅制无线电通信

1. 发信机工作原理

无线电话所传送的消息是话音。它是一种频率从几十赫至数千赫的机械振动。因此，首先必须有一个声电转换装置（话筒）。话筒把机械振动转换成相应的低频电信号——变化的电压或电流。这一电信号一般比较微弱，需要进行低频放大，放大后的信号作为调制信号加到调制器上。

为什么低频信号必须进行调制呢？我们知道，在一根导线上通过交流电时，在导线的周围就会产生电场和磁场。当交流电的频率较低时，它仅仅在导线周围变化。当交流电的频率高到一定程度时，它就能脱离导线向四周辐射出去，形成电磁波。交流电的频率越高，就越容易向空间辐射。因此，我们说无线电波是由高频交流电产生的，而无线电通信所传递的信息一般是频率很低的信号，低频信号很难以电磁波的形式向外辐射，那么要完成无线电通信任务，就必须把这些低频信号"寄载"到高频振荡上,借助高频进行辐射。这种用低频信号去控制高频振荡的过程叫作调制。

实现调制的方法是用低频信号去控制等幅高频振荡的某一参数(振幅、频率、相位),使高频振荡的某一参数按低频信号的变化规律而变化。当用低频信号去控制高频振荡的幅度时,这种调制称为调幅;当用低频信号去控制高频振荡的频率或相位时,称为调频或调相,统称调角。

经过调制后的高频振荡,叫作已调振荡或已调波。等幅的高频振荡在这里实际上起着运载低频信号的作用,所以称为载波。载波的频率叫作载频。低频信号完成对载波的控制或调制作用,所以称它为控制信号或调制信号。

无线电波在向远处传播时,其强度将减弱,但它所含的信号特征却保持不变。在接收点,接收天线从空中截获无线电波并在天线上产生高频信号的感应电动势,从而产生感应电流进入接收机。

2. 接收机的工作原理

接收机是一个具有如下组成的电路系统:天线、滤波器、放大器、A/D 转换器。GPS 卫星发送的导航定位信号,是一种可供无数用户共享的信息资源。对于陆地、海洋和空间的广大用户,只要用户拥有能够接收、跟踪、变换和测量 GPS 信号的接收设备,即 GPS(Global Positioning System,)信号接收机,就可以在任何时候用 GPS 信号进行导航定位测量。

用户要求的 GPS 信号接收机各有差异,这些产品可以按照原理、用途、功能等来分类。按照用途可以分为三类:一是导航型接收机。此类型接收机主要用于运动载体的导航,它可以实时给出载体的位置和速度。根据应用领域的不同,此类接收机还可以进一步分为车载型、航海型、航空型以及星载型。二是测地型接收机,主要用于精密度大的测量和精密工程测量,定位精度高,仪器结构复杂,价格较贵。三是授时型接收机。这类接收机主要利用 GPS 卫星提供的高精度时间标准进行授时,常用于天文台及无线电通信中的时间同步。

接收设备的任务,首先在于从天线上许许多多的感应电动势中选择出所需要的已调高频信号。这种选择作用是利用谐振回路来完成的,俗称调台或选台。然后再从已调高频信号中检取出低频调制信号,这个过程称为解调。调幅信号的解调称为检波。解调是调制的反过程。

由检波器检测出来的低频调制信号经放大后通过电声转换装置(扬声器、耳机等),就可以还原出原来的声音,这就完成了通信的全过程。

使用的是简单型接收机,性能较差。目前接收机大都采用超外差式电路,从而大大提高了接收机的质量。在超外差式接收机中,一般都设有自动增益控制电路。

它的作用是当输入信号在一定范围内变化时，自动改变接收机的增益，以保持输出信号强度基本不变。也就是说，在输入强信号时，电路处于低增益状态；在输入弱信号时，处于高增益状态。信号随机变化时，电路增益能随输入信号的大小自动地做相反变化，以维持一个恒定的输出幅度。这种电路称为自动增益控制电路，简称AGC（Automatic Generation Control）电路。

二、调频制无线电通信

所谓调频，就是使高频载波频率按调制信号的规律变化而载波幅度保持恒定的一种调制方式。调频也称频率调制（Frequency Modulation，FM）。

当未调制时，即音频信号为零时，发送的是载波频率；当音频信号增大时，瞬时频率增大；当音频信号减小时，瞬时频率亦相应减小。

1. 调频通信的一般原理

话音信号经低频放大器放大后，去控制高频振荡的频率变化，实现调频。调频发信机的高频振荡器和调制器通常合在一起，它的调频作用直接在振荡器上完成。调频信号经过倍频器，使频率增高到发射频率，然后送到高频功率放大器放大到足够功率后从天线输出。

采用倍频器的目的有两个：一是把振荡器所产生的载频倍增到发射机输出所需要的频率；二是增大所需的频率偏移。

调频接收机的接收过程与调幅接收机很相似，只是解调器不同。调频接收机用限幅器和鉴频器代替了调幅接收机的检波器。限幅器的作用是消除外来干扰和接收机内部干扰产生的寄生调幅。鉴频器的作用是从中频调频信号中取出原调制信号。

调频接收机一般都加有自动频率微调电路，其作用是保证接收机稳定工作。当接收到的高频信号频率与接收机的本振频率两者差值偏离中频时，鉴频器就自动输出一个直流电压。这个直流电压起到控制本地振荡器的作用，使本振频率能自动捕捉和跟随信号频率变化，使输出为准确的中频，以保证接收机稳定工作。

通过调幅、调频接收机的工作原理可以看出，它们的核心是"变频"。变频的作用是将输入的高频载波变为中频而不改变输入信号的性质。简单来讲，输入是调幅信号，变频后仍为调幅信号；输入是调频信号，变频后仍为调频信号。所以，调幅接收机只能接收调幅信号，调频接收机只能接收调频信号。

2. 调频制的优点

调频制的优点之一是抗干扰性能好。因为调频信号是等幅的，它可利用接收机的限幅器把寄生调幅去掉，而调幅制接收机则不能消除寄生调幅。但是，调频波所占频带较宽，必须工作在超短波波段，而超短波波段电波只能做视距传播，因而限制了它的通信范围。从另一个角度来看，正因为它工作在超短波波段，所以允许调频制占用较宽的频带，从而可使调频制调制信号的音域宽，音质远比调幅好。

三、多路通信

在普通单路通信线路上，只能传送一路消息。无线电多路通信是指在一条公共的无线电波道上，即一个高频载波上可同时传输若干路相互无关的消息。

由于在公共线路上传输的消息在一般情况下都具有共同的特征，如在传输多路电话时，各路电话信号占有相同的频带，即300～3400Hz。为了使线路能进行多路传输而不互相干扰，就需要使各路信号具有不同的特性，以便在接收端能根据这一特征区分出各路信号。

目前，广泛采用的区分方式有两种，即频分制多路通信和时分制多路通信。

1. 频分制多路通信

用不同的载波频率分别传送各路消息，以实现同一波道上多路通信的方式叫作频分制多路通信，也称频率复用。

"频分制"是国际电联制定的一种主要的无线通信系统的工作频率划分方法。它把移动通信的频率划分为一个固定信道和两个移动信道。在同一信道上，每个信道都有一定使用带宽；同时，每个工作信道在同一频段内使用相同的频率。在一个通信系统中将信道划分为若干个区域，每个信道之间存在一定的间隔，但间隔很小，并可以用连续或间断方式来进行传输。多个信道可以同时与多个信道通信，且可以共享一个通信信道。当信道中同时存在多个不同信道时，就会出现频谱分布不均匀情况。在信道中，信号会发生传输延迟，影响信道中一些信道能够有效地传输时延。

频分制的一个主要的优点就是在一台通信设备上可以有多个工作信道，而且每个信道都有单独的信道。这样在使用同一信道时，信号不仅可以传送，而且可以选择传输。信道之间可以有很多种类型的干扰，而且对接收机要求也比较高，这是因为多路通信系统中信息系统往往由一个信道和多个信道组成。由于信道可以分为不同频率，所以可以在同一时间使用不同频率的信道构成多个不同波段的一种通信系统。由于信道不同将会产生不同性质或不同功能或者不同容量的信道具有一定的相似性，因此采用不同标准和不同频率之间进行通信，对系统产生了一定程度的干扰，以及在多路通信系统中实现复杂通信变得困难。

频率划分制的多路通信系统是由若干个独立的信道和多个固定信道组成。由于信道数量增加，每个信道的发射功率也相应地增加。就单用户系统而言，通常采用信道中每个信道的最大值来表示不同用户之间通信需要实现多少路。常用的多路通信系统有 FSK（Frequency Shift Keying，频移键控）、TCP/IP（International Mobile Interface

System）技术、FDMA（Frequency Division Multiple Access，频分多址）和 GSM（Global System for Mobile Communications，全球移动通信系统）技术这几种方式。其中，FSK 技术可将不同用户信号直接串入两个独立的信道进行通信，而不必另加通信机等电平信号处理软件。对于多路通信来说，可以用不同标准划分信道后对数据进行调制。由于不同频段之间传输所需要采用的硬件资源不同、天线类型也不同，所以在无线通信系统中不同信号会用不同类型的传输。多路通信技术有一个突出的特点就是传输速率很高（通常而言，每秒可以达到数千甚至数万级），并且可以在同一网络中实现信号自动切换功能，因此多路通信技术对不同类型频段进行多路通信技术具有很大的优势。当然也存在一些其他问题亟待解决。就系统而言，需要处理多个信道同时接收信号时，其信道间的信号需要互相比较信号来决定传输速率，如果多路通信系统处于同一信道内，则需要设置多个信道之间进行切换功能，而每个信道又同时连接多个信道则是一件很麻烦的事。不能满足人们传输要求时，采用多分制时序传输可以有效防止设备损坏使系统不能正常工作，并且可以在信号发生故障时快速查找到故障并及时处理，从而大大提高了通信效率，降低了成本。首先应考虑是否使用较低速率的无线电进行通信信号传送，以实现实时通信；其次需要在多个信道之间进行切换时保证信道畅通；最后必须考虑系统使用时是否会对其通信协议造成影响或干扰。

2. 时分制多路通信

时分制多路通信，也称为时间复用，是一种多路信号轮流依次使用一条公共信道，构成多个周期性的传输信道的通信方式。时分制多路通信的原理如下。

（1）各路信号分别加在转换开关（电子转换器）的不同接点上，转换开关一圈圈地迅速旋转。

（2）开关接到哪一个接点上，就把对应的一路信号发送出去。

（3）接收机收到信号后，通过转换开关。

（4）把各路信号分开，分别送到各个用户。

这种方式的关键是收发转换开关要保持严格的同步。

基于时分的多路通信系统通常使用信号调制方式，利用信号的调制方式可分为低频信号和高频信号。低频信号主要应用于高速率应用，如 GPS、TDMA（Time Division Multiple Access，时分多址）、MIMO（Multiple Input Multiple Output，多输入多输出系统）、高频短波、数字多巴赫曼等通信方式。高频信号通过调制方式来实现信号传输距离远、容量大、抗干扰能力强等特点，低干扰信号主要应用于航空航天、汽车、家电、医疗等行业。高速率数据通信系统对信号质量的要求更高，但往往通信距离不能满足实际需求，采用中低频段信号可以实现高频通信能力互补，以满足当前全球通信网络需求。利用高频信号作为数据信道来进行多路制通信系统构建，使用高频信号调制方式之一来传输信息，使用低阻光纤作为传输介质实现信道传输，通过无线通信网络覆盖区域、覆盖范围内不同区域之间可以通过有线通信方式实现无阻抗组网通信等。另外，通过微波和高频等电磁波来实现信息存储、传输和交换等功能作用。在网络拓扑中就有多个站点间相互通信。

四、信号的频谱

在通信技术中，经常遇到"频带宽度""频谱宽度"等术语，如调幅收音机的带宽为10kHz，调频收音机的带宽为200kH，我国广播电视图像信号的频谱宽度为6MHz（0~6MHz），它们都是由接收信号的频谱决定的。所以对信号进行频谱分析是非常重要的。

分析频谱的方法在数学中早已解决，即用傅里叶级数（三角级数）的方法进行分析，这样既方便又直观。下面首先介绍一下傅里叶级数的基本概念。

1. 傅里叶级数

理论和实践证明，在无线电技术领域中所遇到的周期性信号都可以展开为傅里叶级数的形式。傅里叶级数的每一项都是一个正弦（或余弦）函数。这就是说，一个周期性信号可以分解为许许多多的不同频率的正弦波，也可以说，周期信号可以看作各次谐波之后。

2. 调幅信号的频谱

一般地，调制信号是由多种频率成分组成的。为了简化分析，下面讨论低频调制信号为单一频率的余弦函数时的调幅波的频谱分布情况。

第四节　计算机技术在无线通信中的应用

随着社会和科学技术的发展，计算机技术对于社会越来越重要，在通信中也越来越多地被广泛应用。从人们日常生活交流到各企业业务工作等都需要计算机技术，我们的生活已经少不了计算机网络了。计算机通信技术方便了人们的生活，提高了社会工作效率，也提高了人们的社会生活水平，使人类社会发展更快，在实践中的应用越来越广。本节从计算机技术在通信中的实际应用着手，谈谈计算机通信的特点以及其在通信中的具体运用。

一、计算机技术与通信

计算机技术的应用十分广泛，不仅能够分析和传输数据，还能够对这些数据进行具体处理交流，可以说，数据的传输过程是计算机技术的基础，传输的过程与其部分技术有着密不可分的联系。在社会生活的广泛应用中，计算机通信作为新技术结合体发挥着更大的功效。下面总结列举出了几点计算机通信的基本特征。

（1）计算机通信技术有着很强的抗干扰能力，在数据的传输过程中通过二进制转换信息以及传递和处理信息，还可以对信息进行加密处理，防止信息的意外流失，维护信息安全。此外，在数据的传输过程中还能够对干扰信息（如噪声等具有干扰性的信息）进行有效处理，达到抗干扰的目的。

（2）计算机技术与通信有效结合，使得各种信息在计算机中的传输速度大大加快，处理效率也得到进一步的提升。在计算机的数据传输中，语言信息数据以每条2400 bit/s 的速率、以每分钟传输18000 个字符为基础进行数据交换，计算机通信的数字信息传输速度大大高于一般模拟信息的传输，更加符合现代社会发展进步的要求。

（3）计算机通信的应用主要体现在多媒体通信方面，其过程中以各种各样不同的多媒体信息的形式展现，如语言、数值、文字、表格等。

（4）计算机通信的过程每次都较短，平均持续时间都不长，根据有效的数据检测得到的结果是电话通信中的持续时间平均为 3 ~ 5s，而计算机通信的持续时间中约占一半的比例是保持在 5s 以下的，约占 25% 是在 1s 以下的，由此对比可以看出，计算机通信的平均每次呼叫时间都比较短。

二、计算机技术在无线通信中的应用

计算机技术广泛运用到了通信中，在科研、工业、教育以及其他机关事业单位中都发挥着它的功用。现当代网络技术的发展更是进一步促进了计算机技术的发展壮大，可以说，将计算机技术运用到通信中并使二者完美地结合起来是现代通信的一大里程碑式的壮举。

（一）计算机技术在物流管理方面的应用

1. 利用计算机对港口仓储进行数据处理和监控

在机械化设备的管理中，首先是对计算机系统采集到的数字信息的处理，信息采集范围包括运行信号、故障信号、电源信号、工作状态信号等。这些信号都需要计算机系统的综合处理。此外，利用计算机实现对机械作业的自动化处理。自动化的核心是单片机。通过编写相应的程序，使单片机在仓储作业中的配仓系统、配送系统、包装系统等实现过程控制、信息处理、联锁控制等。

2. 利用计算机实现对集装箱的管理与控制

计算机在港口仓储集装箱管理中的管理与控制实现控制过程的自动化处理流程。通过利用计算机在数据处理和过程控制中的先进性，可以将计算机技术应用到图像采集、图像处理模板等过程中来实现对传感器的控制。根据程序自动判断集装箱是否进入，若进入，则激活相应的识别系统，并调取对应集装箱的基本信息，包括编号、类别、位置等。同时，我们可以加大控制过程中的自动化程度，根据集装箱的特征实现对数据处理的精准化操作流程。

3. 加速 WBM（Web-Based Management，基于 Web 的网络管理模式）网络管理模式建设

WBM 的实现策略目前较为普通的模式是嵌入式方案。其方式是将 WEB 服务器嵌入一个已经存在的网络设备上，该设备轮流与各端点设备进行通信，起到服务器的作用。浏览器用户通过 HTTP 与该设备通信，各端点设备则通过 SNMP（Simple Neork Management Protocol，简单网络管理协议）与之通信，达到平衡多级数据库访问、5NMP 轮询等目的。由于网络管理模式中引入了 Internet 的功能体系和管理架构，从而为系统提供了强大的功能体系，有力地实现了管理的信息化，也为整个物流管理流程的规范化、自动化、科学化提供了新的技术解决方案。

4. 考虑人工智能／专家系统的设置

人工智能和专家系统是又一个有助于物流管理的、以信息为基础的技术。人工智能是通过计算机技术、网络技术等的灵活运用，将数据结构技术、智能分析技术综合起来以模拟人类思维模式的解决方案。人工智能着重于象征性推理，而不是数值处理。人工智能管理领域涉及的技术，如专家分析技术、神经网络、神经元、语音识别、视觉感应等。而专家系统又属于人工智能管理领域，通过结构化的语言规划和设计，对问题进行归纳总结，解决现实物流作业中常见的问题。此外，系统的应用还可以提高整个作业效率，增加厂商对知识产权的受益性。整个过程中涉及的领域包括界面化的系统设计、港口仓储管理等。

（二）计算机技术在 GPS 实时监控中的应用

我国目前正处于经济社会发展阶段，人们在经济社会领域的发展中离不开信息技术，GPS 技术就是其中之一。GPS 技术是利用 GPS 卫星定位技术，将多颗卫星发射到固定且精确的位置信息数据库中。GPS 技术目前主要分为两种，一种是静态信息数据，另一种是动态信息数据。在我国目前经济社会发展阶段中，GPS 主要应用于对交通运输的控制管理。利用 GPS 技术可以有效地对交通运输进行精确管理与控制，并且实时反馈车辆的位置信息。GPS 可以根据实际情况向各个城市中心发送各

种信息指令，对于交通运输管理工作来说具有非常重要的意义。随着计算机监控系统的不断发展，在监控应用方面也呈现出多元化趋势。GPS 技术为计算机监控提供了非常广泛的应用场景和价值，使其在环境监测、水资源保护、社会治安监控等领域得到广泛应用，极大地提升了监控效果，同时为公众提供了良好的安全服务。随着计算机技术不断发展，计算机监控系统与先进的计算机技术相互结合的趋势也在不断发展，逐渐向智能化转变。对于计算机监控系统来说，其未来要朝着智能化的方向发展，因此，要不断提高其智能化程度，充分发挥其优势与作用。

无线网络通信在挖掘机中的应用大大提高了挖掘机的工作效率，同时可以将挖掘机的应用范围进一步扩展，可以适用的最重要、最关键的中心部分称为数据链，一般传统的数据链就是通过有线电线将具体数据通过线路传输到对方机器中，而 GPS 监测系统的数据链是通过无线传播的方式将实时监测到的数据及时传输到数据处理中心去。传统的有线的传播方式与结合计算机的无线传播方式相比，古老的有线方式的投入成本高，具体操作也比较烦琐，还极其容易受到外部环境的破坏和影响。计算机技术下的无线网络的通信方式则很好地解决了这些问题，方便快捷地通过网络传输数据。此外，无线网络通信是 GPS 系统发展进步的一大重要的推动力，GPS 监测系统可以转换 RINEK 格式，具有多种实时有效的传输方式，如 CMDA（Code Division Multiple Access，码分多址）、GPRS（General Packet Radio Service，通用分组无线服务技术）等。总之，通过计算机技术下的无线通信，在无线通信信号覆盖下的地区都可以在计算机终端接收到 GPS 监测到的有效信息。

(三) 计算机技术在网络计费方面的应用

随着计算机技术和交换机技术的发展，交换机系统的后续发展空间受到了人们的关注，将计算机技术完美地结合到了交换机系统中，设立了专门的计费项目，为大多数通信的系统都配备了计费的一般功能。现代通信在越来越多的方面都已经离不开计算机技术的支持，计算机技术与计费功能的结合有效地提高了通信和计费的准确性，使得通信计费更加方便快捷。此外，计算机自身配备巨大的空间，计算机计费将各个方面和地区的信息结合到一起。计算机的有效存储空间有利于储存大量信息、快速便捷地查找信息、为不同的客户安排不同的有效计费方式，区分综合费用和个人费用、公共费用和私人费用，等等。总之，计算机系统与网络计费结合起来能够准确快捷并灵活地处理有效信息，是交换系统的一大进步，并且还有着更大的发展空间。

从本质上讲，互联网已经成为社会生产和生活的重要工具。无论是办公软件还是网上购物，只要在互联网上购买了商品，不管在哪个地方，都可以在互联网上进行消费。用户可以通过各种方式购物、支付费用，并且可以即时到账。网络计费系统是一个十分成熟的网络软件，目前已经被广泛地应用在社会生产和生活的各个领域。在应用方面，传统方式和网络计费都是基于计算量的计算，这就造成了计费系统存在一定的问题和缺陷。第一个问题是，由于计算机技术的发展，网络计费系统在本质上是属于计算机技术的一种应用系统与计算工具，而计算机技术正是网络计费系统的核心组成部分。在我国的计算机领域，计算机技术的应用具有很大的潜力。当前已经出现了一些典型案例。例如，中国移动推出了流量计费系统。在网络计费方面应用较多，主要是因为网络速度比较快，通过这个互联网实现了多方面信息资源共享。目前市场上能够做到这一点的互联网企业很多，但互联网企业在计费方面并没有形成一个统一的标准，目前还存在许多问题需要解决。比如，很多企业并没有按照用户选择提供计费服务后仍然可以继续收费，这样就给用户带来一定的经济损失。如果用户选择在不同阶段开通不同类型的服务，这种损失会很大。第二个问题是，企业如果要对不同时间所产生的费用进行计算会比较麻烦，并且存在一定漏洞，影响到网络计费系统的正常运行，这也是目前网络计费系统存在问题的主要原因所在，次要原因是企业缺少网络计费方面的知识。

在互联网计费系统中，采用云计算技术对计费系统进行优化升级就是将传统计费模式进行改进的一种方法。在当今时代这个大的背景下，将云计算技术引入网络计费系统当中是我国信息化发展中不可或缺的一个重要组成部分，也是当前信息化建设过程中不可缺少的一个重要环节。云计算技术和计算机软件技术的使用可以充分发挥网络计费系统的优势并满足用户的实际需求。而传统计费系统是基于物理网络的，它只能对当前网络所发生的事件进行处理计费，它存在计费不够精确、计费次数过多的问题。如果可以采用先进技术在计费系统中优化升级的话，就可以使网络计费系统更加便捷高效。而互联网计费体系更能符合当前市场需求，是一种绿色环保无污染、高效高质、可持续发展的计费模式。因此，将这种计费系统进行优化升级将会为我国的计费业务作出更大贡献。

（四）计算机技术在企业信息化中的应用

信息化是以计算机为核心的智能化工具，它是新生产力的代表，为社会发展与人类生产提供了巨大的动力。智能化工具又称为信息化生产工具，具有信息获取、信息传递、信息处理、信息再生、信息利用等功能。与智能化工具相契合的生产力被称为信息化生产力。智能化生产工具与过去生产力中的生产工具不同的是，它不是一件孤立分散的东西，而是一个具有庞大规模的、自上而下的、有组织的信息网络体系。这种网络性生产工具将改变人们的生产方式、工作方式、学习方式、交往方式、生活方式、思维方式等，将使人类社会发生极其深刻的变化。信息化是以现代通信、网络、数据库技术为基础，将所研究对象各要素汇总至数据库，供特定人群生活、工作、学习、辅助决策等和人类息息相关的各种行为相结合的一种技术，使用该技术后，可以极大地提高各种行为的效率，为推动人类社会进步提供极大的技术支持。

计算机网络技术可以实时有效地管理通信系统，及时分析繁杂的数据信息。在各个企业单位中，先进的信息管理系统有利于企事业单位业务的开展和开拓。科技在不断进步，各个单位对自身的信息管理方面也相应做出了更高的要求，方便内部信息快速准确地传输和外部信息的及时接收。计算机技术可以通过对整个企业单位的通信系统进行管理来有效提高生产效率，发展生产力，最大限度地实现办公室智能自动化，切实将整个工作网络结合运作起来，用以减少通信系统的总体压力，各个部门之间的数据信息传输得方便准确，能够真正实现当代企业信息的高速传递和工作的高效运转。在企业信息化建设中，计算机技术的作用不可取代，计算机技术为企业信息化提供了核心技术，能够为企业带来丰厚收益与价值。具体分析如下。

1. 电子商务应用

电子商务是现代企业未来经营发展的主流趋势，其以互联网为载体，基于计算机技术控制互联网商业活动，以网上购物、网上交易形式为代表，是一种新型的商业模式。电子商务内容丰富，包括电子广告、网上购物、电子支付等商业活动。进行电子商务业务的过程中，要以三种模式为依托开展，如 B2B、B2C 和 C2C。B2B 是企业之间的业务往来，B2C 是企业与个人之间的业务往来，C2C 是消费者之间的业务往来。现阶段，电子商务市场以这三种业务形式交互发展为主。

如中国的阿里巴巴公司的淘宝网，该公司与网站内的各个商铺的合作形式是 B2C 型，各个商铺的商家和消费者之间的交易形式属于 C2C 型。在这里，两种交易形式相互交融结合成立淘宝网，这就是电子商务的具体表现形式之一。

同时，以 B2B 为基础的交易方式主要体现在各个企业建立的企业网站上，可以看到大部分的企业网站上都开设了交易窗口，每天都有大量的订单被其他企业签订，为企业带来了巨大的收益。

2. 网络财务应用

网络财务上的应用指的是借助互联网技术和计算机硬件设备进行大量的数据储存，对会计材料等进行相关的计算和审计，为企业的财务管理提供可靠且准确的数据。随着社会交通信息行业的蓬勃发展，企业已经开始在全球范围内设立工作区域，以解决市场的原材料供应问题。此外，要想推动实现企业财务的统一管理，就需要借助计算机网络管理技术。它有着高度的共享性，可以消除因为各地时间和地域等差别带来的财务干扰，强化了企业各地区部门的信息传递。信息共享从根本上改变了原来财务和业务信息不对称的现象，实现了财务的动态管理。与此同时，网络财务还有一项重要的延伸功能，那就是实现了结算支付电子货币化。电子货币和传统货币相比有着快捷简单的优点，可以直接在网上进行虚拟操作，实现了经济上的跨地域发展。

3. 电子档案应用

电子档案是企业信息化建设的产物，在办公自动化的影响下，电子档案的出现大大提高了档案管理的效率，也提高了档案保管的安全性与有效性，在信息技术的传递、储存上也更加便捷。电子档案应用促进了企业资源优化配置与信息传递，实现了个性化管理，能够根据不同用户的不同需求提供相应的数据信息，并对信息数据进行补充和调整。结合计算机系统实现资料迅速地、有效地整理和排序，减少人工管理的开销。

4. 办公自动化管理

办公自动化系统简称 OA 系统，英文全称是 Office Automation System。办公自动化管理是当前计算机技术在企业内部管理工作中较为广泛应用的一方面内容，也是计算机技术先进性的重要体现之一。在实际电话办公环境下，自动化办公系统本身实现了跨平台办公的需求，并且对多种不同的网络标准协议进行了支持，可以达到随时随地、资源共享和信息互通的目的。办公自动化系统本身也更好地支持了企业内部各项业务管理工作的开展需求，如财务管理工作就可以和办公自动化系统进行更好地联动。OA 系统中的流程在设计上也应该体现出一定的多样性特点，同时结合更多的人性化需求，对流程环节、界面、操作方式进行调整，更好地确保办公自动化系统具有足够的易用性；对网络化技术进行合理的应用，可以打造一个联网平台；对企业内部管理工作实现远程异地化的网络管理，也可以利用移动互联网技术，配合智能手机的移动终端，采取移动办公的形式，这样可以更好地提升办公工作的效率，减少审批等待时间，提升工作开展的成效。

企业信息化是企业经营发展的必经阶段。在企业信息化建设的过程中，计算机技术发挥着不可替代的作用。计算机技术是企业信息化的核心技术，计算机技术为企业信息化管理、信息化办公、信息化营销提供了最根本支持。基于计算机技术的企业信息化系统包括众多内容，本文针对主要内容进行研究，旨在促进企业信息化建设与发展。

(五) 计算机技术在智能挖掘中的应用

挖掘机的出现使人们从大量繁重与危险的体力劳动中解放出来，提高了工业生产的效率。由于传统的挖掘机在高度危险的环境中（如易崩塌、高温、有毒气体等）工作时，驾驶员的生命安全得不到有效保障，这也使得这种高效的挖掘机的适用范围受到一定的限制。随着无线网络通信的飞速发展，其在智能挖掘机设计中的应用也开始发展。具有无线网络通信功能的智能挖掘机主要由四部分组成：电机驱动模块、角度检测模块、距离检测模块和无线通信模块，在这之中，无线通信模块起到了核心的控制作用。它的实现过程是这样的：选用具有优异性能与较少外围元件的PTR2000 作为无线网络通信的核心设备，可以实现智能挖掘机中上位机和下位机之间的无线通信，操作者只需要将智能挖掘机的方位角度和前进距离等命令输入，即可通过无线通信这一模块传输到下位机，然后通过角度检测模块和距离检测模块的配合，即可完成应高危险的工作环境，提高了操作者的生命安全保障。计算机技术与通信结合起来，无论应用到哪方面，都能够快捷有效、信息准确，比一般的传统方法具备巨大的优势。计算机技术在通信领域除了上述中的应用，还在自动查号、数据更新、实时统计方面发挥着巨大的功用，能够对繁杂的数据进行最有效的管理。而且将计算机技术与通信结合起来的现代通信技术不仅拓宽了通信范围，完善了通信管理系统，更是通信技术发展进步最大的原动力。计算机技术对于整个当代社会来说都是一个最大的、最有帮助的推手，推动着当代通信的发展，推动着现代社会的进步。

第五节　无线通信新技术发展

一、第 1 代无线通信系统（1G）

第 1 代商用无线通信系统出现于 20 世纪 80 年代初，主要包括模拟蜂窝和无绳电话系统。典型的模拟蜂窝系统有美国的 AMPS、英国的 TACS、西德的 C-450 等。这些系统的主要工作频段为 800MHz 和 900MHz。所有这些系统均采用了频分双工（Frequency Division Duplexing, FDD）方式，即前向链路（由基站到移动台）和反向链路（由移动台到基站）使用分开的频段，每个方向上频带宽度的典型值为 25MHz。分配给每个用户的信道带宽（或信道间隔）为 30kHz 或者 25kHz，也可以使用这些频率的分数倍。第 1 代蜂窝电话系统的调制方式为模拟调频，系统的发送功率取决于所使用的信道带宽和蜂窝网络中小区的半径。通过将带宽为 30kHz（或 25kHz）的信道分割为带宽更窄（如 10kHz、12.5kHz 或 6.25kHz）的信道，来提高蜂窝网络的容量。

无绳电话系统是有线电话网的无限延伸。第 1 代无绳电话（CT1）系统比较简单，系统把普通的电话单机分成座机和手机两部分。座机和有线电话网连接，手机与座机之间用无线电连接，这样，允许携带手机的用户可以在一定范围内自由活动时进行通话。CT1 系统通常采用模拟调频技术传输模拟话音，手机和座机的发射功率一般小于 10mW，无线覆盖半径约 100m。CT1 无绳电话除了具有一般电话机的功能，主机和手机之间也可以互相呼叫。CT1 系统有单信道和多信道两种系统：单信道系统的工作信道只有一个（一对频点），而多信道系统的工作信道有多个。多信道系统的基站具有搜索空闲信道和检测干扰信号的功能，利用无中心控制器的多信道选取技术，使工作信道的信噪比始终较高。

与上述模拟蜂窝电话系统和无绳电话系统同时存在的还有一些早期的无线数据通信系统，如寻呼系统和无线调制解调器系统。寻呼系统是一种单向无线通信系统，它由寻呼控制中心和由用户携带的便携式接收机组成。寻呼控制中心可向用户传送简短的数字和字符信息，由于便携式接收机小巧玲珑、价格低廉，在无线通信的发展初期受到了广大用户的普遍欢迎。寻呼业务可以算是第 1 代移动数据业务。无线调制解调器系统开发于 20 世纪 80 年代初期，当时，美国和加拿大的一些小公司利用话带调制解调器芯片组和商用对讲机开发了一些无线数据传送系统，这些无线数据传送系统的传输速率较低（小于 9600bit/s），使用了无线局域网中的媒体接入控制协议，这些产品可看作后来出现的无线局域网（Wireless Local Area Networks，WLAN）产品的早期雏形。

第 1 代模拟无线通信系统的主要缺点是频谱利用率低、抗干扰能力差、系统保密性差等，但由于模拟技术十分成熟，因而在发展初期得到了较为广泛的应用。模拟蜂窝技术由于系统容量小，不适应多媒体通信业务的需要，在日益激烈的市场竞争中已被逐步淘汰。

二、第 2 代无线通信系统（2G）

随着数字通信技术的发展和用户对高质量无线通信的追求，从 20 世纪 80 年代末开始，无线通信系统发展到了以数字通信技术为代表的第 2 代（2G）无线通信系统，这个系统由于采用了更先进的数字技术，使得通信质量传输效率和系统容量有了很大提高。除了网络结构和所提供的业务，第 2 代无线通信系统还包括数字蜂窝系统、个人通信业务（ Personal CommunicationSystem，PCS）系统和无线数据网络系统。

1. 第 2 代数字蜂窝网络

最早的数字蜂窝网络是欧洲的全球移动通信系统（GSM），欧洲开发 GSM 的主要目的是解决蜂窝电话在欧盟各国之间的国际漫游。GSM 系统在 1991 年开始商用，随后发展到全球一百多个国家，成为当时用户最多的数字蜂窝网络。除欧洲的 GSM 系统之外，第2代数字蜂窝网络还包括美国的 IS-54 系统（随后发展为 IS-136 系统）、IS-95 系统和日本的 JDC 系统，除了 IS-95 系统使用码分多址（CDMA）接入技术，其他系统均使用时分多址（TDMA）接入技术。与第1代模拟蜂窝系统相同，第2代的载波间隔与其各自使用地区的第1代模拟蜂窝系统的载波间隔相同，GSM 和 IS-95 则使用多个模拟信道组成一个数字信道。GSM 在 200kHz 的带宽内可支持8个用户，IS-54 和 JDC 分别在 30kHz 和 25kHz 的带宽内可支持3个用户，而 CDMA 在 1250kHz 带宽内所支持的用户数量取决于用户可接受的业务质量，在理论上不是一个固定的数值。

GSM 的信道比特速率为 270kbit/s，IS-54 和 JDC 的信道速率分别为 48.6kbit/s 和 42kbit/s。在数字蜂窝系统中，具有高的信道比特速率可很容易地支持高速率的数据业务。另外，通过将单个载波上的多个话音时隙同时分配给一个用户，可以很容易地提高网络数据业务的传输速率，如后面要提到的 GSM 网络中所支持的通用分组无线数据业务（GPRS）。同样的道理，在 IS-95 系统中也可以很容易地综合高速数据业务，如在第3代（3G）系统中，系统所支持的数据速率可达 2Mbit/s。

第2代数字蜂窝系统的小区覆盖半径较大（0.5～30km），每个小区中的用户数量很多，为了提高系统容量，需要采用高效的语声编码技术。第2代数字蜂窝系统的语声编码速率约为 10kbit/s，所采用的编码器均为基于线性预测的声码器编码方法，如 IS-54 中采用的是线性求和激励线性预测编码器，GSM 中采用的是规则脉冲激励长期预测（RPE-LTP）编码器。在第2代蜂窝系统中，移动终端的峰值发送功率在数百毫瓦到1瓦之间，采用的功率控制方式为集中式工控，可降低电池的功率消耗和控制干扰电平。

2. 第2代 PCS 系统

PCS 系统是在第1代无绳电话系统的基础上发展起来的。与第1代无绳电话系统相比，PCS 系统更加复杂，采用了类似蜂窝移动通信系统的技术，可覆盖较大的区域，具有移动交换能力。但与蜂窝系统相比，PCS 系统主要面向家庭和办公室等小区域使用，小区的覆盖半径小（5～500m），支持的移动速度低（小于5km/h），天线可安装在路边的电线杆上，手机和基站的复杂度较低。为了降低系统的复杂度，PCS 系统使用 32kbit/s 的自适应差分脉冲编码调制（Adaptive Differential Pulse Code Modulation，ADPCM）语声编码技术，以及时分双工（Time Division Duplex，TDD）和非相干接收技术。

主流的 PCS 系统有4种，CT-2 和 CT-2+ 是由英国提出的第1代数字无绳电话标准，DECT（Digital Enhanced Cordless Telecommunications，数字增强型）是由欧洲

邮电委员会（CEPT）提出的数字无绳电话的泛欧标准系统，PHS（Personal Handy-phone System，个人手持电话系统）是日本提出的 PCS（Process Control System，过程控制系统），而 PACS 则由美国提出。这些系统的主要特点是：采用 32kbit/s 的 ADPCM 语音编码器，编码速率是数字蜂窝系统语音编码器的编码速率的 3 倍，可提供更好的声音质量；除 PACS 使用频分双工（FDD）工作方式之外，其他 3 种系统均使用时分双工（TDD）工作方式；调制方式为 GFSK（Gauss frequency Shift Keying，高斯频移键控）或 π/4 DQPSK（Differential Quadrature Reference Phase Shift Keying，四相相对相移键控），手机发射功率的平均值在 5~25mW，工作频率为 900MHz 或 1800MHz。

3. 第 2 代数据网络

前述的数字蜂窝网络和 PCS 系统主要为无线用户提供传统语音业务，随着计算机网络技术的发展，在 20 世纪 90 年代，面向数据业务的无线网络技术也得到了快速发展。根据覆盖范围和传输速率，无线数据网络可分为移动数据网、无线局域网（WLAN）和无线个域网（Wireless Personal Area Network Communication Technologies，WPAN）。

移动数据网络为移动用户提供分组数据业务，它的特点是覆盖范围广，但数据传输速率较低。最早的移动数据业务是 1983 年由 Motorola 和 IBM 公司联合开发的 ARDIS（Advanced Radio Data Information Service，高级无线电数据信息业务）系统提供的，该系统是 IBM 公司内部的一个计算机通信网络，其工作频段为 800MHz，数据传输速率为 19.2kbit/s，调制方式为 4FSK。1986 年，Ericsson 公司在 ARDIS 系统的基础上开发了 Mobitex 系统。Mobitex 是一个公用的分组数据通信系统，其工作频段为 900MHz，数据传输速率为 8kbit/s，采用 GMSK 调制。随后，IBM 与其他 9 家运营商合作开发了蜂窝数字分组数据（Cellular Digital Packet Data，CDPD）系统。CDPD 系统利用 800MHz 的频段，采用 GMSK 调据网络，还有美国的 Metricom 系统和欧洲的 TETRA（Trans European Trunked Radio，泛欧集群无线电）和 GPRS 系统。在这 6 种系统中，Mtricom 系统和 GPRS 系统所提供的数据速率较高，超过了 100kbit/s，适合为移动用户提供 Internet 接入服务。特别值得一提的是，CDPD 系统和 GPRS 系统利用了现有提供语音业务的蜂窝网络的频段和部分网络设施，可以减少开通费用，降低运营成本。CDPD 系统与 AMPS 蜂窝系统使用相同的频段，可以共享 AMPS 系统的部分网络设施，但 CDPD 有自己独立的空中接口和媒体接入控制（MAC）协议；而 GPRS 系统则完全基于现有的 GSM 数字蜂窝系统，与 GSM 系统有完全相同的空中接口和 MAC 协议。

WLAN 出现于 20 世纪 80 年代初期，在 20 世纪 90 年代得到了快速发展，逐渐发展成为两大系列标准，分别是美国电气与电子工程师协会（IEEE）制定的 802.11 系列标准和欧洲电信标准协会（European Telecommunications Sdandards Institute, ETSI）制定的 HIPERLAN 系列标准。IEEE802.11 是 IEEE 在 1997 年制定的第一个 WLAN 标准，该标准作为有线局域网的扩展，用于解决办公室和校园网中用户的无线接入，工作频段为免许可证的 ISM 频段（2.4GHz），物理层采用直接序列扩频（Direct Spread Spectrum, DSSS）、跳频扩频（Frequency Hopping Spread Spectrum, FHSS）或红外线传输技术，最大传输速率可达 2Mbit/s。随后，IEEE 在 1999 年完成了支持更高数据传输速率的 IEEE802.11a 和 IEEE802.11b 标准。802.11a 采用 OFDM 调制技术，工作频段为 5GHz，最高数据传输速率可达 54Mbit/s；802.11b 采用直接序列扩频调制技术，工作在 2.4GHz 频段，最高数据传输速率为 11Mbit/s。近年来，IEEE802.11 工作组又完成一系列新标准（802.11d、802.11e、802.1、8020.011g、802.11h），使 WLAN 技术向着数据速率更高、功能更多和应用更安全的方向发展。HIPERLAN 是高性能无线局域网的英文缩写，是 ETSI 正在制订的宽带无线接入网（BRAN）计划的组成部分，包括 HPERLAN-1、HIPERLAN-2、HIPER-ACESS 和 HIPERLINK4 个标准。与 IEEE802.11 系列 WLAN 采用无线连接的技术不同，HIPERLAN 系列 WLAN 采用面向连接的无线 ATM 技术，以便向用户提供具有服务质量（QOS）保证的无线数据业务。ETSI 于 1997 年完成了 HIPERLAN-1 标准。HPLERLAN-1 系统工作在 5.2GHz 频段，采用 GMSK 调制，向用户提供最高 23Mbit/s 的数据传输速率，不幸的是，HIPERLAN-1 标准没有得到设备制造商的认可。2000 年，ETSI 推出了传输速率更高的 HIPERLAN-2 标准。HIPERLAN-2 系统物理层采用 OFDM（Orthogonal Frequency Division Multiplexing, 正交频分复用技术）调制技术，传输速率可达 54Mbit/s，MAC 层采用集中资源控制的 TDMA+TDD 技术，其传输结构能够对多种类型的网络结构（如以太网、IP 网和 ATM 网）提供连接。

无线个域网与 WLAN 的主要区别在于覆盖范围小（一般小于 10m），采用即兴式（ad-hoc）网络结构，支持语音和数据业务，设备消耗功率低，具有即插即用特点。第一个 WPAN 网络是 20 世纪 90 年代中期由美国国防部高级研究计划局（Defense Advanced Research Projects Agency, DARPA）自主开发的 BodyLAN 系统，该系统体积小，功耗低，可以在 5 英尺（0.305m）范围内实现近距离通信。1997 年 6 月，IEEE 成立了一个 WPAN 工作组（该工作组是 IEEE802.11 标准化机构的一个分支）以推动 WPAN 的标准化工作。1998 年 1 月，WPAN 工作组发表了个域网的第一个功能需求，根据此需求的定义，WPAN 的传输距离为 0～10m，传输速度为 19.2～100kbit/s，WPAN 设备的体积（不含天线）应小于 5 立方英尺（0.028m³），网络至少可支持 16 个设备同时工作。随后，WPAN 工作组邀请了 HomeRF 和 Bluetooth 两个组织一起参与 WPAN 的标准化工作。HomeRF 工作组成立于 1998 年 3 月，其成员包括个人电脑手机家用电器以及半导体器件等制造商，其任务是建立家庭范围内个人电脑与家用电器之间的宽带无线通信规范。Bluetooth 技术是 1994 年由瑞典 L.M.Erisson 发明的一种短距离无线通信技术，其初始目的是在短距离范围内用无线连接取代传统的电缆连接。1998 年 9 月，由爱立信、诺基亚、IBM、东芝和英特尔公司牵头成立了 Bluetooth 特殊兴趣组（SIG）对 Bueooth 技术进行研究和推广，并进行标准化工作。1999 年，Butooth SIG 研究 WPAN 的标准化工作。802.15 下设 4 个工作组，分别开展基于 Bluetooth 技术的 WPAN 共存性、高速率和低速率 WPAN 标准的研究工作。2002 年 6 月，IEEE 以 Bluetooth 规范 1.1 版为基础发表了 802.15.1 标准，2003 年，IEEE 又推出了 802.15.2802.15.3 和 802.15.4 标准。目前，IEEE802.15 正在全力推动基于超宽带无线通信（Ultra Wide Band，UWB）技术的 WPAN 标准的制定工作。

三、第 3 代无线通信系统（3G）

人们开发第 3 代无线通信系统的目标是建立一个全球统一的通信标准，并逐步融合和取代现有的第 2 代数字蜂窝系统、PCS 系统和移动数据业务。同时，3G 系统在语音质量、网络容量以及移动数据的传输速率方面都应该超过 2G 系统。从发展情况来看，3G 无线通信系统并没有实现所有无线通信网络的统一以及不同无线网络之间的无缝漫游。根据网络结构和传输速率，3G 无线网络可分为 3G 蜂窝网络和由各种 WLAN 和 WPAN 系统组成的宽带接入系统，3G 蜂窝网络可在大区域内为用户提供中低速率的多媒体业务，WLAN 则在小区域热点地区为用户提供高速宽带业务，WPAN 则为用户提供个人设备的无线连接。

国际上对 3G 蜂窝系统的研究起源于 20 世纪 80 年代中期。早在 1985 年，国际电联（International Telecommunication Union，ITU）就提出了 3G 移动通信系统的概念，并成立了专门的组织机构 TG8/1 进行研究，此时 2G 蜂窝系统的 GSM 和 CDMA 技术均未成熟，在 TG8/1 成立后的前 10 年，研究进展缓慢。1992 年，世界无线电行政大会（World Administrative Radio Conference，WARC）为 3G 系统分配了 230MHz 的频谱：1885～2025MHz、2110～2200MHz。1996 年，ITU 确定了 3G 蜂窝系统的正式名称 IMT-2000，其含义为预期该系统在 2000 年左右投入使用，工作于 2000MHz 频段，最高传输速率为 2000kbit/s。为了在未来的全球化标准竞赛中取得领先地位，各个国家、地区、公司和标准化组织纷纷向 ITU 提出了自己的 3G 系统标准。经过评估选择和融合，1999 年 11 月，ITU 最终确定了以 WCDMA、CDMA2000 和 TD-SCDMA 三大主流技术作为 IMT-2000 的标准，并通过了输出文件 ITU-RM.1457。其中，WCDMA 由欧洲和日本提出，CDMA2000 由美国提出，而 TDSCDMA 则由中国提出。

　　虽然 ITU 在 3G 移动通信标准的发展过程中起着积极的推动作用，但是 ITU 的建议并不是完整的规范，3G 技术标准的细节主要由两个国际标准化组织——3GPP 和 3GPP2 根据 ITU 的建议来进一步完成。以欧洲为主体的 3GPP 主要制定基于 GSM 核心网的 3G 蜂窝系统标准，其空中接口部分为 DS-CDMA（WCDMA 的 FDD 模式）和 CDMATDD（UTRATDD 和 TD-SCDMA）模式。以美国为主体的 3GPP2 则制定基于美国 2G 蜂窝系统 IS-95 核心网（IS-41 标准）的 3G 蜂窝系统标准，其空中接口部分为 MC-CDMA（CDMA2000FDD）模式。为了进一步推动 3GPP 和 3GPP2 两种不同 3G 标准阵营之间的融合，1998 年底成立了由运营商组成的运营商融合组织（OHG），其目的是推动现有 3G 空中接口和核心网标准的融合，实现手机的无缝漫游和骨干网之间的互通。

　　如前所述，3G 无线通信系统并没有实现不同无线网络之间的大统一，与上述蜂窝系统相补充的各种宽带无线接入技术现在发展得也异常迅速，如二节中所述的 WLAN 和 WPAN 技术。2003 年，1EEE 分别通过了 3 个新的 WLAN 标准（8021、802.11g 和 802.11h）和 3 个 WPAN 标准（802.15.2、802.15.3 和 802.15.4），这些系统的普遍特点是工作在免许可证的频段，可在小范围内提供廉价的宽带无线接入手段。除此之外，IEEE 正在研究的两种新标准（802.16 和 802.20）将成为有线接入和 3G 蜂窝系统的强有力竞争对手。IEEE802.16 系统属于固定宽带无线接入系统（FBWA），可实现点到多点之间的无线通信，该技术可提供双向语音、数据和视频服务，被称为无线城域网（WMAN）技术。802.16 的工作频段为 2～66GHz，目前已定义了两种空中接口技术，分别是工作于 10～66GHz 的 IEEE802.16 和工作于 2～11GHz 的 IEEE802.16a，最大传输速率可达 134Mbit/s（28MHz 带宽），其中 802.16a 中采用了 OFDM 多载波调制技术。IEEE802.20 工作组成立于 2002 年 11 月，该工作组又称为移动宽带无线接入（ Mobile Broadband Wireless Access，MBWA）工作组，其工作目标是制定高效的基于分组的空中接口标准，对基于 IP 的数据业务进行优化，为家庭和商业用户提供价格低廉、覆盖范围广、一直在线（always on）的宽带服务。802.20 的工作频段在 3.5GHz 以下，为每个用户提供的峰值速率将超过 1Mbit/s，支持用户的高速移动，最大移动速度可达 250km/h。IEEE 预期 802.20 将填补现有蜂窝系统和各类宽带无线接入技术（WLAN、WPAN 和 WMAN）之间的空白，提供比现有宽带无线接入技术更高的移动性、比蜂窝网络提供更高的数据传输速率。

四、第 4 代无线通信系统（4G）

　　根据无线通信每 10 年发展一代的特点，20 世纪 90 年代末自 ITU-R 推出 3G 移动通信的标准之后，各个国家和地区为了在下一代无线通信系统的标准中占有一席之地，纷纷启动了新一代无线通信系统的技术和标准化研究工作。有关新一代无线通信系统的名称目前尚不统一，这些名称有 4G、Beyond3G、BeyondIMT-2000 等多种，在本书中，我们将其统称为 4G 无线通信系统。

对 4G 系统研究最为积极的地区和国家当数欧盟，美国，东亚的日本、韩国和中国。欧盟的研究工作主要包括欧盟信息技术协会（IST）第 5 框架和第 6 框架研究计划下的多个研究项目（如 MIND、Moby Dick、OverDRIVE、SCOUT、MATRICE 等）以及世界无线通信技术研究论坛（Wireless World Research Forum, WWRF）的工作。美国对 4G 的研究比较分散，主要体现在美国电气与电子工程师协会（IEEE）主办的各种会议和研讨会上发表的有关 4G 系统的报道，DARPA 资助的下一代（XG）通信系统的研究计划和 MIT（Massachusetts Institute of Technology, 麻省理工学院）正在进行的 Oxygen 研究项目。日本的 4G 系统研究机构主要有移动信息技术论坛（mITF）、日本通信技术研究所（CRL）和 NTT DoCoMo 公司。其中，NTT DoCoMo 公司的 4G 研究工作非常引人注目，他们提出了基于正交频率码分复用（Orthogonal Frequency Code Division Multiplexing, OFCDM）技术具有可变扩频因子的 4G 系统实现方案，并于 2002 年 10 月推出了下行链路速率为 100Mbit/s、上行链路速率为 20Mbit/s 的实验系统。在韩国，对 4G 移动通信系统的研究工作主要由韩国电子通信研究所（ Electronics and Telecommunications Research Institute, ETRI）来承担，并且，ETRI 已经确定了 4G 系统的远景目标和研究时间表，并与国内外的大学和研究机构密切协作，全力推动 4G 系统的标准化工作。在中国，2001 年启动的"十五"863 重大研究计划项目中专门设立了面向 4G 的 FUTURE 计划，该计划的研究目标是在新技术产生的初期，对国际主流核心技术的发展以及知识产权的形成有所贡献，实现移动通信技术跨越式发展，开展高技术研究和试验，侧重于可实现性的关键技术开发与演示，并于 2005 年底进行了关键技术的演示。

五、第 5 代无线通信系统（5G）

我国的经济社会飞速发展，现代信息技术突飞猛进，5G 的应用范围越来越广泛。5G 技术非常先进，其解决了 4G 存在的传输速率偏低、容量较小等问题，扩展了移动业务。为了提供更加良好的服务体验，应该把握 5G 无线通信系统的关键技术。

（一）无线传输技术

1. 全双工技术

全双工技术是指在相同时间进行双向数据传输的技术，其允许双向数据传递，不同设备能够同时运行。以移动设备为例，移动设备实现交互正是依靠全双工技术，一方发出声音，另一方能够接收到声音信号，与对方进行互动交流。4G移动通信系统对信号进行了区分，但是双向数据传输无法实现，浪费了通信时间，5G移动通信系统弥补了4G不足，加快了通信频率。

2. MIMO技术

在构建5G无线通信系统时，需要应用各个天线，避免信道衰落阻碍信号输送。不同的天线单元能够拓展信道容量，提高通信频率，加快通信速度。目前应用的WLAN就是以MIMO技术为基础，其可以实现对信号的接收与传递，满足通信需要。MIMO规模越大，天线单元越多，服务范围越广。在应用MIMO技术的过程中，需要对基站的天线数量进行调整，采用集中配置方式和分散配置方式。MIMO规模与性能密切相关，需要开发MIMO的空间资源，使用户在较大的通信空间内进行交互。MIMO技术能够屏蔽噪声信号，避免通信受到外界干扰。从某种角度来看，MIMO技术已经成为5G无线通信系统的关键技术之一，因此需要适当扩大MIMO规模。

3. 分布式天线

天线是无线通信基站系统的出入口，只有通过天线，才能实现信号的传输，才能支持终端的移动性。分布式天线系统（Distributed Antenna System, DAS）是一个由空间分离的天线节点组成的网络，通过传输介质连接到一个公共源，在一个地理区域或结构内提供无线服务。作为多天线系统的一种实现形式，分布式天线系统在不增加频谱开销的前提下可以大幅提高用户覆盖率和通信容量。

新思界产业研究中心出具的《2022年全球及中国分布式天线系统产业深度研究报告》显示，全球分布式天线系统市场将从2022年的91亿美元增长到2026年的122亿美元，复合年增长率为6.0%。电子通信行业快速发展，同时互联网和物联网技术也在不断创新，消费者对智能手机、平板电脑等的数据流量和网络服务质量的需求也随之增加，分布式天线的需求不断增长。在5G技术快速发展的当下，分布式天线系统作为一种极具竞争力的技术，在无须额外频谱资源和发射功率的前提下，通过充分挖掘空间信道资源有效提高系统容量与可靠性，降低干扰消除的复杂度，成为不可或缺的关键技术。

但是，现阶段分布式天线系统仍然存在一定的问题。分布式天线系统中，基站多根天线的部署要求收发端均具有较强的数字信号处理能力，这可能会在收发端增加大量的物理电路。因此，在无线通信系统中，为了获取MIMO技术给系统带来的增益，同时又希望降低收发器件的复杂度，天线选择算法就显得很有必要。现有基于收发天线选择的研究大都是基于单小区场景，没有考虑相邻小区发射天线数及活跃的接收天线集合对最大化能效的影响，少数针对多小区场景的研究使用遍历搜索的策略考虑了多个小区单用户场景，当小区较多时，计算复杂度很高，并且不能适用于多用户场景。未来，分布式天线的研究将重点结合大规模天线阵列、结合3D MIMO技术等领域进行布局。

(二) 无线网络技术

1. 内容分发技术

内容分发网络以网络访问作为基础，能够提高访问质量，为广大用户提供便利。传统通信系统在内容发布时主要依靠提供者，随着互联网的不断普及，访问量与日俱增，提供者的服务器荷载过大，可能会出现运行失效问题，导致网络拥堵情况出现。网络一旦拥堵，数据传输将受到阻碍，服务器将陷入瘫痪状态。应用内容分发网络技术，可以缓解提供者服务器的压力，对服务器进行分散，并发挥缓存服务器的功能。内容分发网络技术对服务节点进行了统一配置，用户可以寻找最近的服务节点获得数据信息，从而避免数据传输受阻，服务器失灵。我国的无线网络发展迅速，移动设备越来越多，数据业务得到拓展。内容分发网络技术有利于加快互联网访问，提升无线通信系统的性能。

2. 自组织技术

传统移动网络通信系统主要依靠人力运作方式，管理者需要对移动网络通信系统进行动态监测。在监测过程中，需要耗费许多人力、物力资源，因此增加了移动网络通信成本。据相关资料，移动网络通信系统运行成本基本占据总成本的70%，因此必须对成本进行压缩，实现成本效益的最大化。在网络信息技术飞速发展的背景下，无线网络继续扩展，传统人力运作方式并不适用，需要发挥系统的自组织功能，取代人力运作方式，降低运行成本。自组织技术助力了移动网络通信系统的智能运转，实现了5G无线通信系统的自主配置、自动愈合等。无论是网络规划还是网络部署，5G无线通信系统都实现了自动运行，削弱了外部环境的不利影响。5G无线通信系统的内部结构复杂，管理难度偏大，需要依靠自组织技术形成方案：一是需要分析网络需求，并制定需求方案；二是需要测试网络的自组织能力，对系统查漏补缺；三是需要执行方案，不断改进5G无线通信系统。

3. 超密集异构技术

对于网络容量需求，目前主流的解决方案是基于传统网络架构下的架构进行设计，但是这样的架构并不能够满足未来网络技术发展的需要。为了满足5G网络要求大规模部署的场景以及网络对容量需求的持续增长，超密集技术应运而生。在此之前，超密集技术主要是以异构架构的方式实现的。随着通信技术的发展以及网络基础设施的逐渐完善，5G网络中对网络性能的需求不断增长且逐渐成为网络技术发展最快的领域之一。

由于超密集技术在移动通信领域具有很大的应用潜力，因此超密集异构技术在 5G 网络中是目前最为重要且不可或缺的技术之一。目前，超密集异构技术主要有两种实现方案：一种是基于自组织网络的超密集异构方案，该方案通过异构设备实现超密集部署；另一种是基于多输入、多输出网络的超密集异构方案，该方案通过不同输入端和输出端的多输入自组织方式实现超密集部署。不同方案最大的特点是具有异构设备接入能力，所以可以将超密集异构技术与更高性能的自组织网络相结合为核心技术之一。

超密集异构技术对网络空间进行了加密，提高了数据流量，优化了 5G 无线通信系统的系统性能。超密集异构技术以基站作为依托，能够依靠基站达到空间重复利用的效果。当前我国超密集异构技术处在发展初期，超密集异构网络存在以下问题：当前超密集异构网络的内部节点较多，且节点的相互距离较少，5G 无线通信系统容易受到干扰；大量用户部署节点容易引发拓扑结构的变化，从而加大了系统维护检修的难度。针对这一问题，我国技术人员需要加大技术创新的力度，对 5G 无线通信系统特点进行深入探究，并洞察拓扑结构的变化，及时捕捉 5G 无线通信系统的故障问题。

4. 软定义无线网络技术

软定义无线网络技术变革了传统网络的控制模式，提升了网络节点的控制效率。软定义无线网络源自互联网，但是其在控制网络节点时依托中心控制软件，因此设备更加精简，灵活性更强。

综上所述，我国的经济社会飞速发展，助推了信息技术的更新。现代信息技术助推了 5G 无线通信系统的构建，便捷了人们之间的通信，加快了信息数据的传递速度。为了优化 5G 无线通信系统性能，必须把握 5G 无线通信系统的关键技术，包括无线传输技术、无线网络技术等。

第七章　应急通信界定

第一节　应急通信概述

当遇到洪水、台风、地震等突发事件时，日常使用的公众通信网可能无法使用。特别是断电、基站容量超负荷、传输线路中断等，更容易导致公众通信网中断且难以迅速修复。由于抢险救灾上传现场信息、下达指令的需要，争取抢险救援的宝贵时间，避免造成重大损失，这时就迫切需要快速建立一个稳定可靠的通信系统——应急通信系统。

"应急通信"一词，对许多人来说可能显得陌生而专业，但若联想一下"飞鸽传书""烽火告急""鸡毛信"等人类早期的应急通信手段，大家一定都能理解。

应急通信突出体现在"应急"二字上，面对公共安全、紧急事件处理、大型集会活动、救助自然灾害、抵御敌对势力攻击、预防恐怖袭击和众多突发情况的应急反应，均可纳入应急通信的范畴。

一、应急通信的作用

当今社会，日益增多的大型集会类事件和一系列的突发事件（如地震、火灾、恐怖事件）给现有通信系统带来极大的压力。

在大型集会时，数以万计的人群集中在一起，某些区域的通信设施处于饱和状态，严重的过载会使通信瘫痪直至中断。

在消防事件中，建筑物被毁严重时，楼体内的通信设施基本处于瘫痪状态，而现场周围的公用通信网无法完成指挥调度的功能，同时对图像、视频的支持度也比较低。

在公共安全事件尤其是重大恐怖事件的处理过程中，国家、地方领导需要实时掌握案发现场的状况，这时候图像、视频监控的地位尤其突出。

更有甚者，在破坏性的自然灾害面前，基础设施如通信设施、交通设施、电力设施等完全被毁，灾区在一定程度上属于孤城的状态，所有的现场信息都需要实时采集、发送、反馈。例如，2008年5月12日，四川汶川发生8级地震，汶川等多个县级重灾区内通信系统全面阻断，昔日高效、便捷的通信网络因遭受毁灭性打击而陷入瘫痪。网通、电信、移动和联通四大运营商在灾区的互联网和通信链路全部中断。四川等地长途及本地话务量上升至日常10倍以上，成都联通的话务量达平时的7倍，短信是平时的两倍，加上断电造成传输中断，电话接通率是平常均值的一半，短信发送迟缓，整个灾区霎时成了"信息孤岛"。

以上所述的各种情况不断地考验着政府及其相应的职能机构的工作能力和办事效率。提高政府及其主要职能机关的应变能力和反应速度越来越成为一个焦点话题，应急通信系统此时发挥的作用是至关重要的。在发生突发灾害或事故时，应急通信承担着及时、准确、畅通地传递第一手信息的"急先锋"角色，是决策者正确指挥抢险救灾的中枢神经。其目标是利用各种管理和技术手段尽快恢复通信，保证应急指挥中心/联动平台与现场之间的通信畅通；及时向用户发布、调整或解除预警信息；保证国家应急平台之间的互联互通和数据交互；疏通灾害地区通信网话务，防止网络拥塞，保证用户正常使用。

应急通信所涉及的紧急情况包括个人紧急情况以及公众紧急情况。在不同的紧急情况下，应急通信所起的作用也有所不同。

第一，由于各种原因发生突发话务高峰时，应急通信要避免网络拥塞或阻断，保证用户正常使用通信业务。通信网络可以通过增开中继、应急通信车、交换机的过负荷控制等技术手段扩容或减轻网络负荷。并且无论什么时候都要能保证指挥调度部门正常地调度指挥。

第二，当发生交通运输、环境污染等事故灾难或者传染病疫情、食品安全等公共卫生事件时，通信网络首先要通过应急手段保障重要通信和指挥通信，实现上述自然灾害发生时的应急目标。另外，由于环境污染、生态破坏等事件的传染性，还需要对现场进行监测，及时向指挥中心通报监测结果。

第三，当发生恐怖袭击、经济安全等社会安全事件时，一方面，要利用应急手段保证重要通信和指挥通信；另一方面，要防止恐怖分子或其他非法分子利用通信网络进行恐怖活动或其他危害社会安全的活动，防止其利用通信网络进行破坏。

第四，当发生水灾、地震、森林草原火灾等自然灾害时，即便这些自然灾害引发通信网络本身出现故障造成通信中断，但在进行灾后重建时，通信网络也必须要通过应急手段保障重要通信和指挥通信。

二、应急通信的定义

现代意义的应急通信，一般指在出现自然的或人为的突发性紧急情况时，同时包括重要节假日、重要会议等通信需求骤增时，综合利用各种通信资源，保障救援、紧急救助和必要通信所需的通信手段和方法，是一种具有暂时性的、为应对自然或人为紧急情况而提供的特殊通信机制，简单来说，就是支持应对突发事件的通信。国内外对"应急通信"的定义各有不同。

(一) 国际电信联盟对应急通信的定义

国际电信联盟 (ITU) 作为统领全球通信业发展和应用的国际权威机构，对应急通信的发展高度重视，并从公共保护和救灾的角度提出了"公共保护与救灾 (PPDR) 无线电通信"的概念，使应急通信的内涵得到了科学的诠释。

1. 定义

公共保护 (Public Protection, PP) 无线通信是指政府主管部门和机构用于维护法律和秩序、保护生命和财产及应对紧急情况的无线通信。根据应用场合的不同，PP 无线电通信又分为 PP1 (满足日常工作的无线电通信) 和 PP2 (应对重大突发与 / 或公众事件的无线电通信)。

救灾 (Disaster Relief, DR) 无线通信是指政府主管部门和机构用于处置对社会功能严重破坏、对生命和财产或环境产生广泛威胁的事件的无线电通信，而不管事件是由于事故、自然或人类活动引起的，还是突然发生，或是一个复杂、长期过程的结果。

2. 工作场景

(1) 日常工作状态应用场景 (PP1)

①各 PPDR 部门或机构在其职责范围内例行工作 (没有重大应急处置任务)。

②各类用户 PPDR 的业务要求是抢险救灾 (DR) 场景下的最低标准。

(2) 重大突发事件或公共事件应用场景 (PP2)

①火灾、森林大火或重大活动的安全保障，如大型活动和政府首脑峰会等。

②除重点地域保障外，其他地方还要维持日常运转。

③根据事件的性质和范围可能要求另外的 PPDR 资源，多数情况下都有保障方案或有时间制定方案来协调各方需求。

④通常需要增加另外的无线电通信设备，这些设备可能需要与现场已有的基础网络连接。

(3) 发生灾害事件情况下的场景 (DR)

①洪水、地震、冰灾和风暴等，还包括大规模暴乱或武装冲突等。

②即使有合适的地面网络系统，仍需采用一切可能方式，包括无线电、卫星等。

③地面网络会被损坏或不能满足增加的通信流量。

④应急通信预案应该考虑在地面或卫星系统中采用数字语音、高速数据和视频等技术。

从 ITU 对 PPDR 无线电通信的定义和描述可以看出，政府各应急响应部门面向现场第一响应人员使用的专用无线通信系统是其中最为重要的部分，即需要有专门的资源（频率、传输信道等）来保障。

（二）美国对应急通信的定义

美国是全球应急通信发展的领先国家之一，其专门针对政府各部门、各级政府以及其他应急响应部门、机构和志愿者在应急处置时的通信能力制订了《国家应急通信计划》。该计划将应急通信定义为应急响应人员按授权通过语音、数据和视频手段交换信息以完成任务的能力，并指出应急通信应包含以下三个要素。

1. 可操作性

可操作性指应急响应人员建立和保持通信以支持完成任务的能力。

2. 互操作性

互操作性指在不同辖区、不同职能部门和各级政府之间，应急响应人员在使用不同频段的情况下，要能根据要求和授权实现通信的能力。

3. 通信的连续性

通信的连续性指在主要基础设施遭到破坏或损毁时，应急响应机构应有维持通信的能力。

（三）我国对应急通信的定义

在我国，应急通信的定义很不统一。我国制定了《国家通信应急保障预案》，主要还是基于公共电信网的通信应急保障。在通信行业内比较具有代表性的观点认为，"应急通信"是在原有通信系统受到严重破坏或发生紧急情况时，为保障通信联络，采用已有的机动通信设备进行通信的应急行动。这一定义基本是从通信系统应急保障的角度来对应急通信进行理解的，它的行动主体主要是通信运营商，主要任务是通信运营商为防范和应对通信系统的各类故障或突发事件而采取行动。

三、应急通信满足的基本通信需求

人们的日常工作和生活越来越离不开电话、计算机等通信工具，对通信的依赖性越来越强，没有电话和计算机，或网络发生故障，都会给我们的工作和生活带来极大的不便，甚至让人在心理上产生不适。而一旦个人发生紧急情况或者社会发生自然灾害等突发公共事件，通信则显得更加重要，某种程度上已经成为保护人民群众生命安全、挽救国家经济损失的重要手段。与电力、交通等基础设施一样，应急通信是实施救援的一条重要生命线。

在各类突发紧急情况下，应急通信能满足公众到政府的报警、政府到政府的应急处置、政府到公众的安抚 / 预警、公众到公众的慰问 / 交流四个环节的基本通信需求。首先是公众到政府机构的报警需求，即当公众遇到灾难时，通过各种可行的通信手段发起紧急呼叫，向政府机构告知灾难现场情况，请求相关救援。其次是政府机构之间的应急处置需求，即在出现紧急情况时，政府部门之间，或者与救援机构之间，需要最基本的通信能力，以指挥、传达、部署应急救灾方案。再次是政府机构对公众的安抚 / 预警需求，即政府部门在灾难发生时，可通过广播、电视、互联网、短消息等各种媒体、各种通信手段对公众实施安抚，或及时将灾害信息通知公众提前预警等。最后是公众与公众之间的慰问 / 交流需求，即普通公众与紧急情况地区之间的通信，如慰问亲人、交流信息等。

(一) 对于公众到政府的报警环节

目前主要是用户使用固定电话或手机等拨打电话，涉及固定电话网和移动通信网等公众电信网。随着网络演进和技术发展，用户也应该可以通过下一代网络（NGN）或互联网拨打报警电话，并且可以通过发送短消息来报警。因此，所涉及的关键技术包括对当前报警用户的准确定位、将用户的紧急呼叫就近路由到用户所在地的应急联动平台进行处置，另外还有 NGN 和互联网支持紧急呼叫。

(二) 对于政府到政府的应急处置环节

可使用公网、专网等各种网络、各种技术，其核心目的是保证政府的指挥通信，如我们所熟悉的集群通信、卫星通信。近年来利用公众电信网支持指挥通信成为一个新的热点，这就需要公众电信网具备优先权处理技术，以保证应急指挥重要用户的优先呼叫。另外，无线传感器及自组织、宽带无线接入、视频监控、视频会议、P2P、SIP 等也逐渐应用于应急指挥通信，除了传统的话音，还包括数据、视频、消息等媒体类型，其目的是全方位、多维度支持应急处置，实现无缝的指挥通信。

(三) 对于政府到公众的安抚 / 预警环节

目前使用最多的还是利用广播、电视、报纸等公众媒体网及时向公众通报信息，通常不涉及通信新技术的使用，但如果使用专用的广播系统，则会涉及公共预警技术的使用。另外，可以利用公众电信网向用户发送应急公益短消息，这个时候需要使用短消息过负荷和优先控制技术，保证应急公益短消息及时发送给公众。在这个环节，目前新型的技术热点是利用移动通信网或无线电手段，建立公共预警系统，通过语音通知或消息的形式，向公众用户发送预警信息，如灾害信息、撤退信息等。

(四) 对于公众到公众的慰问 / 交流环节

主要是公众用户个人之间的交流，不涉及政府的有组织行为，公众之间的慰问会导致灾害地区的来电话务量激增，包括语音和短消息。这个环节主要是公众所使用的公众电信网要采取一定的过载控制措施，避免网络拥塞，保证网络正常使用。

从表 7-1 可以看出，政府到政府的应急处置是最重要、使用技术最多的环节，其次是政府到公众的安抚 / 预警环节。这两个环节的重要性不言而喻，都是涉及政府和公众群体的关键环节，只有应急处置及时得当，通告和预警措施得力，才能减少人民生命和财产损失，维持社会稳定。

另外，表 7-1 所示的为各类常用关键技术。有些技术可用于多种场合，如卫星通信。除了政府部门应急指挥之外，某些用户也可使用卫星电话报警，如行驶在海洋上的货轮遇到紧急情况，可以拨打卫星电话报警。而网络资源共享、号码携带等技术的根本目的是尽快恢复公众用户的通信，是上述通信环节的辅助手段。

表 7-1　应急通信各环节所使用的网络、媒体类型和关键技术

应急通信环节	网络类型	媒体类型	常用关键技术
报警：公众到政府	公众电信网：公共电话网 / 公共陆地移动网 / 下一代网络 / 互联网等	话音 短消息	定位 下一代网络 支持紧急呼叫 互相联通支持紧急呼叫 紧急呼叫路由
应急处置：政府到政府	专网：集群、卫星、专用电话网等	话音 视频 数据 短消息	卫星通信 数字集群通信 定位 安全加密 数据互通与共享
	公众电信网：公共电话网 / 公共陆地移动网 / 下一代网络 / 互联网等	话音 视频 数据 短消息	优先权处理技术 定位 视频会议 视频监控 安全加密 数据互通与共享
	无线传感器及自组织网络	话音 视频 数据	无线传感器及自组织

续表

应急通信环节	网络类型	媒体类型	常用关键技术
	其他网络	话音 视频 数据	宽带无线接入 P2P SIP 视频会议 视频监控 安全加密 数据互通与共享
安抚 / 预警：政府 到公众	公众电信网：公共电话网 / 公共陆地移动网 / 下一代网络 / 互联网等	语音通知消息	短消息过负荷和优先控制 公共预警技术
	公众媒体网：广播、电视、报纸等	语音通知 文字 视频	公共预警技术
慰问 / 交流：公众 到公众	公众电信网：公共电话网 / 公共陆地移动网 / 下一代网络 / 互联网等	话音 短消息	过载控制

第二节　应急通信的常见技术手段

　　应急通信技术的发展是以通信技术自身的发展为基础和前提的。通信技术经历了从模拟到数字、从电路交换到分组交换的发展历程，而从固定通信的出现，到移动通信的普及，以及移动通信自身从 2G 到 3G、4G 甚至 5 G 的快速发展，直至步入无处不在的信息通信时代，都充分证明了通信技术突飞猛进的发展。常规通信的发展使应急通信技术手段也在不断进步。出现紧急情况时，从远古时代的烽火狼烟、飞鸽传书，到电报电话、微波通信的使用，步入信息时代，应急通信手段更加先进，可以使用传感器实现自动监测和预警，使用视频通信传递现场图片，使用地理信息系统实现准确定位，使用互联网和公众电信网实现报警和安抚，使用卫星通信实现应急指挥调度等。

　　从技术角度看，应急通信不是一种全新的通信技术，不是单一的无线通信，也不是单一的卫星通信和视频通信，而是在不同场景下多种技术的组合应用，共同满足应急通信的需求。其常用的技术手段有以下四种。

一、卫星通信

(一) 卫星通信概述

我们通常所说的"卫星通信"是指将地球卫星当成中继站的一种通信方式,卫星通信是微波接力通信向太空的延伸,起源于地面微波接力通信,结合了空间电子技术后发展起来的一门新兴技术。卫星通信具有覆盖面大、通信不受地面限制、传输距离远、通信成本与距离无关、机动性好、容量大等特点。由于以上这些特点,卫星通信在诸多领域获得了大量的应用,从民用到军事,卫星通信都在发挥着不可或缺的作用。多年来卫星通信已发展成熟,成为一种重要的传输手段。

卫星通信是宇宙无线电通信形式之一。宇宙通信则是指以宇宙飞行体为对象的无线电通信。宇宙通信有三种形式:宇宙站与地球站之间的通信、宇宙站之间的通信、通过宇宙站转发或反射而进行的地球站之间的通信。

1. 卫星通信

卫星通信发生于地球上的地球站与人造地球卫星之间。它是地球上两个或多个地球站使用人造地球卫星为中继,由卫星转发或反射无线电波,在地球站之间进行的通信过程。

2. 地球站

地球站(Earth Station)指的是安装在地球表面上的无线电波通信站,包含陆地上、大气中及海洋上,它们是卫星通信的信息发送方和接收方。

3. 通信卫星

在卫星通信过程中,用来将地球站的信号进行相互转发,来实现不同位置通信目的的人造地球卫星称为通信卫星。微波中继通信是一种"视距"通信,即只有在"看得见"的范围内才能通信。通信卫星的作用相当于离地面很高的微波中继站。

(二) 卫星通信的历史

科技发展的步伐越来越大,人们已经将通信从地面发展到了太空中,通信介质也从有线变成了无线,日新月异的通信变革为我们的生活带来了极大的变化。

卫星通信起源于1957年,该年发射了第一颗通信卫星之后,卫星通信作为一种重要的信息传递手段,被大量应用于广播电视、语音、视频等业务的传播。

1957年10月4日,苏联发射了第一颗人造卫星Sputnik01(PS1),其直径为58cm,重量为83.6kg,设计寿命为3个月。

1958年1月31日,美国发射了Satellite 1958 Alpha,重量为13.9kg,搭载了宇

宙射线探测器、微陨石探测器及温度计。

1958年12月18日，美国宇航局发射了SCORE试验通信卫星（Signal Communications By Orbiting Relay），电池只能工作12天。它利用两个磁带录音机进行磁带录音信号的传输。

1960年8月12日，美国宇航局发射"回声"（ECHO）气球式无源发射卫星，首次完成有源延迟中继通信。该卫星直径为30.5m，重76kg，采用太阳能电池板和镍镉电池供电，采用微波反射通信，完成了电视和语音传输试验。

1962年7月10日，美国电话电报公司发射了"电星一号"（TELESTAR-1）低轨道通信卫星，上、下行频率分别是6GHz/4GHz，使用全向天线实现了横跨大西洋的电话、电视、传真和数据的传输，夯实了商用卫星的技术基础。

这一阶段，由于技术的限制，火箭的推力很有限，所发射的卫星高度均小于10000km，我们将这些卫星称为"低轨道卫星"。

1963年7月26日，美国宇航局发射了第一颗有源通信卫星"辛康二号"（Syncom 2）。它直径0.71m，高0.39m，重68kg，采用自旋稳定技术，上、下行频率分别是7360MHz/1815MHz，轨道高度35891km，是一颗准同步卫星，主要用于低质量电视画面传输。

1964年8月19日，美国宇航局发射了第一颗静止轨道卫星"辛康三号"（Syncom3），参数与Syncom2相同，该颗卫星用来转播第十八届东京奥运会。

1965年4月6日，国际通信卫星组织（INTELSAT）发射了第一颗实用商业通信卫星INTELSAT1（Early Bird），设计寿命3.5年，采用两个转发器，通信容量约为240话路，第一次实现了跨洋实况转播电视。至此，卫星通信进入实用阶段。

至此，在经历了大约20年的时间后，人类完成了通信卫星的多次试验，并验证了卫星通信的实用价值。

1970年4月24日，我国成功地发射了自行研制的东方红一号卫星。卫星自重173kg，采用自旋姿态稳定方式，初始轨道参数为近地点439km、远地点2384km，倾角68.5°，运行周期114min。卫星外围直径约1m的近似球体的多面体，以20.009MHz频率播放《东方红》乐曲。东方红一号卫星设计工作寿命20天（实际工作寿命28天），其间把遥测参数和各种太空探测资料传回地面，至同年5月14日停止发射信号。按时间先后顺序，我国是世界上第五个用自制火箭发射国产卫星的国家。我国自1972年开始运行卫星通信业务。

东方红二号甲卫星是在东方红二号卫星基础上改进研制的中国第一代实用通信卫星。它也是一颗双自旋稳定的地球静止轨道通信卫星。该卫星1988年3月7日首次发射，现已发射3颗，分别定点于东经87.5°、东经110.5°、东经98°，覆盖整个中国。此型号卫星主要用于国内通信、广播、电视、传真和数据传输。外形为直径 2.1m、高 3.68m 的圆柱体，质量 441kg，有效载荷 4 个 C 波段转发器，工作寿命为 4 年半。

东方红三号卫星是中国迄今为止发射的通信卫星中，性能最先进、技术最复杂、难度最大的卫星，达到了国际同类卫星的先进水平。东方红三号卫星于 1997 年 5 月 12 日发射，5 月 20 日成功定点于东经 125° 赤道上空。东方红三号卫星采用全三轴姿态稳定技术、双组元统一推进技术、碳纤维复合材料结构等先进技术，可满足国内各种通信业务的需要。

风云二号卫星是中国第一代地球静止轨道气象卫星，于 1997 年 6 月 10 日发射，定点于东经 105° 赤道上空，它主要为提高中国气象预报的准确性、及时性及气象科研服务。卫星采用双自旋稳定方式，卫星上装载的多通道扫描辐射计及数据收集转发系统能取得可见光云图、红外云图和水汽分布图。它还可收集气象海洋、水文等部门数据，收集平台的观测数据监测。

据统计，截至 2020 年 12 月，中国已经拥有 192 颗卫星在轨飞行。数量排名世界第二，仅次于美国。目前我国已拥有包括遥感卫星、导航卫星、通信卫星、空间探测卫星和技术试验卫星等多种类型的卫星，形成了海洋卫星系列、气象卫星系列、陆地卫星系列、环境卫星系列、北斗导航定位卫星系列、通信广播卫星系列等卫星系列和实践科学探测与技术试验卫星系列，基本构成了全方位的应用卫星体系，为卫星应用的发展奠定了坚实的基础。

(三) 卫星通信的特点

卫星通信与地面通信的对比如表 7-2 所示。

表 7-2　卫星通信与地面通信的对比

名称	卫星通信	地面通信
覆盖范围	广泛	局部
传输方式	一跳或两跳	多节点接力
固定资费	低	高
传输质量	高	高
设备投资	低	低
端站搬迁	灵活搬动、自动开通	有限区域内搬动、申请之后开通

卫星通信与其他通信方式相比较，有以下几个方面的特点。

1. 卫星通信距离远，且成本与通信距离无关

地球静止轨道卫星最大的通信距离为 18100km 左右，而且通信成本不因通信站

之间的距离远近、两地球站之间地面上的恶劣自然条件而变化。这个特点让卫星在远距离通信上比微波、光缆、电缆、短波通信有明显的优势。

2.卫星通信采用广播方式工作，使用多址连接

卫星通信是以广播方式进行工作的，在卫星天线波束覆盖的区域里面，地球站可以放置在任意一个位置，地球站之间都通过该卫星来实现通信，实现了多址通信。

太空中的一颗在轨卫星，可以在一片范围内发射可以到达任一点的许多条无形电路，这些链路提高了设备组网的效率和灵活性。

3.卫星通信频带宽，可以传输多种业务

卫星通信使用的频段与微波一样，可以使用的频带很宽，如C频段、Ku频段的卫星带宽可达500～800MHz，而Ka频段可以进行自动监测。

4.卫星通信可以自发自收进行监测

在卫星通信过程中，发端地球站同样可以收到本身发出的信号，利用此机制，地球站可以监视并判断之前所发消息正确与否、传输质量的优劣等。

5.卫星通信可以实现无缝覆盖

目前来说，我们利用卫星移动通信，不必被地理环境、气候条件和时间限制，可以建立覆盖全球的海、陆、空一体化通信系统。

6.卫星通信可靠性高

卫星通信在应急场景的多次验证说明，在抗震救灾或光缆故障时，卫星通信是一种不可替代的重要通信手段。

（1）星蚀

每年春分、秋分前后各23天时，地球、卫星、太阳运行到同一直线上。当地球处于卫星与太阳之间时，地球会把阳光遮挡，导致通信卫星的太阳能电池无法正常工作，只能使用蓄电池工作，蓄电池只能维持卫星自转而不能支持转发器正常工作，这时会造成暂时的通信中断，我们把这种现象叫作星蚀，一般星蚀中断时间为5～15min不等。

（2）日凌中断

在每年春分、秋分前后，当卫星下点进入当地中午前后时，卫星处在太阳和地球中间，天线在对准卫星的同时也会对准太阳，会因接收到强大的太阳热噪声而使通信无法进行，这种现象我们称为日凌中断，一般每次持续约6天。出现中断的最长时间与地球站的天线直径及工作频率有关。

（四）卫星通信在应急通信中的应用

卫星通信的应用范围很广，它可以应用在电话、传真、电视、广播、计算机、

电视电话会议、医疗、应急通信、交通信息、船舶、飞机及军事通信等场景。

卫星通信在我国公共安全领域占据着举足轻重的地位，主要用来实现指挥调度的通信保障、专业部门及救援队伍的通信等任务。卫星通信的特点决定了它在应急通信中占有举足轻重的位置，它可以实现应急现场与指挥部之间的通信，也可以实现现场单兵之间的通信。在遇到严重的自然灾害时，卫星通信会成为现场内单兵通信的主要手段，除此之外还可以使用到集群系统。

（五）"动中通"技术

1. "动中通"技术概述

"动中通"（Satcom on the Move，SOTM）是一个新兴概念，可以称之为移动中的卫星通信，是一个卫星移动通信名词。它是一种车载、机载、舰载卫星通信系统，可以保证载体移动过程中天线始终对准卫星，从而不断地传输语音、数据、动态图像、传真等多媒体信息，满足军用、民用应急通信的多媒体通信需求。

（1）"静中通"与"动中通"概述

"静中通"是一种将小口径天线固定安装在车辆上，在固定地点可以自动寻星从而进行通信的车载卫星通信站。它与"动中通"的区别是不能在移动状态下进行通信。

"静中通"的车载卫星天线具有自动寻星功能，自动寻星需要预先给天线伺服跟踪系统输入卫星的位置参数。当车辆处于静止状态时，给系统加电，根据操作人员输入地对星信息，自动采集天线姿态、天线经纬度信息，然后通过程序控制并驱动伺服跟踪设备完成对星操作，建立通信信道实现通信。在车辆处于行驶状态时，天线扣在车顶处于收藏状态。

在同步卫星通信系统中，固定站在安装好之后，地球站的天线对准卫星后，后期很少需要操作。但"静中通"车载站与固定站不同，其位置不固定，所以每到一个地址就需要重新对接。车载站天线为了方便收藏，一般都比较小，多使用 Ku 波段通信，对星难度比 C 波段大，时效性要求高，所以，对星的速度和准确度便成为"静中通"车载站的一个重要指标。快速、准确地对星就成为衡量车载卫星站应用性能的重要指标之一。通常"静中通"卫星天线展开时间需要少于 5min，对星时间少于 3min。

"动中通"是指可以在载体移动过程中使天线始终对准卫星，保证通信不会中断的卫星通信天线系统。一般"动中通"采用 0.6m、0.8m、0.9m、1.2m 的环焦天线、柱面天线或相控阵天线，天线安装在防风罩内，便于运动中进行卫星通信链路的建立。"动中通"对伺服跟踪系统的要求很高，多采用指向跟踪、单脉冲跟踪、信标极值跟踪、惯性导航跟踪等方式，舰载"动中通"一般使用圆锥扫描跟踪。

传统的抛物面天线技术成熟，性能稳定，适合于对天线增益要求高、高度及重量要求低的场合。我国地域宽广，不同地区的天线等效全向辐射功率（EIRP）差异较大，"动中通"对天线增益要求较高，所以目前"动中通"天线仍然大多采用抛物面天线产品。考虑行进中的风阻等因素，"动中通"可采用强度高的碳纤维材料来制作。目前的"动中通"产品可以做到捕获卫星时间是 3s，丢失后再捕获时间少于 1s。

（2）"静中通"与"动中通"的对比

"静中通"与"动中通"主要有以下不同。

① "静中通"在静止状态时通信，"动中通"在运动状态中通信。

② "静中通"天线口径一般比"动中通"天线大一些。

③ "静中通"的功放功率比"动中通"的功放功率要小。

④ "动中通"的设备成本与"静中通"相比要高。

⑤由于可以在运动中通信，"动中通"的机动性、隐蔽性都优于"静中通"，可实现点对点、点对多点、点对主站移动卫星的通信。

⑥ "动中通"卫星车比较适合于突发事件的应急通信保障，如在奥运会火炬传递等大型活动中使用。"静中通"卫星车适合应用在一些大型集会活动中，场所一般比较固定，业务数据量较大，如在电视直播、集会场所的动态监控数据传输等。

根据以上比较，"动中通"卫星车适合于机动性强的应急通信保障任务，应用范围比"静中通"更广，更适合作为应急通信保障车。

2. "动中通"原理

国际电联（ITU）定义过传统意义上的卫星通信业务，将其分为卫星固定业务（FSS）和卫星移动业务（MSS）两类，并且划分了通信的频段。FSS 的频段是 C、Ku、Ka 频段等，具有传输带宽大、速率高、适合固定传输等特点。MSS 的频段是 L.S 频段，具有传输带宽小、速率低、适合移动传输等特点。

"动中通"技术无法简单地划分到 FSS 或 MSS，它是一种为了满足移动过程中传输高速率信息的新技术，可以使用同步卫星的 Ku 频段，是对 FSS、MSS 优势的一种综合。

"动中通"系统主要包括卫星自动跟踪系统、卫星通信系统，核心是卫星自动跟踪系统。

（1）卫星自动跟踪系统

"动中通"系统最主要的部件是卫星自动跟踪系统，它是用来保证卫星发射天线在载体运动时始终对准卫星的。它在初始静态情况下，由全球定位系统（GPS）、经纬仪、惯导系统测量出航向角、载体位置的经纬度及初始角，然后根据数据自动确定以水平面为基准的天线仰角，在保持仰角对水平面不变的前提下转动方位，并以通信信号极大值方式自动对准卫星。卫星自动跟踪系统中的设备按照跟踪方式的不同而不同，以下按照惯性导航跟踪系统来介绍。

①天线控制装置

天线控制装置主要用来减小运动过程中天线传动时的负载惯量（以物质质量来度量其惯性大小的物理量）。

②闭环伺服装置

闭环伺服装置包括三轴转台电机及其驱动器、位置传感器等，其主要作用是控制天线始终对准通信卫星，实现运动过程中的不间断通信。闭环伺服装置一般采用位置环或速度环控制方式，使用模拟硬件提高系统响应速度，从而降低跟踪系统的动态滞后误差。

③数据处理平台

数据处理平台是一个计算平台，它获取从导航装置来的状态、位置、误差信息，对这些动态信号进行处理，从而得出发给天线的控制信号。

④载体测量及导航装置

载体测量及导航装置主要包括陀螺与加速度计，用来获取和提供车辆状态信息及地理位置信息等，可以实时地测量载体航向姿态和速度，具有对准、导航和航向姿态参考基准等多种工作方式，用于移动载体的组合导航和定位，同时为移动天线的机械操控装置提供准确的数据。

（2）卫星通信系统

卫星通信系统的作用与前面介绍的功能相同，完成信号上行传输，接收转发器下行信号。其主要设备有编/解码器、调制/解调器、上/下变频器、高功率放大器、双工器和低噪声放大器。"动中通"中最重要的部分在于其天线，常见的有抛物面天线、阵列/赋形/缝隙反射面天线、相控阵天线。

传统抛物面天线外形尺寸大、带宽高、增益高、安装复杂，但技术成熟，适合用于舰船、大型应急通信车上。阵列/赋形/缝隙反射面天线外形尺寸小、轮廓高度低、重量适中，采用机械调整姿态，适合用于高速移动场景。相控阵天线体积更小，轮廓低于10cm，采用电调式姿态调整，适合用于机载、舰载和车载场景。

3．"动中通"技术应用

为了建立和完善应急通信指挥体系，进一步提高应急指挥能力，确保在发生重大事件时，调度指挥工作能迅速开展，应用"动中通"技术可以快速搭建应急移动指挥部，建立与地面指挥中心、现场之间的语音、数据和图像传输网络，实现应急移动指挥部与地面指挥中心及现场的一体化指挥调度系统，保证应急救援过程中的指挥命令顺利传达到位。

"动中通"技术可被大量地应用于各种灾害救援现场、突发事件处置现场、重大集会现场等场合，来应对抢险救灾、处置恐怖袭击等突发事件以及集会现场控制等任务。

(六) 卫星通信业务

卫星通信是地球站之间通过通信卫星转发器所进行的微波通信，主要用于长途通信，利用高空卫星进行接力通信。面对地震、台风、水灾等自然灾害，卫星通信能够发挥不可替代的重要作用。在陆地、海缆通信传输系统中断，以及其他通信线缆未铺设到之处，它能帮助人们实现信息传输。由于受自然条件的影响极小，因此卫星电话等通信手段可以作为主要的救灾临时通信设备。

卫星通信的主要业务包括卫星固定业务、卫星移动业务和甚小天线地球站（VSAT）业务。

1. 卫星固定业务

卫星固定业务使用固定地点的地球站开展地球站之间的传输业务。提供固定业务的卫星一般使用对地静止轨道卫星，包括国际、区域和国内卫星通信系统，在其覆盖范围内提供通信与广播业务。

在应对地震等灾害时，带有卫星地球站的应急通信车可以利用国内静止卫星的转发器，给灾区对外界的通信和电视转播提供临时传输通道。

2. 卫星移动业务

卫星移动业务与地面移动通信业务相似，可以提供移动台与移动台之间、移动台与公众通信网用户之间的通信。国际上目前可以使用的卫星移动通信系统主要包括两类：对地静止轨道（GEO）卫星移动通信系统，主要用于船舶通信，也可用于陆地通信，其中波束覆盖到我国的系统有国际海事卫星系统和亚洲蜂窝卫星系统；非静止轨道（NGEO）卫星移动通信系统，目前覆盖全球的只有"铱星""全球星"和轨道通信系统三种。

3. 甚小天线地球站（VSAT）业务

甚小天线地球站（VSAT）系统是指由天线口径小并用软件控制的大量地球站所构成的卫星传输系统。VSAT 系统将传输与交换结合在一起，可以提供点到点、点到多点的传输和组网通信。VSAT 系统大量用于专网通信、应急通信、远程教育和"村村通"工程等领域。地震中通过临时架设 VSAT 网络，可以在已修复的移动通信基站或临时架设的小基站与移动交换机之间提供临时通信链路，恢复灾区的移动通信。

随着卫星通信技术的不断发展，卫星通信的用户终端逐步趋向小型化，能够提供语言、图像、文字和数据等多媒体通信。除了使用卫星移动业务的个人卫星电话终端以外，应急通信队伍还装备有中低速率的 IDR 卫星站、宽带 VSAT 便携卫星小站等多种卫星固定业务地球站，也是灾害救援前期常用的卫星通信手段。其中，IDR 一般作为通信传输中继设备使用，而宽带 VSAT 小站则能够提供救援现场带宽要求较高的图像、话音、高速数据等综合业务。随着地面道路的恢复，装载卫星通信设备的应急车辆可以抵近救灾现场提供更高容量的通信支撑，目前应急通信机动队伍均配备了 Ku 频段"静中通""动中通"等大中型车载卫星通信系统，能够满足现场多个应急指挥机构的多媒体业务通信需求。

二、无线集群通信

无线集群通信源于专网无线调度通信，主要提供系统内部用户之间的相互通信，但也可提供与系统外，如市话网的通信，其通信方式有单工也有双工。集群通信系统区别于公众无线电移动通信系统的主要特点是：除了可以提供移动电话的双向通话功能外，还可提供系统内的群（组）呼、全呼，甚至建立通话优先级别，可以进行优先等级呼叫、紧急呼叫等一般移动电话所不具备的通信，还可以提供动态重组、系统内虚拟专网等特殊功能。这些功能特别适合警察、国家安全部门专用通信以及机场、海关、公交运输、抢险救灾等指挥调度需要。其主要特点如下。

(一) 组呼为主

无线集群通信可以进行一对一的选呼，但以一对多的组呼为主。集群手机面板上有一个选择通话组的旋钮，用户使用前先调好自己所属的通话小组，开机后即处在组呼状态。一个调度台可以管理多个通话小组，在一个通话组内所有的手机均处于接收状态，只要调度员点击屏幕组名或组内某个用户按 PTT（Push To Talk）键讲话，组内用户均可听到。调度员可对部分组成全部组发起群呼（广播）。

(二) 不同的优先级

调度员可以强插或强拆组内任意一个用户的讲话，且不同用户有不同的优先级，信道全忙时，高优先级用户可强占低优先级用户所占的信道。

(三) 按键讲话

在无线集群通信中，其无线终端带有 PTT 发送讲话键，按下 PTT 键时打开发信机关闭收信机，松开 PTT 键时关闭发信机打开收信机。

（四）单工、半双工为主

无线集群通信中为节省终端电池与减少占用户信道，用户间通话以单工、半双工为主。

（五）呼叫接续快

从用户按下 PTT 讲话键到接通话的时间短，但对指挥命令来说，若漏去一两个字，有可能会造成重大事故。

（六）紧急呼叫

无线集群终端带有紧急呼叫键，紧急呼叫具有最高的优先级。用户按紧急呼叫键后，调度台有声光指示，调度员与组内用户均可听到该用户的讲话。

目前，我国常见的数字集群技术体制主要有基于全球移动通信（GSM）技术的华为 GT800、GSM-R，基于扩频多址数字式通信（CDMA）技术的中兴 GoTa，以及来自欧洲电信标准组织（ETSI）的 TETRA 等。数字集群系统支持的基本集群业务有单呼、组呼、广播呼叫、紧急呼叫等，集群补充型业务有用户优先级定义、用户强插、调度台强插等，目前在用系统具有支持短信、数据传送及视频等多种业务应用，并支持呼叫处理、移动性管理、鉴权认证、虚拟专网、加密、故障弱化及直通工作等功能，极大地方便了指挥人员，并适应指挥调度工作要求。目前应急通信保障队伍配备的应急指挥车辆上都有数字集群通信系统。

三、微波应急通信

（一）微波通信基本概念

1. 微波通信定义

微波是指频率在 300MHz ~ 300GHz 范围内的电磁波，是全部电磁波频谱的一个有限频段。根据微波传播的特点，可视其为平面波。平面波沿传播方向是没有电场和磁场纵向分量的，电场和磁场分量都是和传播方向垂直的，所以称为横电磁波，记为 TEM 波。

数字微波通信是指利用微波携带数字信息，通过电波空间，同时传输若干相互无关的信息，并进行再生中继的一种通信方式。微波的绕射能力很差，所以是视距通信。因为是视距通信，所以传输距离是有限的，如果我们要长距离地传输，那就需要接力，一个个接起来，所以叫微波中继通信。

2. 微波通信的优点

微波通信系统，特别是数字微波通信系统具有下列优点。

①具有可快速安装的能力。

②具有可重复利用现有的网络基础设施的能力。

③具有容易穿越复杂地形（跨江、湖及山头）的能力。

④具有在偏僻的山头利用点对多点微波传输结构的能力。

⑤具有在自然灾害发生后快速恢复通信的能力。

⑥具有用于混合的多传输媒质的保护的能力。

3. 微波通信发展史

微波通信是 20 世纪 50 年代的产物。由于其通信的容量大、投资费用少、建设速度快、抗灾能力强等优点而取得迅速的发展。20 世纪 40 年代到 50 年代产生了传输频带较宽、性能较稳定的微波通信，成为长距离、大容量地面干线无线传输的主要手段。

准同步数字体系（PDH）是 20 世纪 60 年代由 ITU 的前身国际电报电话咨询委员会（CCITT）提出的。模拟微波系统每个收发信机可以工作于 60 路、960 路、1800 路或 2700 路通信，可用于不同容量等级的微波电路。中国在 1957 年就开始了 60 路及 300 路模拟微波通信系统的开发研究工作。1964 年开始 600 路微波的研究工作。1966 年开发了 960 路微波系统。1979 年我国建设了第一条干线 PDH 微波电路。1986 年我国自行研制的 4GHz、34Mbit/s PDH 微波系统建于福建省福州市与厦门市之间。1987—1989 年建设了京沪 6GHz、14 Mbit/s PDH 微波电路。1992 年我国自行研制的 6GHz、140 Mbit/s PDH 微波系统建于湖北省武汉市。1995 年以后，由于移动覆盖的需要，中小容量的 PDH 微波得到了快速发展，一种安装拆卸容易、小型化的分体设备逐渐取代了全室内设备。

数字微波系统应用数字复用设备，以 30 路电话按时分复用原理组成一次群，进而可组成二次群 120 路、三次群 480 路、四次群 1920 路，并经过数字调制器调制于发射机上，在接收端经数字解调器还原成多路电话。最新的微波通信设备，其数字系列标准与光纤通信的同步数字系列（SDH）完全一致，称为 SDH 微波。这种新的微波设备在一条电路上 8 个束波可以同时传送 3 万多路数字电话电路，总传输容量达 2.4 Gbit/s。

中国第一条 SDH 微波电路是在 1995 年由吉林广电厅负责引进并建造的。1995—1996 年原邮电部开始引进并建设 SDH 微波电路，1997 年我国自行研制的 6GHzSDH 微波电路在山东通过鉴定验收。2000 年后，信息产业部已原则上停建国家干线公网用 SDH 微波电路，我国专网，如广电、煤炭、石油、水利和天然气管道行业，由于行业的特点及自身的需求，已成为 SDH 微波建设的主力军。

中国的大容量 SDH 微波电路首推 1998 年建设的京汉广干线微波，占用 2 个频段，按 $2 \times 2 \times (7+1)$ 配置，总传输容量达 4.8Gbit/s。

SDH 小型化分体微波设备也开始在移动、应急和城域网中应用。近年来，我国开发成功点对多点微波通信系统，其中心站采用全向天线向四周发射，在周围 50km 以内，可以有多个点放置用户站，从用户站再分出多路电话分别接至各用户使用。其总体容量有 100 线、500 线和 1000 线等不同容量的设备，每个用户站可以分配十几个或数十个电话用户，在必要时还可通过中继站延伸至数百公里外的用户使用。这种点对多点微波通信系统对于城市郊区、县城至农村村镇或沿海岛屿的用户及分散的居民点也十分适用，较为经济。

俄罗斯的运营部门"俄罗斯电信"建设了一条非常长的 SDH 数字微波接力系统的长途路由，总长度超过 8000km。该网络利用现有的基础设施，总容量为 8 个射频波道，分为 6 个主用波道和 2 个保护波道，每个波道承载 155Mbit/s。

微波通信由于其频带宽、容量大，可以用于各种电信业务的传送，如电话、电报、数据、传真以及彩色电视等均可通过微波电路传输。此外，微波通信具有良好的抗灾性能，对水灾、风灾以及地震等自然灾害，微波通信一般都不受影响。所以，国外发达国家的微波中继通信在长途通信网中所占的比例高达 50% 以上。据统计，美国为 66%，日本为 50%，法国为 54%。在当今世界的通信革命中，微波通信仍是具有发展前景的通信手段之一。

(二) 微波通信关键技术

1. 调制解调

未经调制的数字信号叫作数字基带信号，由于基带信号不能在无线微波信道中传输，必须将基带信号变换成频带信号的形式，即用基带信号对载波进行数字调制。调制之后得到的信号是中频信号。一般情况下，上行中频信号的频率是 350MHz，下行中频信号的频率是 140MHz；也有上行中频信号的频率是 850MHz，下行中频信号的频率是 70MHz。

要通过微波传输，还需通过上变频将其变为射频信号。上变频就是将中频信号与一个频率较高的本振信号进行混频的过程，然后取混频之后的上边带信号。下变频是上变频的逆过程，原理是一样的，只是取的是本振信号与微波信号的不同组合而已，取的是混频之后的下边带信号。本振信号频率轻微漂移将引起发射信号和接收信号频率较大的漂移，因此它们的频率稳定度主要取决于本振信号的频率稳定度。

相移键控（PSK）是目前中小容量数字微波通信系统中采用的重要调制方式，它具有较好的抗干扰性能，并且这种调制方式比较简单，性价比较高。目前中小容量数字微波通信系统中采用的是四相移相键控（4PSK 或 QPSK）的调制，典型的生产厂家有 NEC、爱立信和诺基亚等。

移频键控（FSK）也是目前中小容量数字微波通信系统中采用的重要调制方式，但它的抗干扰性能和解码门限没有移相键控好，同时它所占的微波带宽也较 PSK 调制大。目前中小容量数字微波通信系统中采用 4FSK 调制，典型的生产厂家有 DMC 和哈里斯等。

多进制正交调幅（MQAM）是在大容量数字微波通信系统中大量使用的一种载波键控方式。这种方式具有很高的频谱利用率，在调制进制较高时，信号矢量集的分布比较合理，同时实现起来也比较方便。

在 PDH 微波系统中主要采用 PSK、4PSK（4QAM）及 8PSK，也有采用多值正交调幅（MQAM）技术的，如 16QAM；在 SDH 微波系统中，最广泛采用的是多值正交调幅技术，常用 32QAM、64QAM、128QAM 及 512QAM 等调制方式。QAM 调制的频带利用率比较高。

2. 自适应均衡

在数字微波系统中由于多径效应而导致信号失真甚至中断，为了减小码间干扰，提高通信质量，通常在系统中接入一种可调整滤波器，用以减小码间干扰的影响，提高系统传输的可靠性。这种起补偿作用的可调整滤波器称为均衡器。

均衡可以分为频域均衡和时域均衡两大类。频域均衡是利用可调整滤波器的频率特性去补偿实际信道的幅频特性和相频特性，使总特性满足一定的规定值。时域均衡是从时间响应的角度考虑，使均衡器与实际传输系统总和的冲击响应接近无码间干扰的条件。

由于微波信道具有随机性和时变性，这就要求均衡器必须能够实时地跟踪移动通信信道的时变特性，这种均衡器被称为自适应均衡器。根据工作频率及工作位置不同，可以将均衡器分为以下两种类型。

（1）频域均衡器（AFE）

在接收机的中频（IF）级进行，用以控制信道的传递函数。

（2）时域均衡器（ATE）

在时域工作，直接减小由传递函数不理想而产生的码间干扰。

与 AFE 相比，ATE 的均衡能力要强得多，因此有些 SDH 微波系统不再使用 AFE，而只用 ATE。但是，大多数 SDH 微波系统中，AFE 和 ATE 联合使用，会有一些联合效应。

3. 自适应发信功率控制

发信功率控制是指在一定范围内，调整发信机的发射功率，使发信机输出功率在绝大多数时间内工作于正常值或最小值，从而减少整个系统的干扰，并可降低功耗。

自适应发信功率控制（ATPC），是指微波发信机的输出功率在控制范围内，根据自动跟踪的接收端接收电平的变化而变化。在正常的传播条件下，发信机的输出功率固定在某个比较低的电平上，如比正常电平低 10 ~ 15dB。当发生传播衰落时，接收机检测到传播衰落并小于规定的最低接收电平时，立即通过微波辅助开销（RFCOH）直接控制对端发信机提高发信功率，直到发信机功率达到额定功率。一般来说，严重的传播衰落发生的时间率是很短的，一般不足 1%，在采用了 ATPC 装置后，发信机 99% 以上的时间均在比额定功率低 10 ~ 15dB 的状态下工作。

4. 分集接收

分集技术（Diversity Techniques）是一种利用多径信号来改善系统性能的技术。其理论基础是认为不同支路的信号所受的干扰具有分散性，即各支路信号所受的干扰情况不同，因而，有可能从这些支路信号中挑选出受干扰最轻的信号或综合出高信噪比的信号来。

其基本做法是利用微波信号的多径传播特性，在接收端通过某种合并技术将多条符合要求的支路信号按一定规则合并起来，使接收的有用信号能量最大，从而最大限度降低多径衰落的影响，改善传输的可靠性。对这些支路信号的基本要求是：传输相同信息，具有近似相等的平均信号强度和相互独立衰落特性。

分集接收就是将相关性较小，即具有相互独立衰落特性不同时发生传输质量恶化的、两路以上的收信机输出信号进行选择或合成，来减轻由衰落所造成的影响的一种措施。分集接收技术主要有以下几类。

（1）空间分集

一般空间的间距越大，多径传播的差异越大，接收场强的相关性就越小。因此，在接收端利用天线在不同垂直高度上接收到的信号相关性极小的特点，在若干支路上接收载有同一信息的信号，然后通过合并技术再将各个支路信号合并输出，以实现抗衰落的功能。

对于工程运用来说，空间分集间距对于数字微波可取 8 ~ 12m，一般可取 10m。

空间分集可以有效地解决主要由地面反射波与直射波干涉引起的衰落和由对流层反射引起的干涉型衰落，对接收功率降低和信号失真都有相当大的改善。空间分集的优点是节省频率资源，缺点是设备复杂，需要两套或两套以上天馈线。

（2）频率分集

在一定范围内两个微波频率的频率间距越大，同时发生深衰落的相关性越小，也就是在两个频率上同时发生瞬断的概率比较低。因此，采用两个或两个以上具有一定频率间隔的微波频率同时发射和接收同一信息，然后进行合成或选择，可以减轻衰落的影响，这就是频率分集。

SDH 微波系统中，造成电路中断的原因不是信号电平的下降，而是出现频率选择性衰落，频率分集对数字微波系统的改善比模拟微波系统要大得多。

频率分集的优点是效果明显，只需要一副天馈线，缺点是频段利用率不高。

（3）极化分集

两个在同一地点极化方向相互正交的天线发出的信号呈现互不相关的衰落特性。利用这一特性，在发端同一的位置分别装上垂直极化和水平极化天线，在收端同一的位置分别装上垂直极化和水平极化天线，就可得到两路衰落特性不相关的信号。由于与其他分集相比，极化分集的效果较小，因此几乎没有实用的例子。

（4）角度分集

由于地形、地貌和建筑物等环境的不同，到达接收端的不同路径的信号可能来自不同的方向，采用方向性天线，分别指向不同的信号到达方向，则每个方向性天线接收到的多径信号是不相关的。这样，在同一位置利用指向不同方向的两个或更多的有线天线实现分集的措施，即角度分集。

（三）微波通信系统构成

微波通信系统由发信机、收信机、天馈线系统、用户终端设备及多路复用设备等组成。

发信机由调制器、上变频器、高功率放大器组成。在发信机中调制器把基带信号调制到中频再经上变频变至射频，也可直接调制到射频。在模拟微波通信系统中，常用的调制方式是调频；在数字微波通信系统中，常用多相数字调制方式，大容量数字微波则采用有效利用频谱的多进制数字调制及组合调制等调制方式。发信机中的高功率放大器用于把发送的射频信号提高到足够的电平，以满足经信道传输后的接收场强。

收信机由低噪声放大器、下变频器、解调器组成。收信机中的低噪声放大器用于提高收信机的灵敏度；下变频器用于中频信号与微波信号之间的变换以实现固定中频的高增益稳定放大；解调器的功能是进行调制的逆变换。

天馈线系统由馈线、双工器及天线组成。微波通信天线一般为强方向性、高效率、高增益的反射面天线，常用的有抛物面天线、卡塞格伦天线等，馈线主要采用波导或同轴电缆。

用户终端设备把各种信息变换成电信号。

多路复用设备则把多个用户的电信号构成一个共享传输信道的基带信号。在地面接力和卫星通信系统中，还需以中继站或卫星转发器等作为中继转发装置。

四、短波通信

尽管当前新型无线电通信系统不断涌现，短波这一传统的通信方式仍然受到全世界普遍重视，不仅没有被淘汰，反而还在快速发展。主要原因是：短波是唯一不受网络枢纽和有源中继制约的远程通信手段，一旦发生战争或灾害，各种通信网络都可能受到破坏，卫星也可能受到攻击。无论哪种通信方式，其抗毁能力和自主通信能力与短波无可相比；在山区、戈壁、海洋等地区，超短波覆盖不到，主要依靠短波。

短波通信是无线电通信的一种，波长在 $10 \sim 50m$，频率范围为 $6 \sim 30MHz$。发射电波要经电离层的反射才能到达接收设备，通信距离较远，是远程通信的主要手段，一般都将其视作应急通信保障的最后手段。目前应急通信保障队伍配备的短波电台可提供单边带话等通信能力。

短波在县乡一级的应急通信中非常适用，无须依靠额外的传输介质，且传输距离可达几百公里，机动性好、成本低。

除以上几种常见的技术手段外，随着 IP 应用的逐步普及，基于宽带无线网络技术的应急通信装备也已经部署到各保障队伍。目前所配主要是用于现场 IP 接入的无线局域网（WLAN）和具有自组织、自管理、自愈、灵活的障碍物绕行通信能力，环境适应性和抗毁能力强的无线网格网络（MESH）系统，可与 3G 移动通信等技术相结合，组成一个含有多条无线链路的无线网格网络，提供应急现场 IP 网络及语音服务，或近端接入点与远端接入点的双向视音频通信。

同时，公众移动通信是应急指挥现场所有人员最易用和熟悉的通信方式，如果道路条件许可，利用目前应急通信保障队伍所配备拥有卫星传输通道的移动 2G/3G 基站车，能够满足应急现场一定范围内的公众移动通信需求，还可以针对不同等级用户实行现场的优先级差别接入。

第三节　应急通信的发展

一、全球应急通信发展现状

国际上，许多国家非常重视应急通信网络的研究和开发工作，特别是欧美发达国家和亚洲的日本。美国从 20 世纪 70 年代开始建设应急通信网，目的是满足美国政府对于紧急事件的指挥调度需求。2001 年之后，美国更是投入巨资建设与互联网物理隔离的政府专网，推行通信优先服务计划，并利用自由空间光通信（Free Space Optics，FSO）、全球微波接入互操作性（WiMAX）和无线路由（Wi-Fi）等技术来提高应急通信保障能力。

目前，日本已建立起较为完善的防灾通信网络体系，如中央防灾无线网、防灾互联通信网等。中央防灾无线网是日本防灾通信网的骨架网络，由固定通信线路、卫星通信线路和移动通信线路构成。防灾互联通信网可以在现场迅速连通多个防灾救援机构以交换各种现场救灾信息，从而进行有效指挥调度和抢险救灾。

此外，国际上许多标准化组织（如 ITU-R、ITU-T、ETSI 和 IETF 等）也在积极推进应急通信标准的研究。ITU-R 主要从预警和减灾的角度对应急通信开展研究，包括利用固定卫星、无线电广播、移动定位等向公众提供应急业务、预警信息和减灾服务；ITU-T 从开展国际紧急呼叫以及增强网络支持能力等方面进行研究，主要包括紧急通信业务（Emergency Telecommunications Service，ETS）和减灾通信业务（Telecommunication for Disaster Relief，TDR）两大领域；ETSI 主要关注紧急情况下组织之间以及组织和个人之间的通信需求；IETF 对应急通信的研究涵盖通信服务需求、网络架构和协议等多个方面。

我国在 2004 年正式启动应急通信相关标准的研究工作，内容涉及应急通信综合体系和标准、公众通信网支持应急通信的要求、紧急特种业务呼叫等。与此同时，国内许多企业也在积极研发应急通信相关产品，如中兴的 GOTA、华为的 GT800 和中科院浩瀚迅无线技术公司的 MiWAVE 等。

总的来说，当前我国对应急通信保障方面的研究工作可以归纳为以下几类。

一是充分挖掘现有通信和网络基础设施的潜能，通过增强网络自愈和故障恢复能力来提升其应急通信保障能力。

二是针对现有应急通信系统缺乏有效的统一调度和指挥的情况，考虑如何实现跨部门、跨系统的指挥调度平台，使各个专网之间以及专网与公网之间实现互联互通。

三是针对一些部门的应急通信系统不支持视频、图像等宽带多媒体业务的问题，引入宽带无线接入技术。

四是针对各专用应急通信系统缺少统一规划和互通标准的情况，启动应急通信相关标准的制定工作。

五是研究应急通信资源的有效布局和调配问题，如优化通信基站的选址和频道分配来满足应急区域的通信覆盖要求。

近年来，我国应急通信研究重点围绕公众通信网支持应急通信来开展，对于现有的固定和移动通信网，主要研究公众到政府、政府到公众的应急通信业务要求和网络能力要求，包括定位、就近接入、电力供应、基站协同、消息源标志等。除此之外，研究在互联网上支持紧急呼叫，包括用户终端位置上报、用户终端位置获取、路由寻址等关键环节。这些研究工作有效推动了国内应急通信系统和相关平台的发展，增强了各种应急突发情况下的通信保障能力。

二、我国应急通信发展面临的问题

虽然我国的应急通信保障体系建设有了很大发展，但是依然存在技术体制落后、资金投入不足等问题，与应急通信的实际要求还有较大差距。此外，应急通信保障的研究工作大都没有充分关注和利用无线自组网技术，也没有考虑融合多种通信技术手段来提供全方位、可靠的应急通信保障，而是过多强调发展集群通信、短波无线通信和卫星通信系统。

进入 21 世纪以来，自然灾害、突发事故、恐怖袭击等各种各样的事件层出不穷，举不胜举。我国的深圳光明滑坡事故、天津滨海新区火灾、"东方之星"沉船，以及多发的地震事件都给社会带来了极大的损失。伴随国务院办公厅 63 号文件的春风，应急通信技术作为应急产业发展的核心之一，其关键作用和重要地位越来越得到各级政府的重视，推动应急通信产业发展更是刻不容缓。

(一) 需要从国家层面统一规划和构建应急通信系统

应对突发事件通常涉及公安、消防、卫生、通信、交通等多个部门，保证各部门之间的通信畅通是保障应急指挥的基础，是提高应急响应速度、减少灾害损失的关键。为了提高应急响应的时效性和针对性，应从国家层面构建应急综合体系，统一建设应急通信系统，避免出现以往的各部门各自为政、重复建设、通信不畅的局面。例如，各部门都建设了各自的集群系统，但由于制式、标准不统一，无法互联互通，某个突发公共安全事件出现时，往往需要几个部门联合行动，在事件现场的各部门指挥人员携带各自的集群通信终端，却无法互联互通，更无法发挥集群的组呼、快速呼叫建立等优势，出现了"通信基本靠吼"的尴尬场面。近年来，我国各级政府在积极应对突发事件的过程中，越来越意识到统一规划、整合资源的重要性，最明显的例子就是匪警、火警、交通事故报警三台合一，从而构造一个城市的综合应急联动系统，充分体现了统一应急处置、应急指挥的趋势。从国家层面统一规划与实施，构建上下贯通、左右衔接、互联互通、信息共享、互有侧重、互为支撑、安全畅通的应急平台体系，加强不同部门之间的数据和资源共享，构建畅通的应急通信系统，可以大大提高应急通信应对突发事件的时效性和针对性。

(二) 新型通信技术的出现给应急通信带来方便的同时，也增加了一些技术挑战

随着下一代网络、宽带通信技术、新一代无线移动等新技术的出现，给应急通信带来了更快速、更方便、功能更强大的解决方案，也使应急通信面临新的需求与

挑战。例如，对于从传统 TDM 网络发出的紧急呼叫，由于号码与物理位置的捆绑关系，很容易对用户进行定位，而对于承载与控制分离的 IP 网络，由于用户的游牧性、IP 地址动态分配、NAT 穿越等技术的使用给用户定位带来一定的难度。

(三) 应急通信信息由传统话音向多媒体发展，需要传送大量多媒体数据

传统的应急通信需求比较简单，基本是打电话通知什么地方发生了什么事情，用电话进行应急指挥，而应急通信技术手段基本以 PSTN 电话、卫星通信、集群通信等为主，能满足紧急情况下的基本通话需求。城市化进程的加快、环境气候条件的恶化、突发安全事件所产生的破坏性程度越来越高，对人民工作和生活的影响越来越大，需要根据现场情况快速做出判断和响应，单凭语音通信已无法满足快速高效应急指挥的需要，应急指挥中心要能够通过视频监控看到事故现场，有助于准确快速地应急响应，并召开视频会议，提高指挥和沟通效率，因此需要传送大量的数据、图像等多媒体资料。除了现场与应急指挥中心之间要传送大量多媒体数据以外，应急指挥所涉及的各级各部门之间也需要数据共享，如气象、水文、卫生等海量多媒体数据，以利于综合研判、指挥调度和异地会商。

(四) 需要加强事前监控和预警机制建设及技术应用

长期以来，我国的应急体系都是在事故发生后采取应急处置措施，而随着灾害破坏程度的增加和技术手段的进步，应急通信应由"被动应付"发展为"主动预防"。应急通信具有一定的突发性，时间上无法预知，因此需要加强事前监测和预警机制建设，研究可用于事前监测和预警的新技术，并推动其应用。例如，利用传感器监控温度、湿度等环境变化，以应对一些自然灾害事件，利用视频监控系统监控公共卫生事件。通过建立公共预警，在灾害发生前将信息提前发给公众，或者在灾害过程中将灾害和应对措施适时告知民众，使其及时采取科学有效的应对措施，做好应急准备，最大限度地减少灾害损失。

新的经济和社会形势对应急通信提出新的需求，而宽带无线通信、无线传感器网络、视频通信、下一代网络等新技术的出现，为应急通信带来了更快速、更方便、功能更强大的解决方案，为满足上述需求提供了技术可能。但由于应急通信的公益性质，缺乏市场推动力，因此需要配套的政策引导和经济杠杆调节，以推动新技术在应急通信领域的应用。

第八章　物联网通信技术

第一节　物联网通信基础

一、物联网的概念

(一) 物联网的理解

目前的互联网，主要以人与人之间的交流为核心，但物联网的出现改变了这一前景，使得交流的对象不再囿于人与物之间，物与物之间也可以进行"交流"和通信。这一转变过程，不是革命性的，是渐变的、不为人知的过程。当用户还在怀疑物联网发展的前景时，身份证、家电、汽车等，都烙上了典型的物联网的特征。

顾名思义，物联网就是物物相连的互联网。目前，这个名词具有两层含义：一是物联网的核心和基础仍然是互联网，是在互联网基础上延伸和扩展的网络。二是客户端延伸和扩展到了物品与物品之间，使其能进行信息交换和通信。

从当前发展来看，外界所提出的物联网产品大多是互联网的应用拓展，因此，与其说物联网是网络，不如说物联网是业务和应用。一般是将各种信息传感/执行设备，如射频识别装置、各种感应器、全球定位系统、机械手、灭火器等各种装置，与互联网结合起来而形成的一个巨大的网络，并在这个硬件基础上架构上层合适的应用，让所有的物品能够方便地识别、管理和运作。从这个角度看，应用创新是当前物联网发展的核心，但还远未达到多维的物物相联的层次。

可以预见，物联网将极大促进互联网在广度和深度上的快速发展。一方面，互联网及其接入网络正向社会的每一个角落渗透，如同末梢神经一般触达生活的各个层面，从而带动互联网规模的迅猛增长。另一方面，为了匹配这种规模的膨胀，互联网和各种通信网络在速度上必须实现飞跃式的发展。这不仅意味着要跟上规模的扩张步伐，还要应对由此产生的海量数据和大数据的迅速流转。这种变化迫切要求互联网技术的快速进步，以解决随之产生的新问题和技术挑战，进而可能导致互联网本身的一次革命。在这样的转变中，尽管互联网的名称可能仍旧保持不变，但其内涵和功能将发生根本性的改变，仿佛是旧瓶装新酒。

中国物联网校企联盟将物联网定义为：当下几乎所有技术与计算机、互联网技术的结合，实现物体与物体之间、环境以及状态信息实时的共享，以及智能化的收集、传递、处理、执行。广义上说，当下涉及信息技术的应用，都可以纳入物联网的范畴。物联网是信息社会的一个全球基础设施，它基于现有和未来可互操作的信息和通信技术，通过物理的和虚拟的物物相联，来提供更好的服务。

这些定义从不同角度对物联网进行了阐述，归结起来物联网概念有以下几个技术特征：一是物体数字化。也就是将物理实体改造成为彼此可寻址、可识别、可交互、可协同的"智能"物体。二是泛在互联。以互联网为基础，将数字化、智能化的物体接入其中，实现无所不在的互联。三是信息感知与交互。在网络互联的基础上，实现信息的感知、采集以及在此基础之上的响应、控制。四是信息处理与服务。支持信息处理，为用户提供基于物物互联的新型信息化服务。新的信息处理和服务也产生了对网络技术的依赖，如依赖于网络的分布式并行计算、分布式存储、集群等。在这几个特征中，泛在互联、信息感知与交互，以及信息处理与服务，与通信都有密切的关系。因此，可以说通信是物联网的基础架构。

需要强调的是，不能把物联网当成所有物的完全开放、全部互联、全部共享的互联平台。即使是互联网，也做不到完全开放和共享，互联网也有公网和内网之分。

从另一个角度来看，物联网在某些方面与互联网有着相似的分隔依据。例如，物联网也可根据网络覆盖的范围划分为局域网和广域网，根据网络的公共性分为公共网络和私有网络，以及展示出多种网络拓扑结构的特点。

（二）物联网的模型

物联网的模型可分为多个关键组成部分，形成一个相互联系、协同工作的系统。信息感知终端是这个系统的神经末梢，通过各种感知技术获取外界信息。这一过程并非单向的数据传输，而是一个相互交互的过程。信息感知终端可以向核心的数据处理和决策终端传输数据，并从该终端获取必要的数据以提高感知的准确性和深度。

执行终端负责执行数据处理部分发来的指令，产生对外界的反应。在某些情况下，信息感知终端和执行终端可以合并在一起，形成一个更为高效的系统。值得注意的是，某些信息感知终端或执行终端还需要借助传输模块的支持，如 RFID、定位导航、激光制导等。

信息展示 / 决策终端是整个系统中的关键一环，负责将信息感知终端 / 数据处理模块传来的信息展示给操作者，最终由操作者进行决策。作者强调了关键性决策应当由人来进行，凸显了人与物联网系统的互动性。

传输环节在整个模型中扮演着承上启下的关键性角色，负责在各个角色之间进行数据的传递，构建物联网的基础架构。传输环节的技术范围涉及广泛，从深空通信到局域网，从几 kbps 到 Tbps 的带宽范围，从物理层到应用层的不同层次，从有线到无线的通信机制等。

这种广泛的技术发展为物联网的构想越来越接近现实提供了支持。随着通信技术的不断革新，传输环节技术在规模和变化上都呈现出蓬勃发展的态势。这种发展不仅在各个领域都产生了显著的影响，而且深刻地改变了人们对工作的认识和生活质量的提高。可以说，传输环节技术已经成为现代社会中不可或缺的一部分，为现代化进程提供了强有力的支撑。因此，传输环节成为本节的重要内容。

当前的发展趋势显示，从感知终端到信息展示/决策终端，以及从信息展示/决策终端到执行终端这两条通信路径较为普遍。然而，随着物联网的不断发展和通信标准的不断制定，感知终端和执行终端之间的通信也会日益频繁，呈现出更为复杂的网络结构。

模型的核心部分是数据处理模块，借助高性能计算机或者高性能的并行、分布式算法，对海量的数据进行分析、抽取、模式识别等处理，为决策提供支持。在当前的物联网应用中，这一块虽然是可选的，但随着高性能计算机和云计算技术的不断发展，它为数据处理功能提供了强有力的支撑。

在整个模型中，数据始于外界，终于外界，不断在内外层之间进行交互。传输环节在该模型中起着重要的桥梁作用，连接各个组成部分，使得物联网系统能够协同工作，实现信息的流动和决策的迅速响应。

二、传感器网络

(一) 传感器网络和物联网

近期，微电子机械加工技术的发展为传感器节点的微型化和智能化提供了可能性。通过将微电子机械加工技术与无线通信技术融合，推动了无线传感器及其网络的繁荣发展。传统的传感器正在逐步实现微型化、智能化、信息化、网络化，也即传感器网络。

传感器网络其实并不神秘、遥远，十字路口的交通监控系统就是典型的传感器网络应用之一：摄像头作为传感设备，接收路面各种车辆的光信号，转化为数字信号，经过网络传输到交通管理部门，实现了对违章车辆的拍照取证；接着经过图像分析软件的自动筛选，筛选出违章车辆的号牌，并保存在计算机中；最终由人工确定是否违章，并进行后续的违章处理。这中间可能还涉及与银联系统的交互。

摄像头作为一种高级的传感器在其中扮演着重要的角色。将传感器与有线/无线联网，使得数据能够直接通过网络进行信息传输，而非采用人工获取的方式，从而形成了传感器网络。

考虑到实施的便利性，目前研究更多地关注那些需要部署在偏远地带的传感器网络。这些网络通常采用无线方式进行数据传送，被称为无线传感器网络。这一发展趋势反映了在实际应用中对传感器网络便捷性的追求，特别是在偏远地区的部署需求。

(二) 无线传感器网络

无线传感器网络是由部署在监测区域内，具有无线通信能力与计算能力的微小传感器节点，通过自组织的方式构成的分布式、智能化网络系统。

无线传感器网络的目的是实现节点之间相互协作来感知监测对象、采集信息，以及对感知到的信息进行一定的处理等，并把这些信息通过传感器网络呈现给观察者。

无线传感器网络通常由许多具有某种功能的无线传感器节点组成，无线传感器节点间的通信距离往往较短，所以一般采用接力式多跳的通信方式进行通信。

(三) 传感器节点

无线传感器网络的关键组成部分即为感知信息的节点，即传感器节点。这些节点是小型设备，通过内置的传感器测量周围环境中的各种信号，如热、红外、声呐、雷达和地震波。随着微机电加工技术的不断发展，无线传感器节点正经历从传统传感器到智能传感器、嵌入式 Web 传感器的演进过程。这个过程中，节点的功能不断提升，适应了不断变化的需求。通常，无线传感器节点是微型嵌入式系统，其处理、存储和通信能力相对较弱，主要通过携带有限能量的电池供电。在网络功能方面，每个无线传感器节点都具备传统网络中的终端和路由器的双重角色。这意味着除了执行本地信息收集和数据处理外，传感器节点还需进行存储、管理、融合和转发等操作。有时，它们还需要与其他节点协作，共同完成一些特定任务，如执行定位算法等。

一个传感器节点，尤其是具有一定处理功能的智能传感器节点，通常包括传感器/数据采集模块、数据处理和控制模块、无线通信模块以及电源模块。

1. 传感器/数据采集模块

传感器/数据采集模块是传感器网络与外界环境的真正接口，负责感知各种信息并将其转换成电信号。该模块包括对外部环境的观测 (或控制)、与外部设备的通信、信号和数据之间的转换等功能。

2. 数据处理和控制模块

数据处理和控制模块通过处理器模块执行相关数据的处理，协调各部分的工作，并与其他节点相互协同地控制整个网络的运作。该模块可能包括 CPU、存储器、嵌入式操作系统等软硬件，并承担诸如对感知单元获取的信息进行处理、缓存，对节点设备及其工作模式进行控制、任务调度、能量计算，各部分功能协调，通过网络进行信息交流，执行路由算法等多重功能。

3. 无线通信模块

无线通信模块则负责与其他传感器节点进行无线通信。它包括进行节点间的数据和控制信息的收发、执行相关协议、进行报文组装、无线链路的管理、无线接入和多址、数据帧传输协议、频率、调制方式、编码方式的选择等。

4. 电源模块

电源模块是负责为传感器节点提供能量供应的部分，通常采用电池供电的方式。这些模块的紧密协作使得无线传感器节点在复杂的网络环境中能够高效、智能地感知、处理和传输信息，推动着传感器网络技术的不断创新与发展。

三、物联网通信环节的划分

(一) 接触环节

在物联网的架构中，接触环节是一个至关重要的组成部分，它负责与物理世界直接接触并获取各种必要的参数，如位置、速度和成分等。这个环节的主要执行者是感知节点，它们通过各种高级技术实现对环境的感知和数据的获取。感知节点的工作原理和应用可以从以下几个方面进行详细描述。

①感知技术的多样性：物联网的感知节点使用多种信息感知设备，如二维码识读器、射频识别（RFID）阅读器、物理 / 化学感应器、全球定位系统（GPS）和激光扫描器等。这些设备可以感知各种参数，从简单的位置和速度到更复杂的环境成分。

②数据的预处理：在感知节点获取所需参数后，它们还会执行一些必要的预处理任务，比如过滤掉重复的数据、数据的融合或合并。这样的处理不仅提高了数据传输的效率，也确保了后续环节能够接收到准确和有用的信息。

③数据的传输：处理后的数据将在适当的时间被发送到物联网的后续环节，如末端网或互联网，供进一步分析和使用。

④双向通信能力：感知节点不仅能从物理世界获取数据，还能从后续环节接收信息，如参数设置、数据保存指令或更多感知任务的指示。

⑤接触节点的分类：在物联网应用中，感知节点和执行节点合称为接触节点。感知节点负责数据的获取，而执行节点则根据收到的信息执行特定的操作。

⑥应用的多样性：值得注意的是，并非所有物联网应用都同时需要感知节点和执行节点。例如，天气监测应用可能只需要感知节点来收集数据。

在本节的接触环节中，尤其强调了 RFID、GPS 和激光制导等技术的重要性。其中，RFID 技术由于其在追踪和识别方面的广泛应用，尤其重要。它可以有效地识别和追踪物体，为物联网应用提供了强大的数据支持。

（二）末端网

当接触环节中某个节点获取到外界的信息后，需要把数据通过一定的通信技术，以一定的 QoS 要求（或者高可靠，或者高实时）进行信息的传送，将数据传送到互联网上，进而提交给后续环节进行处理和展示。或者从后台发送指令到接触环节进行执行，对外界产生一定的影响。可以说，信息传输是互联网对物理世界感知和操作的延伸手段，可以更好地实现通信用户（包括人和物）之间的沟通，是物联网的基础设施。

在物联网的架构中，末端网、接入网和互联网三者共同构成了一个完整的信息传输和处理系统。末端网特别关注于信息或数据的获取和初步处理，然后通过接入网传输到互联网，或者相反，它也能接收来自互联网的指令并执行，从而对物理世界产生影响。末端网的工作流程通常包括以下三个步骤：一是数据采集。是末端网的首要任务，主要是从环境中获取原始数据。这些数据可以是温度、压力、位置等物理量，也可以是更复杂的信息，如视频流或音频数据。二是初步处理。在某些情况下，原始数据在传输之前需要进行初步处理。这可能包括数据过滤、压缩或加密等操作，以优化传输过程。三是信息传输。末端网还需要将这些数据或处理后的信息传输给特定的网络节点，如主机或网关，这些节点进一步将数据传输至互联网。

末端网采用的通信技术多种多样。在传统的应用中，有线通信方式曾占据主导地位，但随着技术的发展，无线通信方式由于其灵活性和扩展性越来越受到重视。此外，自组织网络技术作为当前的研究热点，显示出巨大的潜力。自组织网络通过动态配置和优化网络资源，提高网络的可靠性和效率，特别适用于环境复杂或需要快速部署网络的场景。

在物联网的发展过程中，末端网的技术创新是推动整个领域进步的关键因素。随着新技术的不断涌现，如低功耗广域网（LPWAN）、边缘计算等，末端网的能力在不断提升。这些技术使得末端网能够更有效地处理和传输数据，从而提高整个物联网系统的性能。

（三）接入网

接入网作为物联网中末端网与互联网之间的重要中介，其的主要功能是连接用户的终端设备（在物联网中，这些"用户"往往是各种物体）至骨干网络。这个过程中涵盖的所有设备构成了所谓的接入网。

具体来说，接入网覆盖了从骨干网络到用户终端之间的所有连接设施。这段距离通常在几百米到几公里，因而常被形象地称为"最后一公里"。这个术语很好地描绘了接入网在整个网络结构中的位置和作用。在现代通信网络中，骨干网络通常使用高速的光纤结构，其传输速度极快，具有极强的可靠性和稳定性。因此，接入网的性能在整个网络系统传输效率中具有举足轻重的作用。接入网的性能不仅会影响最终用户的网络体验，而且会直接影响整个网络系统的运行效果。因此，必须重视接入网的建设和管理，确保其具有足够的速度和稳定性，以满足不同应用场景的需求。

近年来，接入网的技术发展迅猛，特别是无线接入技术的进步。Wi-Fi 和 4G 技术的普及和升级为用户提供了更高的服务质量，使无线接入变得更加便捷和高效。这些技术的发展不仅改善了个人用户的网络使用体验，更重要的是，它们为物联网的发展提供了强有力的支持。物联网设备通常需要低功耗、高效率的网络接入方式，而 Wi-Fi 和 4G 等无线技术正好满足这些需求。

在未来，随着像 5G 等更高速度、更低延迟的通信技术的推出和普及，接入网的性能将进一步提升。这对物联网的意义重大，因为这将使得更多的设备能够更高效地连接到互联网，从而实现更广泛的数据收集、处理和应用。例如，智能家居、智能城市和工业自动化等领域都将极大受益于更先进的接入网技术。

（四）互联网

在探讨互联网的发展及其与物联网的关系时，我们首先要认识到互联网目前仍然是物联网的核心。从"网络的网络"这个定义出发，互联网不仅是现在物联网的中心枢纽，而且在可预见的未来，也将继续担任这一角色，主要负责将不同的物联网应用进行互联。

自其诞生以来，经过几十年的发展，互联网已经渗透到人们的工作和生活的每一个角落，成为现代社会不可或缺的组成部分。它的影响是全方位的，从个人生活的细节到全球经济的运作模式，互联网都发挥着至关重要的作用。特别是在某些产业领域，互联网不仅是一个工具或平台，更是一场深刻的变革。它改变了信息的传播方式、商业的运作模式，甚至是社会的交往方式。

在未来，随着物联网技术的发展和应用的普及，我们可以预见到互联网将与物联网形成更加紧密的联系。物联网的设备和应用将依赖于互联网提供的基础设施和服务，同时，互联网的发展也将受到物联网新需求和新技术的影响。这种相互依赖和影响将促使互联网在技术上进行创新和改进，以适应物联网带来的新挑战。例如，互联网将需要更高的数据传输速度、更强的数据处理能力和更安全的数据保护机制来应对物联网设备产生的海量数据。同时，互联网的这些新发展又将反过来支持物联网的更广泛应用，形成一种良性循环。

第二节　物联网通信体系

一、USN 体系架构及其分析

(一) USN 体系架构

目前，国内外提出了很多物联网的体系结构，但是这些体系结构多是从应用和实施的角度给出的。

USN（Ubiquitous Sensor Network，泛在传感器网络）体系结构自下而上分为 5 个层次，分别为传感器网络层、传感器网络接入层、骨干网络层（NGN/NGI/ 现有网络）、网络中间件层和 USN 网络应用层。

一般传感器网络层和泛在传感器网络接入层可以合并为物联网的感知层，主要负责采集现实环境中的信息数据。在当前的物联网应用中，骨干网络层就是目前的互联网，未来将被下一代网络 NGN 所取代。而物联网的应用层则包含了泛在传感器网络中间件层和应用层，主要实现物联网的智能计算和管理。

(二) 感知层

USN 的感知层在物联网中扮演着至关重要的角色，它就像是物联网的皮肤和五官，负责解决人类世界和物理世界间的数据获取问题。这一层的主要职责是采集物理世界中发生的各种物理事件和数据，它是物理世界与信息世界的桥梁，构成了实现物联网全面感知和智能化的基础。感知层的有效运作，是物联网系统智能响应和处理信息的前提。

在技术层面，感知层主要包括多种传感技术，如二维码标签和识别器、射频标签（RFID 标签）和阅读器、多媒体信息采集设备（如摄像头）、实时定位系统，以及各类物理和化学传感器。这些技术共同作用于外部物理世界，捕捉和收集各种数据，包括但不限于物理量、身份标识、位置信息、音频和视频数据等。这些收集到的数据随后通过网络层传递，确保信息能够及时、准确地到达预定的目的地或处理系统。

感知层为了实现其功能，还必须包括各类通信技术，尤其是无线通信技术。以 RFID 技术为例，RFID 标签被视为附着在物体上的"身份证"，成为物体的一个重要属性，这有助于物联网应用系统感知物品的标识。在这个视角下，RFID 识别器则是用于识别这些标签的感知设备。RFID 标签和阅读器之间的无线通信，是实现这种感知功能的核心。例如，现代的不停车收费系统和超市仓储管理系统，都是基于 RFID 技术的物联网应用。

导航定位技术也是一项关键的感知技术，它同样依赖通信技术来实现功能。用户接收机被放置于需要定位的物体上，而它与定位卫星之间的无线通信，是进行精准定位的基础。这种技术与标签技术有共同点和区别。共同点在于，它们都与其他功能部件通信主要是为了感知而非传输信息给互联网。不同之处在于，导航系统中的用户接收机是一种主动感知设备，而 RFID 标签则是被动感知的对象；接收机可以安置在不同的载体上，而标签技术通常与特定载体一一对应。

此外，一些专门负责在互联网和感知设备之间进行通信的技术，以实现必要的信息交互，也是感知层的重要组成部分。在多数情况下，这些通信过程需要通过特定的网关节点来完成。这样的设计不仅增加了系统的灵活性，也提高了信息处理的效率和准确性。

（三）网络层

USN 高层架构的网络层是物联网的神经，完成远距离、大范围的信息沟通，主要借助于已有的网络通信系统（如 PSTN 网络、2G/3G/4G/5G 移动网络、广电网等），把感知层感知到的信息快速、可靠、安全地传送到互联网／目的主机，并最终汇聚到应用层。目前网络层的核心还是互联网。

网络层中的各种技术功能上可以划分为两大类：接入网和互联网。物联网中的智能设备首先需要通过各种接入设备和通信网络连接到互联网，这正是 USN 体系中所定义的接入层的作用。接入层由网关或汇聚节点组成，为感知层与外部网络（或控制中心）之间的通信提供基础设施。这包括了多种技术，如电话线（调制解调器）接入、无线 Mesh 网接入、光纤接入和 FTTx、4G/5G 移动接入等。电力线通信技术也为信息接入带来新的应用前景。随着三网融合的实现，物联网的发展将进一步加速。

互联网作为网络层的核心，类似于沙漏形状的体系结构，它在底层统一着各类网络，在上层支持着多样的应用，为用户提供丰富的体验，是物联网发展的关键。尽管互联网技术已相对成熟，但仍面临多个挑战。例如，IP 版本的更新（IPv6）虽然前景广阔，但过渡期漫长；QoS 和安全问题虽有解决方案，但应用推广缓慢；TCP 的复杂性在物联网新应用领域的适应性也是一个挑战。

值得注意的是，现有的接入网和互联网最初是针对"人类用户"设计的。随着物联网的快速发展，这些网络能否完全满足物联网数据通信的需求仍需验证。即便如此，在物联网的初期阶段，出于技术和经济考虑，借助现有的接入网和互联网进行不同距离的通信是必然的选择。物联网的未来发展可能需要更多针对其独特需求的网络技术创新，以适应日益增长的数据量和连接需求。

(四) 应用层

物联网的核心在于信息资源的采集、开发和利用，其中"利用"环节的重要性不言而喻，这正是应用层发挥其核心作用的领域。应用层的主要功能是基于底层采集的数据，生成与业务需求相适应、实时更新的动态数据，并以服务的形式提供给用户。它为各类业务提供信息资源支撑，从而推动物联网在不同行业领域的应用。

物联网应用通常是分布式系统，其参与的主机和设备分布在网络的不同地方，需要支持跨应用、跨系统乃至跨行业之间的信息协同、共享和互通。如果直接在互联网的基础架构上进行开发，开发效率可能会受到影响。在这种情况下，分布式系统开发环境的重要性凸显出来。这些环境经过长时间发展，提供了众多工具和服务，如目录服务、安全服务、时间服务、事务服务、存储服务等，大大提高了分布式系统的开发效率。开发者得以"站在巨人的肩膀上"，更高效地开发分布式系统。

此外，感知数据的管理与处理技术是物联网的核心技术之一。这包括数据的存储、查询、分析、挖掘和理解、决策等环节，是应用层的重要组成部分。在这方面，云计算平台作为海量数据的存储和分析平台，成为物联网不可或缺的组成部分。云计算平台为物联网提供了强大的数据处理能力，使得从海量感知数据中提取有价值的信息成为可能，进而为用户提供更加精准、高效的服务。

物联网的应用层不仅是技术的集成点，也是创新的发源地。它不断地从底层收集数据，加工处理这些数据，最终转化为对用户有价值的服务。同时，分布式系统的开发环境为物联网应用的开发提供了强大支持，而云计算平台的介入则进一步增强了数据处理和分析的能力。这三者共同构成了物联网在不同行业中应用的基石，推动了物联网技术的深入发展和广泛应用。

(五) 体系结构的分析

在物联网的体系结构分析中，USN（Ubiquitous Sensor Network）的高层架构扮演着重要角色。它能描述物联网的物理构成及涉及的主要技术，对于构建物联网应用提供了重要的指导。但是，当涉及物联网通信这门课程时，USN 的高层架构在展现物联网系统实现中的组网方式、通信特点和功能组成方面显得不够完整和详细。因此，为了有效地指导物联网应用中通信技术的选型，需要对这些方面进行更加详尽的描述和概括。

USN 的体系结构中，特别是在感知层和网络层，融合了多种通信技术。这些技术按照网络体系结构（如 ISO/OSI 或 TCP/IP 模型）划分时，存在层次重复的问题，如物理层、数据链路层乃至网络层等。这种层次的重复使得架构变得不够明晰，对于教授物联网通信的课程来说，这是一个不小的挑战。为了更好地教授和理解物联网通信，从传统的网络体系结构入手，可能会更加合适。

传统网络体系结构为理解和分析物联网通信提供了一个更加清晰和结构化的框架。它能帮助学生和研究者更好地理解各种通信技术如何在物联网环境中交互和协作，也能更清楚地揭示各层次之间的联系和功能。例如，通过分析物理层和数据链路层在物联网通信中的作用，学生可以更好地理解这些层次如何支持感知数据的收集和传输。

此外，将物联网通信的分析与传统网络体系结构相结合，还有助于理解在物联网环境中如何更好地实现通信技术的集成和优化。例如，可以探讨如何在网络层实现更高效的数据路由和管理，或者如何在应用层实现更智能的数据处理和服务。这种方法不仅有助于强化理论知识，也能促进对物联网通信技术应用的实践理解。

二、计算机网络体系结构

计算机网络通信存在两大体系结构，分别是 ISO/OSI 体系和 TCP/IP 体系，它们都遵循分层、对等层次通信的原则。

(一) ISO/OSI 体系结构

1. 第 7 层——应用层

应用层是 OSI 参考模型的最高层，主要负责为应用软件提供接口，使应用软件能够使用网络服务。应用层提供的服务包括文件传输、文件管理以及电子邮件等。

需要指出的是，应用层并不是指运行在网络上的某个应用程序（如电子邮件软件 Fox-mail、Outlook 等），应用层规定的是这些应用程序应该遵循的规则（如电子邮件应遵循的格式、发送的过程等）。

2. 第 6 层——表示层

表示层提供数据表示和编码格式，以及数据传输语法的协商等，从而确保一个系统应用层所发送的信息可以被另一个系统的应用层识别。

例如，两台计算机进行通信，假如其中一台计算机使用广义二进制编码的十进制交换码（EBCDIC），而另一台计算机使用美国信息交换标准码（ASCII），那么它们之间的交流就存在一定的困难（显而易见，对于相同的字符，其二进制表示是不同的）。如果表示层规定通信必须使用一种标准化的格式，而其他格式必须实现与标准格式之间的转换，那么这个问题就不存在了，这种标准格式相当于人类社会的世界语。

3. 第5层——会话层

会话层建立在传输层之上，允许在不同机器上的两个应用进程之间建立、使用和结束会话。会话层在进行会话的两台机器之间建立对话控制，管理哪边发送数据、何时发送数据、占用多长时间等。

4. 第4层——传输层

传输层在源主机和目的主机上的通信进程之间提供可靠的端到端通信，进行流量控制、纠错、无乱序、数据流的分段和重组等功能。

OSI 在传输层强调提供面向连接的可靠服务，在后期才开始制定无连接服务的有关标准。下面介绍面向连接和无连接通信 / 服务的概念。

（1）面向连接的通信

面向连接的通信，即网络系统在两台计算机发送数据之前，需要事先建立起连接的一种工作方式。其整个工作过程有建立连接、使用连接（传输数据）和释放连接三个过程。

最典型的、面向连接的服务就是电话网络，用户在通话之前，必须事先拨号，拨号的过程就是建立连接的过程，而挂断电话的过程就是释放连接的过程，这些都有专门的信令在执行这些功能。

需要注意的是，电话通信是独占了信道资源（简单理解为电话线），连接的建立意味着资源的预留（别人不能占用），而在计算机网络中大多数面向连接的服务是共享资源的，这种连接是虚拟的，即所谓的虚连接，它是靠双方互相"打招呼"后，在通信过程中不断，"通气"和重发来保证可靠性的。

（2）面向无连接的通信

面向无连接的通信，不需要在两台计算机之间发送数据之前建立起连接。发送方只是简单地向目的地发送数据分组（或数据报）即可。手机短信的发送方式不依赖于建立和维持一个稳定的连接，而是通过移动网络以独立数据包的形式发送信息。接收方的手机号码是这个过程中唯一必需的信息，它指导着短信从发送方到达指定的接收方。这种通信方式的优势在于其简单性和高效率，能够在不同的网络状况下可靠地传递信息。

在通常的情况下，面向连接的服务，传输的可靠性优于面向无连接的服务，但因为需要额外的连接，通信过程的维护等开销，协议复杂，通信效率低于面向无连接的服务。

OSI 在传输层定义了 5 种传输协议，分别是 TP0、TP1、TP2、TP3 和 TP4，协议复杂性依次递增。其中 TP4 是 OSI 传输协议中最普遍的。

5. 第 3 层——网络层

网络层是最核心的一层，使得在不同地理位置的两个主机之间，能够实现网络连接和数据通信。为了完成这个目的，网络层必须规定一套完整的地址规划和寻址方案。在此基础上，网络层完成路由选择与中继、流量控制、网络连接建立与管理等功能。

OSI 网络层可以提供的服务有面向无连接的和面向连接的两种。

面向无连接网络协议（CLNP）相当于 TCP/IP 协议中的互联网协议（IP），是一种 ISO 网络层数据报协议，因此，CLNP 又被称为 ISO-IP。

面向连接网络协议（CONP），主要提供网络层的面向连接的服务。

6. 第 2 层——数据链路层

数据链路层主要研究如何利用已有的物理媒介，在相邻节点之间形成逻辑的数据链路，并在其上传输数据流，即数据链路层提供了点到点的传输过程。数据链路层协议的内容如下。

①按照规程规定的格式进行封装和拆封。

②如果在信息字段中出现与帧控制域信息（如起、止标志字段）一样的组合，则需要进行一定的处理来避免产生混乱，实现帧的透明传输。

③数据链路的管理，包括建立、维护和释放。

④在多点接入的情况下，提供数据链路端口的识别。

⑤数据帧的传输及其顺序控制。

⑥流量控制。

⑦差错检测、纠正、帧重发等。

⑧其他。

7. 第 1 层——物理层

物理层是 OSI 参考模型的最底层，直接面向实际承担数据传输的物理媒体（网络传输介质），保证通信主机间存在可用的物理链路。

物理层的主要任务是规定各种传输介质和接口与传输信号相关的一些特性：机械特性、电气特性、功能特性、规程特性。

（二）TCP/IP 参考模型

TCP/IP 体系结构是围绕 Internet 而制定的，是目前公认的、实际上的标准体系。TCP/IP 体系结构对物理层和数据链路层进行了简化处理，合称为网络接口层。这实际上反映了 TCP/IP 的工作重点和定位：TCP/IP 体系关心的不是具体的物理网络实现技术，而是如何对已有的各种物理网络进行互联、互操作。

1. 第 4 层——应用层

简单地说，TCP/IP 的应用层包含了 ISO/OSI 体系的应用层、表示层和会话层，也就是用户在开发网络应用时，需要注意表示层和会话层的功能。例如，程序涉及的加密过程、图像 / 视频的压缩编码算法等就属于 OSI 表示层的范畴；远程教学系统涉及的提问 / 发言等的课堂秩序控制（主要用于并发控制）属于 OSI 会话层的范畴。

应用层为用户提供所需各种服务的共同规范。例如，Foxmail 和 Outlook 都是邮件程序，它们本身不属于应用层范畴，但它们所遵循的邮件内容格式、发送过程属于应用层范畴。有了这些规范，Foxmail 和 Outlook 才能相互发送、识别电子邮件。应用层协议的内容如下。

① DNS 域名服务解析域名。

②远程登录（Telnet）帮助用户使用异地主机。

③文件传输使得用户可在不同主机之间传输文件。

④电子邮件可以用来互相发送信件。

⑤ Web 服务器，发布和访问具有网页形式的各种信息。

⑥其他。

2. 第 3 层——传输层

传输层负责数据流的控制，是保证通信服务质量的重要部分。TCP/IP 的传输层定义了两个协议，分别是 TCP（传输控制协议）和 UDP（用户数据报协议），分别是面向连接和面向无连接的服务。

两台计算机通过网络进行数据通信时，如果网络层服务质量不能满足要求，则使用面向连接的 TCP 来提高通信的可靠性；如果网络层服务质量较好，则使用没有什么控制的、面向无连接的 UDP，因为它只增加了很少的工作量，可尽量避免降低通信的效率。

但是很可惜，基本上任何一个面对用户的应用系统，都不太可能进行这样的动态调整，都必须将自己的主要出发点分为"要可靠""要实时"两大类，前者使用 TCP，后者使用 UDP。

互联网的传输层研究主要在 TCP 上，TCP 得到了不断发展，越来越复杂，越来越完善。但是在无线传感器网络这一典型的物联网应用中，由于节点性能的限制，不可能每个节点都采用 TCP。有两种方式在传感器网中部署传输层：第一种方式是将整个网络的数据信息汇聚传输给汇聚节点，而汇聚节点作为功能较为完整的节点，与外部其他网络的通信可以采用已经存在的各种传输层协议，包括 TCP；第二种方式是在节点上部署简化的 TCP 或者使用 UDP。

3. 第 2 层——网络层

互联网的网络层也可以称为 IP 层。

网络层在数据链路层提供的点到点数据帧传送的功能上，进一步管理网络中的数据通信，将数据从源主机经若干中间节点（主要是路由器）传送到目的主机。

网络层的核心是 IP 协议，为传输层提供了面向无连接的服务。

网络层的功能有：路由选择、分组转发、报文协议、地址编码等。特别是路由选择和分组转发，被认为是网络层的核心工作，人们投入了大量的研究。

目前，IP 的路由算法已经比较成熟。以 IPv4 为例，路由算法包括 RIP、OSPF 等；TCP/IP 网络层的发展方向是 IPv6，其路由算法包括 RIPng、OSPFv3 等。随着移动技术的发展，移动 IP（MIP）技术受到了重视。

IP 协议提供统一的 IP 数据包格式，以消除各通信子网的差异，从而为信息发送方和接收方提供透明通道。以下几个协议工作在 TCP/IP 的 Internet 层。

（1）IP

在 IP 地址、IP 报文的基础上，提供无连接、尽力而为的分组传送路由，它不关心分组的具体内容、正确性以及是否到达目的方，只是负责查找路径并"尽最大努力"把分组发送到目的地。

（2）Internet 控制消息协议（ICMP）

其负责给主机和路由器提供控制消息，如网络是否通畅，主机是否可达，路由是否可用等。这些控制消息虽然不传输用户数据，但是对于用户数据的传递起着重要的辅助作用。

（3）地址解析协议（ARP）

已知 IP 地址，获取相应数据链路层的地址（MAC 地址）。

（4）网际组管理协议（IGMP）

该协议用来在主机和组播路由器（须和主机直接相邻）之间维系组播组。

4. 第 1 层——网络接口层

TCP/IP 体系模型的网络接口层基本对应于 ISO/OSI 体系模型的物理层和数据链路层，这里不再赘述。

第九章　第五代移动通信技术

第一节　5G 需求与愿景及网络架构

移动通信已经深刻地改变了人们的生活，但人们对更高性能移动通信的追求从未停止。为了应对未来爆炸性的移动数据流量增长、海量的设备连接、不断涌现的各类新业务和应用场景，第五代移动通信（5G）系统应运而生。

一、5G 的需求与愿景

(一)5G 总体愿景

5G 移动通信技术，已经成为移动通信领域的全球性研究热点。随着科学技术的深入发展，5G 移动通信系统的关键支撑技术会得以明确，在未来几年，该技术会进入实质性的发展阶段，即标准化的研究与制定阶段。同时，5G 移动通信系统的容量也会大幅提升，其途径主要是进一步提高频谱效率，变革网络结构，开发并利用新的频谱资源等。

20 世纪 80 年代，第一代移动通信诞生，"大哥大"出现在了人们的视野中。从此，移动通信对人们日常工作和生活的影响与日俱增。移动通信发展回顾如下：1G，"大哥大"作为高高在上的身份象征；2G，手机通话和短信成为人们日常沟通的一种重要方式；3G，人们开始用手机上网、看新闻、发彩信；4G，手机上网已经成为基本功能，拍照分享、在线观看视频等，已经成了手机上网能做的再熟悉不过的事情。人们的沟通方式、了解世界的方式，已经因移动通信而改变。想要知道更多，想要更自由地获取更多信息的好奇心，不断驱动着人们对更高性能移动通信的追求。可以预见，未来的移动数据流量将呈爆炸式的增长、设备连接数将海量增加、各类新业务和应用场景将不断涌现。这些新的趋势，对于现有网络来说将会是不可完成的任务，5G 移动通信系统应运而生。

5G 技术，作为一种前沿的移动通信系统，预计将在社会的各个方面发挥深远影响，成为支撑未来社会发展的基础设施。以下是 5G 技术的主要特点和其对未来社会的可能影响。

①光纤般的接入速度：5G 预计将提供与光纤相媲美的高速数据传输能力，这意味着用户将能够享受到极快的下载和上传速度，无论是流媒体视频、大文件传输还是高速上网，都将变得更加高效。

②"零时延"的使用体验：5G 的超低延迟特性将使得远程操作、在线游戏和实时通信更加流畅无阻。这种几乎零延迟的通信能力，对于需要快速响应的应用，如自动驾驶汽车和远程医疗，尤为重要。

③突破时空限制：5G 将使信息传输几乎不受时间和空间的限制，这将极大地促进信息的即时分享和获取，无论是个人还是企业，都将从中受益。

④千亿级设备连接能力：随着物联网的发展，预计将有越来越多的设备需要连接到网络。5G 的高连接能力将使得成千上万的设备能够无缝连接，从智能家居到工业自动化，都将变得更加高效和智能。

⑤极佳的交互体验：5G 的高速率和低延迟将提供更加沉浸和实时的交互体验，这对于虚拟现实（VR）和增强现实（AR）等技术的发展尤为关键。

⑥超高流量密度和移动性支持：无论用户身处何地，5G 都将提供一致的高性能体验。这对于移动性强的用户来说尤其重要，如在高速移动的列车或汽车中仍能保持高速稳定的网络连接。

因此，5G 技术将通过其超高速率、超低时延、超高移动性、超强连接能力和超高流量密度等特点，加上能效和成本的显著提升，实现"信息随心至，万物触手及"的愿景，从而在各个领域产生深远的影响。这些领域包括但不限于：智慧城市建设、工业 4.0、远程教育、智能医疗、自动驾驶汽车等，预示着一个更加连接、智能和高效的未来社会。

（二）驱动力和市场趋势

移动互联网和物联网的迅猛发展，将为 5G 提供广阔的前景。移动互联网将推动人类社会信息交互方式的进一步升级，为用户提供增强现实、虚拟现实、超高清（3D）视频、移动云等更加身临其境的极致业务体验。各种新业务不仅带来超千倍的流量增长，更是对移动网络的性能提出了挑战，必将推动移动通信技术和产业的新一轮变革。

5G 不是单纯的通信系统，而是以用户为中心的全方位信息生态系统。其目标是为用户提供极佳的信息交互体验，实现人与万物的智能互联。数据流量和终端数量的爆发性增长，催促新的移动通信系统的形成，移动互联网与物联网成为 5G 的两大驱动力。

5G 将提供光纤般的无线接入速度，"零时延"的使用体验，使信息突破时空限制，可即时予以呈现；5G 将提供千亿台设备的连接能力，极佳的交互体验，实现人与万物的智能互联；5G 将提供超高流量密度、超高移动性的连接支持，让用户随时随地获得一致的性能体验；同时，超过百倍的能效提升和极低的比特成本，也将保证产业可持续发展。超高速率，超低时延，超高移动性，超强连接能力，超高流量密度，加上能效和成本超百倍改善，5G 最终将实现"信息随心至，万物触手及"的愿景。

物联网则是将人与人的通信进一步延伸到人与物、物与物智能互联，使移动通信技术渗透至更加广阔的行业和领域。在移动医疗、车联网、智能家居、工业控制、环境监测等场景，将可能出现数以千亿的物联网设备，缔造出规模空前的新兴产业，并与移动互联网发生化学反应，实现真正的"万物互联"。

(三)5G 技术场景及典型业务

3GPP（3rd Generation Partnership Project，第三代合作伙伴计划）为 5G 技术定义了三大关键应用场景：eMBB（增强型移动宽带）、mMTC（大规模机器类通信）和 URLLC（超可靠低延迟通信）。这些场景涵盖了 5G 技术在不同领域的应用，预示着其在未来数字化社会中的多元化作用。

1. eMBB

eMBB（增强型移动宽带）场景主要专注于提供高数据速率和增强的网络容量。它适用于需要大带宽和高速数据传输的应用，如 3D 视频、虚拟现实（VR）、增强现实（AR）和超高清（UHD）视频流。这类应用对于流媒体视频服务、在线游戏和高清视频会议尤为重要，特别是在铁路、乡村郊区等地区，eMBB 能够提供无缝连接和高品质的移动宽带体验。

2. mMTC

mMTC（大规模机器类通信）着重于支持大规模的物联网应用，允许大量设备进行低功耗、低数据速率的通信。这种场景在智慧城市、智慧社区和智慧家庭等领域尤为关键，能够连接众多的传感器和设备，如智能计量、环境监测和资产跟踪。mMTC 的实施将促进物联网技术的普及，推动智能化水平的提升。

3. URLLC

URLLC（超可靠低延迟通信）场景专注于提供极低的延迟和高可靠性通信，这对于需要即时反应和高度可靠性的应用至关重要。例如，在无人驾驶汽车、工业自动化、车联网、工业控制和电子医疗等领域，URLLC 能够保证快速而稳定的通信连接，从而支持实时数据处理和决策。这三个场景共同构成了 5G 技术的核心，每个场景针对不同的需求和应用提供了专门的解决方案。eMBB 通过其高速数据传输能力改善了消费者的媒体消费体验，mMTC 通过连接海量设备推动了物联网的发展，而 URLLC 则通过其低延迟和高可靠性在关键任务应用中发挥作用。

5G 技术的这些场景不仅展现了其多功能性，还凸显了其在推动现代社会向更加智能化和高效化转型中的重要作用。从个人娱乐到工业制造，从城市管理到远程医疗，5G 将在多个领域内实现创新，提供更加丰富、便捷和智能的服务和体验。

(四)5G 的能力指标

基于新的业务和用户需求，以及应用场景，4G 技术不能满足要求，而且差距很大，特别是在用户体验速率、连接数目、流量密度、时延方面差距巨大。

5G 将以可持续发展的方式，满足未来超千倍的移动数据增长需求，为用户提供光纤般的接入速率，"零时延"的使用体验，千亿设备的连接能力，超高流量密度、超高连接数密度和超高移动性等多场景的一致服务，业务及用户感知的智能优化，同时将为网络带来超百倍的能效提升和超百倍的比特成本降低。

二、5G 网络架构

未来的 5G 网络与 4G 相比，网络架构将向更加扁平化的方向发展，控制和转发进一步分离，网络可以根据业务的需求灵活动态地进行组网，从而使网络的整体效率得到进一步提升，主要表现在以下几个方面：网络性能更优质；网络功能更灵活；网络运营更智能；网络生态更友好。

(一)5G 网络架构设计

5G 网络架构主要设计理念如下：一是业务下沉与业务数据本地化处理；二是用户与业务内容的智能感知；三是支持多网融合与多连接传输；四是基于软化和虚拟化技术的平台型网络；五是基于 IT 的网络节点支持灵活的网络拓扑与功能分布；六是网络自治与自优化。

(二) NFV 与 SDN

1. NFV 技术

网络功能虚拟化（Network Functions Virtualization, NFV），简单理解就是把电信设备从目前的专用平台迁移到通用的 COTS 服务器上，以改变当前电信网络过度依赖专有设备的问题。在 NFV 的方法中，各种网元变成了独立的应用，可以灵活部署在基于标准的服务器、存储、交换机构建的统一平台上，从而实现软硬件解耦，每个应用可以通过快速增加 / 减少虚拟资源来达到快速缩容 / 扩容的目的。

NFV 定义了一个通用平台，支持各种网络的虚拟化。NFV 技术主导的软硬件解耦、硬件资源虚拟化、调度和管理平台化的特点，正好符合 5G 网络架构的技术特征，其在 5G 移动网络构建中具体可带来如下收益：一是硬件设施 IT 化，降低设备成本；二是硬件资源通用化，降低 TCO；三是功能软件化，业务部署灵活；四是业务组件化，促进网络能力开放和增值业务创新；五是部署自动化，加速业务的开通周期。

2. SDN 技术

软件定义网络（Software Defined Networking，SDN）的核心技术 OpenFlow 通过将网络设备控制面与转发面分离开来，从而实现了网络流量的灵活控制，为核心网络及应用的创新提供了良好的平台。

SDN 控制与转发相分离的特性，为 5G 网络架构带来了极大的好处。具体作用体现如下。

（1）网关设备的 SDN 化

网关设备的 SDN 化可以给网络带来很多有益的变化，具体如下。

①提升转发性能。

②提升网络可靠性。

③促进网络扁平化部署。

④提升业务创新能力。

（2）业务链的灵活编排

在移动网络中，GW 和业务网络之间存在一些业务增值服务器，如协议优化、流量清洗、缓存（Cache）、业务加速等。这些增值服务器通过静态配置的方式串在网络中，想要对其进行增减和前后位置的调整很麻烦，不够灵活，而且因为拓扑架构的静态化，很多业务流不管要不要用到相关增值服务，都会从这些增值服务器上通过，这也增加了这些增值服务器的负担。引入基于 SDN 的业务链编排技术，可以有效解决这个难题。

通过 SDN 控制器，可以灵活动态地配置业务流所走的路径，通过 OpenFlow 接口下发到各个转发点。在进行流量调度时，首先对流量进行分类，根据分类结果决定业务流的路径。转发点依据定义好的路径转发给下一个服务节点。以后的服务节点也只需要根据路径信息决定下一个服务节点，不需要重新对流进行分类。采用动态业务链可以使运营商更灵活快速地部署新业务，为运营商提供了开发新业务的灵活模式。

（3）网络服务自动化编排

NFV 网络架构中，通过网络编排器实现虚拟网元的生命周期管理工作，通过网络编排器创建完虚拟网元后，一个个独立的虚拟网元还无法组成一个可以对外服务的网络，一般需要将若干个相关的虚拟网元按照一定的逻辑组织起来才能对外提供完整的服务。例如，一个 EPC 网络中需要包含 MME、SAE GW 和 HSSO SDN。因为提供了通过 SDN 控制器灵活创建和改变网络拓扑的能力。通过网络编排器操控 SDN 控制器就能很方便地将一个个独立的虚拟化网元组织成需要的网络服务。

3. NFV 和 SDN 的关系

NFV 和 SDN 是两个互相独立的概念，但两者在应用时又可以互相补充。

NFV 突出的是软硬件互相分离，通过虚拟化技术实现硬件资源的最大化共享和业务组件的按需部署和调度，主要是为了降低网络建设成本和运维成本，降低运营商 TCO。SDN 突出的是网络的控制与转发分离，通过集中的控制面产生路由策略并指导转发面进行路由转发，从而使网络拓扑和业务路由调度能够更动态、更灵活。此外，SDN 控制器提供的开放的北向接口，使第三方软件也可以很方便地进行网络流量的灵活调度，更利于业务创新。

将两者相结合，采用 SDN 实现电信网络的业务控制逻辑与报文转发相分离，采用 NFV 虚拟化技术和架构来构建电信网络中的一个个业务控制组件，使电信网络不但可以按照不同客户需求进行自适应定制，根据不同网络状态进行自适应调整，还可以根据不同用户和业务特征，进行自适应增值。

第二节　5G 无线传输技术

一、MIMO 增强技术

（一）Massive MIMO

Massive MIMO 和 3D MIMO 是下一代无线通信中 MIMO 演进的最主要的两种候选技术，前者其主要特征是天线数目的大量增加，后者其主要特征是，在垂直维度和水平维度均具备很好的波束赋形的能力。虽然 Massive MIMO 和 3D MIMO 的研究侧重点不一样，但在实际的场景中往往会结合使用，存在一定的耦合性，3D MIMO 可算作 Massive MIMO 的一种，因为随着天线数目的增多，3D 化是必然的。因此 Massive MIMO 和 3D MIMO 可以作为一种技术来看待，在 3GPP 中称为全维度 MIMO（FD-MIMO）。

相比传统的 2D-MIMO，一方面，3D-MIMO 可以在水平和垂直维度灵活调整波束方向，形成更窄、更精确的指向性波束，从而极大地提升终端接收信号能量，增强小区覆盖；另一方面，3D-MIMO 可充分利用垂直和水平维的天线自由度，同时同频服务更多的用户，极大地提升系统容量，还可通过多个小区垂直维波束方向的协调，起到降低小区间干扰的目的。

当发射端天线数量很多时，系统容量与接收天线数量呈线性关系；而当接收端天线数量很多时，系统容量与发射天线数目的对数呈线性关系。大规模 MIMO 不仅能够提高系统容量，还能够提高单个时频资源上可以复用的用户数目，以支持更多的用户数据传输。

在天线数目很多的情况下，仅仅使用简单低复杂度的线性预编码技术就可以获得接近容量的性能，天线数量越多，速率越高。而且随着天线数目的增多，传统的多用户预编码方法 ZFBF 会出现下滑的现象，而对于简单的匹配滤波器方法 MRT 则不会出现，主要是因为随着天线数目的增多，用户信道接近正交，并不需要特别的多用户处理。

依据大数定理，当天线数量趋近无穷时，匹配滤波器方法已经是优化方法了。不相关的干扰和噪声也都被消除，发射功率理论上可以任意减小。即利用大规模MIMO，既消除了信道的波动，也消除了不相关的干扰和噪声。而且复用在相同时频资源上的用户，其信道具备良好的正交特性。

在基站端部署大规模 MIMO，满足速率要求的条件下，UE 的发射功率可以任意减小，天线数目越多，用户所需的发射功率越小。

大规模 MIMO 除了能够极大地降低发射功率外，还能够将能量更加精确地送达目的地。随着天线规模的增大，可以精确到一个点，具备更高的能效。同时场强域能够定位到一个点，就可以极大地降低对其他区域的干扰，能够有效消除干扰。

(二) 网络 MIMO

单小区 MIMO 技术经过长期的发展，其巨大的性能潜力已经被理论和实际所证实，可作为高速传输的主要手段。当信噪比较低时，发射端和接收端配置多根天线可以提高分集增益，通过将多路发射信号进行合并可以提高用户的接收信噪比。而当信噪比较高时，MIMO 技术可以提供更高的复用增益，多路数据并行传输，使系统传输速率得到成倍的提高。由此可见，MIMO 技术提供高频谱效率的条件除了天线数目之外，更重要的是用户必须具备较高的信噪比。

在蜂窝系统中，尤其是全频带复用的蜂窝系统中，用户需要应对多种类型的干扰，包括不同数据流之间的干扰、多个用户之间的干扰以及噪声的影响。此外，邻小区的 MIMO 干扰也是用户所面临的挑战之一。已知和未知 ICI 信息时，收发天线数目越多，性能反而越差。很显然，空分复用与系统高负载要求严重冲突。

特别是对于小区边缘用户来说更是如此，为了提高小区边缘用户的性能，降低干扰对系统的不利影响，需要对干扰进行有效的管理和抑制。为此 R11 中新增了传输模式 TM10，即多点协作传输技术。

3GPP 中定义了四种 CoMP 应用场景——同构网络中的站内（intra-site）和站间（inter-site）CoMP、HetNet 中的低功率 RRH、宏小区内的低功率 RRH。

①同构网络中的站内 CoMP，主要指的是 e-NodeB 内的协作传输。

②同构网络中的站间 CoMP，主要指的是利用 BBU 组成 BBU 池，形成一个集中控制单元。

③ HetNet 中的低功率 RRH，RRH 的小区 ID 与宏小区不同。

④宏小区内的低功率 RRH，RRH 的小区 ID 与宏小区相同。

二、新型多址技术

面对 5G 通信中提出的更高频谱效率、更大容量、更多连接以及更低时延的总体需求，5G 多址的资源利用必须更为有效，传统的 TDMA/FDMA、CDMA、OFDMA 等正交多址技术已经无法适应未来 5G 爆发式增长的容量和连接数需求。因此，在近两年的国内外 5G 研究中，资源非独占的用户多址接入方式广受关注。在这种多址接入方式下，没有任何一个资源维度下的用户是具有独占性的，因此在接收端必须进行多个用户账号的联合检测。得益于芯片工艺和数据处理能力的提升，接收端的多用户联合检测已成为可实施的方案。

除了放松正交性限制，引入资源非正交共享的特点外，为了更好地服务从 eMBB 到物联网等不同类型的业务，5G 的新型多址技术还需要具备以下三个方面的能力。

第一，顽健地抑制由非正交性引入的用户间干扰，有效提升上下行系统吞吐量和连接数。

第二，简化系统的调度，稳健地为移动用户提供更好的服务体验。

第三，支持低开销、低时延的免调度接入和传输方式以及以用户为中心的协作网络传输。

为了满足以上需求，5G 新型多址的设计将从物理层最基本的调制映射等模块出发，引入功率域和码率的混合非正交编码叠加，同时在接收端引入多用户联合检测来实现非正交数据层的译码。

（一）PDMA

PDMA（Pattern Division Multiple Access，非正交多址接入）是一种高效的无线

通信多址接入技术，其核心思想是在发送端通过图样分割技术对用户信号进行合理分割，并在接收端采用串行干扰消除（SIC）技术，从而接近多址接入信道（MAC）的容量界限。这种方法基于多用户信息论，通过巧妙的图例设计和干扰管理，显著提高了通信系统的容量和效率。

在 PDMA 中，用户的图例设计是关键，它可以在空域、码域、功率域独立进行，也可以联合进行。图样分割技术的应用不仅增强了用户间的区分度，还优化了接收端的 SIC 干扰消除性能。这种方法使得不同用户的信号在传输过程中可以共享同一资源，同时保持较低的干扰水平，从而提高了系统的总体吞吐量。

功率域 PDMA：在这种模式下，通过功率分配、时频资源与功率的联合分配以及多用户分组来实现用户区分。在不同的用户中，通过适当调整其信号的功率水平，能够有效地实现对不同用户的区分并最大化信号质量。

码域 PDMA：这种方法依赖于使用不同的码字来区分不同的用户。在 PDMA 中，码字之间可以相互重叠，这与传统的 CDMA（码分多址）系统不同，后者要求码字对齐。在 PDMA 中，码字设计需要进行特别的优化，以确保即使在码字重叠的情况下，也能有效地区分不同用户的信号。

空域 PDMA：这种模式主要通过应用多用户编码方法来实现用户之间的区分。在空中载波分集多用户接入（空域 PDMA）中，通过采用多种天线和波束成形技术，可实现在空间上对不同用户信号的分离，进而提高频谱利用效率和系统容量。

（二）SCMA

1. SCMA 基本概念

SCMA（Sparse Code Multiple Access，稀疏码多址接入）是在 5G 新需求推动下产生的一种能够显著提升频谱效率、极大提升同时接入系统用户数的先进的非正交多址接入技术。这种结构具有很好的灵活性，通过码本设计和映射实现不同维度的资源叠加使用。

SCMA 发送端调制映射可以看到，基于 SCMA 的多址接入方式具有如下特点：码域叠加、稀疏扩展、多维调制。

2. SCMA 码本设计

基于 SCMA 的接入系统，其发送端实现十分简单，只需基于预先设计并存储好的 SCMA 码本进行编码比特到 SCMA 码字的映射，而决定这种系统性能的核心之一，就是 SCMA 码本设计。SCMA 的码本设计是一个多维空间的优化问题，即多维调制和稀疏扩频的联合优化问题。在实际设计中，为了降低优化设计复杂度，也可以分步或迭代进行稀疏扩频矩阵的设计和多维调制的优化。这里所说的 SCMA 码本，其实是一个码本集合，它包含多个码本，每个对应一个数据层，其维度为行列，为此码本对应的有效调制阶数。

低密度扩频矩阵本质定义了数据流与资源单元之间的稀疏映射关系。设矩阵共行列，每一行表示一个校验节点，每一列表示一个变量节点，元素为1的位置表示对应变量节点所代表的数据流会在对应校验节点所代表的资源单元上发送非零的调制符号。低密度扩频矩阵设计要综合考虑接入层数、扩频因子以及每个码字中非零元素的个数等因素。类似LDPC编码的校验矩阵设计，扩频矩阵的选择并不唯一，其结构会影响检测算法的复杂度和性能，这就使得可以根据检测算法有针对性地设计矩阵结构。低密度扩频序列（Low Density Signature, LDS）是SCMA的一种实现特例。它采用LTE系统中的QAM调制，并在非零位置上简单重复QAM符号。这种设计方法虽然简单，但频谱效率损失严重。因此，SCMA稀疏码本的设计在扩频矩阵设计之上引入多维调制概念，联合优化符号调制与稀疏扩频，相比简单进行LDS，获得额外的编码增益（Coding Gain）和成形增益（Shaping Gain），从而获得更好的链路和系统性能。

多维调制星座的设计可采用信号空间分集（Signal Space Diversity）技术，在码字的非零元素间引入相关性。一种简化的设计方法是先找到具有较好性能的多维调制母星座（Mother Constellation），然后对母星座进行逐层的功率和相位优化运算来获得各数据层星座设计。母星座的设计通常遵循以下基本准则，如最大化任意两个星座点间的欧式距离（Euclidian Distance）准则、最小化距离（Product Distance）准则以及最小化星座的最小相邻点数（Kissing Number）准则等。

3. SCMA 低复杂度接收机设计

与正交接入相比，过载的非正交接入由于容纳了更多数据流而提升了系统整体吞吐率，但也因此增加了接收端的检测复杂度。然而，对于SCMA来说，过载带来的接收检测复杂度是可以承受的，并能在可控的复杂度内实现近似最大似然译码的检测性能。SCMA译码端的多用户联合检测复杂度主要通过两个因素控制：一是利用SCMA码字的稀疏性，可采用因子图上的消息传递算法（Message Passing Algorithm, MPA），这种方法在获得接近最大似然检测（Maximum Likelihood Detection）的性能的同时，有效地限制了复杂度；二是在SCMA多维码字设计时，采用降阶投影的星座点缩减技术，使得实际需要解调的星座点数远小于有效星座点数，从而大大减少算法搜索空间。具体来说，多层叠加后的星座点搜索空间为每一层可能星座点数的乘积，因此MPA的复杂度星座点数 M 及每个物理资源（功能节点）上叠加的符号层数直接相关。控制码字的稀疏扩频矩阵设计可以控制大小，而低阶投影星座设计则直接减小 M 共同作用可进一步降低译码复杂度。当然，除了这次通过码本设计来降低复杂度的方法。

此外，为进一步提升译码性能，消除多数据层之间的干扰，还可以将 MPA 译码与 Turbo 信道译码（或其他信道译码）相结合。具体而言，可以将 Turbo 译码输出的软信息返回给 MPA 作为联合检测的先验信息，重复多数据流（用户）联合检测和信道译码的过程，以进一步提升接收机性能，这一过程被称为 Turbo-MPA 外迭代过程。当叠加的 SCMA 层数较多、层间干扰较大时，Turbo-MPA 可以带来可观的链路性能增益。

4. SCMA 应用场景

SCMA 被应用于包括海量连接、增强吞吐量传输、多用户复用传输、基站协作传输等未来 5G 通信的各种场景。

（三）MUSA

多用户共享接入（Multi-User Shared Access，MUSA）技术是完全基于更为先进的非正交多用户信息理论的。MUSA 上行通过创新设计的复数域多元码以及基于串行干扰消除（SIC）的先进多用户检测，让系统在相同的时频资源上支持数倍用户数量的高可靠接入；并且可以简化接入流程中的资源调度过程，因而可大大简化海量接入的系统实现，缩短海量接入的时间，降低终端的能耗。MUSA 下行则通过创新的增强叠加编码及叠加符号扩展技术，可提供比主流正交多址更高容量的下行传输，同样能大大简化终端的实现，降低终端能耗。

三、双工技术

（一）灵活双工

一方面，上行和下行业务总量的爆发式增长导致半双工方式已经在某些场景下不能满足需求。另一方面，随着上、下行业务不对称性的增加以及上、下行业务比例随着时间的不断变化，传统 LTE 系统中 FDD 的固定成对频谱使用和 TDD 的固定上、下行时隙配比已经不能够有效支撑业务动态不对称特性。灵活双工充分考虑了业务总量增长和上、下行业务不对称特性，有机地将 TDD、FDD 和全双工融合，根据上、下行业务变化情况动态分配上、下行资源，有效提高系统资源利用率，可用于低功率节点的微基站，也可以应用于低功率的中继节点。

灵活双工可以通过时域和频域的方案实现。在 FDD 时域方案中，每个小区可根据业务量需求将上行频带配置成不同的上、下行时隙配比。在频域方案中，可以将上行频带配置为灵活频带以适应上、下行非对称的业务需求。同样地，在 TDD 系统中，每个小区可以根据上、下行业务量需求来决定用于上、下行传输的时隙数目，实现方式与 FDD 中上行频段采用时隙方案类似。

灵活双工主要包括 FDD 演进、动态 TDD、灵活回传，以及增强型 D2D。

在传统的宏、微 FDD 组网下，上、下行频率资源固定，不能改变。利用灵活双工，宏小区的上行空白帧可以用于微小区传输下行资源。即使宏小区没有空白帧，只要干扰允许，微小区也可以在上行资源上传输下行数据。

灵活双工的另一个特点是有利于进行干扰分析。在基站和终端部署了干扰消除接收机的条件下，可以大幅提升系统容量。动态 TDD 中，利用干扰消除可以提升系统性能。利用灵活双工，进一步增强无线回传技术的性能。

(二) 全双工

1. 自干扰抑制技术

全双工的核心问题是本地设备的自干扰如何在接收机中进行有效抑制。目前的抑制方法主要是在空域、射频域、数字域联合干扰抑制。空域自干扰抑制通过天线位置优化、波束陷零、高隔离度实现干扰隔离；射频域自干扰抑制通过在接收端重构发射干扰信号实现干扰信号对消；数字域联合干扰抑制对残余干扰做进一步的重构以进行消除。

2. 组网技术

全双工改变了收发控制的自由度，改变了传统的网络频谱使用模式，将会带来多址方式、资源管理的革新，也需要与之匹配的网络架构。

(1) 全双工蜂窝系统

基站处于全双工模式下，假定全双工天线发射端和接收端处的自干扰可以完全消除，基于随机几何分布的多小区场景分析，在比较理想的条件下，依然会造成较大的干扰，因此需要一种优化的多小区资源分配方案。

(2) 分布式全双工系统

通过优化系统调度挖掘系统性能提升的潜力。在子载波分配时，考虑上、下行双工问题，并考虑资源分配时的公平性问题。

(3) 全双工协作通信

收发端处于半双工模式，中继节点处于全双工模式，即为单向全双工中继。此模式下中继可以节约时频资源，只需一半资源即可实现中继转发功能。中继的工作模式可以是译码转发、直接放大转发等模式。收发端和中继均工作于全双工模式。

四、多载波技术

(一) OFDM 改进

1. F-OFDM

F-OFDM（Filtered-Orthogonal Frequency Division Multiplexing，滤波正交频分复用）是一种可变子载波带宽的自适应空口波形调制技术，是基于 OFDM（Orthogonal Frequency Division Multiplexing，正交频分复用）的改进方案。F-OFDM 能够实现空口物理层切片后向兼容 LTE 4G 系统，又能满足 5G 发展的需求。F-OFDM 技术的基本思想是：将 OFDM 载波带宽划分成多个不同参数的子带，并对子带进行滤波，而在子带间尽量留出较少的隔离频带。比如，为了实现低功耗大覆盖的物联网业务，可在选定的子带中采用单载波波形；为了实现较低的空口时延，可以采用更小的传输时隙长度；为了对抗多径信道，可以采用更小的子载波间隔和更长的循环前缀。F-OFDM 调制系统与传统的 OFDM 系统最大的不同是在发送端和接收端所增加的滤波器。

2. UFMC

与 F-OFDM 不同，UFMC（Universal Filtered Multi-Carrier，通用滤波多载波）使用冲击响应较短的滤波器，且放弃了 OFDM 中的循环前缀方案。UFMC 采用子带滤波，而非子载波滤波和全频段滤波，因而具有更加灵活的特性。子带滤波的滤波器长度更小，保护带宽需求更小，具有比 OFDM 更高的效率。UFMC 子载波间正交，但是非常适合接收端子载波失去正交性的情况。

UFMC 收发机结构由于放弃了 CP 的设计，可以利用额外的符号开销来设计子带滤波器。而且这些子带滤波器的长度要短于 FBMC（Filter Bank Multi-Carrier，滤波器组多载波）系统的子载波级滤波器，这一特性更加适合短时突发业务。

UFMC 能够极大地降低带外辐射。与传统 OFDM 相比，其带外辐射要明显低得多。UFMC 还具有灵活的单载波支持能力，并且支持单载波和多载波的混合结构，其基本思想是包含滤波的信号调制。基于业务特征，可用的子带时隙可专用于不同的传输类型。例如，对于能效要求高的通信，如 MTC（Machine-Type Communications，机器型通信）设备，可以使用单载波信号格式，因为具有较低的 PAPR（Peak-to-Average Power Ratio，峰均功率比）和更高的放大器效率。UFMC 具有的调制结构，嵌入滤波器功能通过动态替换滤波器即可实现。此外，单载波还可以通过 DFT 预编码方式来实现。

3. FBMC

FBMC（Filter Bank Multi-Carrier，滤波器组多载波）主要是解决 OFDM 需要引

入一个比时延扩展还长的循环前缀，但是 FBMC 这个技术不需要，大大提高了调制效率。保持符号持续时间不变（没有引入额外的时间开销），在发射及接收端添加额外的滤波器来处理时域中相邻多载波符号之间的重叠。在接收端，被称为原型滤波器的一种低通滤波器，负责接收端 FFT 之后的信号处理，其设计目的主要是有效地抑制 ISI。

4. GFDM

GFDM（Generalized Frequency Division Multiplexing，广义频分复用）是一种灵活的多载波调制方案，通过其分块结构和子载波滤波以及可配置的参数，它能够适应不同的通信场景和性能要求。GFDM 使用脉冲整形滤波器来优化信号的频谱特性和符号差错率，同时通过技术如插入保护符号（GS）和使用窗口函数（W-GFDM）来降低带外辐射。这种技术在下一代无线通信系统中特别有用，因为它提供了比传统的 OFDM 更高的灵活性和效率。

（二）超奈奎斯特技术

超奈奎斯特技术（Faster-than-Nyquist，FTN），是通过将样点符号间隔设置得比无符号间串扰的抽样间隔小一些，在时域、频域或者两者的混合上使得传输调制覆盖更加紧密，这样相同时间内可以传输更多的样点，进而提升频谱效率。但是 FTN 人为引入了符号间串扰，所以对信道的时延扩展和多普勒频移更为敏感。接收机检测需要将这些考虑在内，可能会被限制在时延扩展低的场景，或者低速移动的场景中。同时 FTN 对于全覆盖、高速移动的支持不如 OFDM 技术，而且 FTN 接收机比较复杂。FTN 是一种纯粹的物理层技术。

FTN 作为一种在不增加带宽、不降低 BER 性能的条件下，理论上潜在可以提升一倍速率的技术，其主要的限制在于干扰，主要依赖于所使用的调制方式。

如果将 FTN 应用在 5G 中，那么需要解决的问题有：移动性和时延扩展对 FTN 的影响；与传统的 MCS 的比较；与 MIMO 技术的结合；在多载波中应用的峰均比的问题。

FTN 可能会作为 OFDM/OQAM 等调制方式的补充，基于不同的信道条件可选择开启或者关闭。在 OFDM/OQAM/FTN 发送链路中，FTN 合并到 OFDM/OQAM 调制方案中。接收端使用 MMSE IC-LE 方案迭代抑制 FTN 和信道带来的干扰。干扰消除分为两步，一是 ICI 消除，二是 ISI 消除。

五、调制编码技术

5G 中调制编码技术的方向主要有两个：一个是降低能耗的方向，另一个是进一步改进调制编码技术。技术的发展具有两面性：一方面要提升执行效率、降低能耗；

另一方面需要考虑新的调制编码方案，其中新的调制编码技术主要包含链路级调制编码、链路自适应、网络编码。

在未来 5G 系统中，车联网导致的信道快变、业务数据突发导致的干扰突发、频繁的小区切换导致的大量双链接、先进接收机的大量使用等情况将大量出现，OLLA（Outer Loop Link Adaptation，外环链路自适应）将无法锁定目标 QoS，从而导致 CQI（Channel Quality Indicator，信道质量指示信息）出现失配的严重问题。例如，OLLA 根据统计首传分组的 ACK 或者 NACK 的数量来实现外环链路自适应，这种方法是半静态的（需要几十到几百毫秒），在上述场景下无法有效工作。这里提出的 HARQ 技术可以帮助终端快速锁定目标的 BLER，从而有效解决传统链路自适应技术中 CQI 的不准确和不快速问题，有效地提高系统的吞吐量。总之，HARQ（Hybrid Automatic Repeat reQuest，混合式自动重送请求）技术可以改善 CQI 不准确的问题。

HARQ 本质上是 CSI 反馈的一种实现方式。在传统 HARQ 中，数据分组被正确接收时接收侧反馈 ACK，否则接收侧反馈 NACK，因此发送侧无法从中获得更多的链路信息。在 HARQ 中，通过增加少量的 ACK/NACK 反馈比特，接收侧反馈 ACK/NACK 时还可以附带其他信息，包括后验 CSI、当前 SINR 与目标 SINR 差异、接收码块的差错图样、误码块率等级、功率等级信息、调度信息或者干扰资源信息等更丰富的链路信息，帮助发送侧更好地实现 HARQ 重传。总之，HARQ 在有限的信令开销以及实现复杂度下实现了链路自适应。同时，相对于传统的 CSI 反馈，HARQ 可以更快、更及时地反馈信道状态信息。

直联（D2D）通信是 5G 的一个主要应用场景，可以明显提高每比特能量效率，为运营商提供新的商业机会。研究了单播 D2D 的链路自适应机制，分析了传统的混合自动重传（HARQ）和信道状态信息（CSI）反馈的必要性。建议在 D2D 中使用 HARQ 确认信息作为反馈信息。与传统的硬 HARQ 确认信息和 CSI 反馈的链路自适应比较，这个机制具有明显的优势，可以简化单播 D2D 的链路自适应地实现复杂度和减少反馈开销，且仿真表明该方案与传统方案具有相当的性能，却不需要传统的测量导频和信道状态信息的反馈。

大规模机器型通信（MTC）是 5G 的一个主要应用场景，以满足未来的物联网需求。在这种场景下，大量的 MTC 终端将出现在现有的网络中，不同的 MTC 终端将有不同的需求，传统的硬 HARQ 确认信息和 CSI 反馈的链路自适应将无法满足各种各样的业务需求和终端类型，而 HARQ 技术可以解决这些问题。软 HARQ 技术定义基于需求的 HARQ 信息的含义，而 HARQ 的含义可以基于上述需求的 KPI 来重新定义。这种重新定义可以是半静态的，也可以是动态调整的。

具体地，如果超可靠通信的 MTC 终端使用了 HARQ 技术，终端可以给基站提供调度参考指示信息，这个调度参考指示信息需要保证预测的目标 BLER 足够低，或者发送端直到接收到盲检测的 ACK 确认信息才终止该通信进程。如果时延敏感的 MTC 终端使用了 HARQ 技术，终端同样可以给基站提供调度参考指示信息，这个调度参考指示信息需要保证首传和第一次重传的预测的目标 BLER 足够低，而且该信息可以从相对首传的资源比较大的资源候选集合中指示一个资源。如果时延不敏感的 MTC 终端使用了 HARQ 技术，终端同样可以给基站提供调度参考指示信息，这个调度参考指示信息可以从相对首传的资源比较小的资源候选集合中指示一个资源。另外，MTC 终端还可以根据信道的大尺度衰落和首传资源大小做出资源候选集合的合适选择，这种选择同样可以是静态的、半静态的或者动态的。

六、组网关键技术：网络切片已获验证

随着软件定义网络（SDN）和网络功能虚拟化（NFV）等技术的逐步成熟，5G 组网技术已能实现控制功能和转发功能的分离，以及网元功能和物理实体的解耦，从而实现网络资源的智慧感知和实时调配，以及网络连接和网络功能的按需提供与适配。另外，通信行业普遍担心的网络切片技术，也由其发起者——爱立信在第一阶段测试中通过原型机进行了实验室验证，测试中实现了基于爱立信提出的切片管理三层架构（业务管理层、切片管理层、共享基础设施/资源层）的完整的网络切片生命周期管理全过程，其中包含基于切片 Blueprint 的切片构建和激活，运行状态监控、更新、迁移、共享、扩容、缩容，以及删除切片等。另外，爱立信还验证了目前 3GPP 标准中主流的切片选择方案，以及根据不同的业务需求，切片在多数据中心的灵活部署等场景。

SDN 和 NFV 的组合虽然功能强大，但仍然不能解决所有的问题。由于现实中存在多种传统网络，5G 的新型网络架构将不得不考虑如何解决异构网络之间的兼容性、如何规范编程接口、如何发现灵活有效的控制策略、如何实现不同架构网络的协议适配、如何统一南北向接口的数据规范、如何进行数据采集处理等一系列问题。

5G 是移动宽带网和物联网的有机组合，因此，机器间的通信技术、车联网、情景感知技术、C-RAN 和 D-RAN 组网技术等领域也是其组成部分。从当前的研究成果来看，这些领域中仍然存在大量问题需要进一步研究，并需最终拿出可以在实际场景中部署的商用解决方案。

5G 与 4G 一样，都是一个长期演进的多种技术的组合，现有的研究成果已经让人们体验到超高速率、零时延、超大链接、信息融合等部分 5G 的特性，但这并不是 5G 的全部，随着研究的不断深入，5G 将为人们的日常生产生活提供更加便利的通信条件。

第三节　5G 通信技术的融合与应用

随着 5G 通信技术的成熟，其在很多行业中已得到了充分的应用，如 5G 机器视觉场景、5G 远程现场和控制场景、5G 智能电网、5G 移动网络管理等，篇幅所限，本节就以基于用户的 5G 移动网络管理为例来展开分析。

在移动通信网络中，移动性是指用户在网络覆盖范围内的移动过程中，网络能持续提供通信服务的能力。这就要求网络能够提供保证业务连续性以及通信质量的服务，使得用户的通信和对业务的访问可以不受其位置变化的影响，不受接入技术变化的影响，从而实现无缝隙通信。移动性管理就是通过对移动终端位置信息、安全性以及业务连续性方面的管理，努力使终端与网络的联系状态达到最佳，进而为各种网络服务的应用提供保证。

考虑到移动系统中用户能够随意改变其位置信息的特性，移动性管理已被广泛认为是无线接入网络和移动业务最重要和最具挑战性的问题之一。以往的移动通信系统中，都提供了相应的移动性解决方案，通过把用户从一个小区切换到另一个小区来保持其移动过程中通信的连续性。在设计之初，这些方案能够为用户提供较好的移动性体验。然而，随着下一代移动通信系统的发展，用户的需求和能力不断增强，如移动速率的显著提升、移动空间向更多维度的扩张、可用频谱的进一步扩展，以及移动通信业务的多样化和业务通信质量要求的持续提高。在这种背景下，现有的移动性解决方案已无法充分满足用户需求。因此，针对下一代移动通信系统的独特特点和需求，设计面向未来的移动性管理方案变得十分有必要。

一、5G 移动性的特点和需求

本章的第一节已详细描述了未来移动通信系统发展的愿景和需求，尽管具体的移动通信技术还在研究阶段，但可以达成共识的是，5G 移动通信系统将不会是采用某种特定接入技术的单一网络，而是将采用不同接入方式的不同类型网络融合起来的异构无线网络，从而满足未来终端业务的多样性需求。

随着移动通信可用频谱的进一步扩展，在不同频谱上将采用不同的无线接入技术，以更好地适应该频段上的信道传输特性，比如现有的移动通信系统通常工作在厘米波频段，在这个频段频谱资源较为稀缺，但信号传输范围广，小区半径较大，可以提供连续性的广域无缝覆盖；而毫米波频段上可利用的频谱范围宽，信息容量大，但其传输范围很小而且信号穿透能力差，更多地用于热点来提供超高容量，但无法保证覆盖以及业务传输的连续性；介于二者之间的分米波频段，能够在一定范围内提供连续覆盖，但在连续覆盖区域的边界仍然需要切换到其他网络。此外，除了这些公众的移动通信网，未来移动通信异构网还包括无线个域网（如蓝牙）、无线局域网（如 Wi-Fi）在内的其他无线网络。

在这种异构网络环境中，网络和移动终端需支持两类移动性：一是同一无线接入网络内部的移动性，如广域网小区间切换；二是不同无线接入网络间的移动性，如广域网与热点小区、广域网与无线局域网之间的切换。尽管无线接入方式不同，但为了更好地实现多网络的融合和互联互通，未来移动通信系统应该提供独立于无线接入技术的统一的移动性管理，无论用户位置如何改变，都能确保业务和通信质量的连续性。在此基础上，5G 移动性解决方案的设计应当满足如下目标。

（一）低时延

移动性的低时延主要体现在用户位置信息的快速追踪和更新以及用户切换过程中的中断时延避免。具体来说，一方面，移动用户在网络中注册后，网络需要管理该用户的位置信息以便在有业务到来时，能够快速准确地发起寻呼，这就要求用户能够在移动过程中快速地识别小区并进行小区重选，并且在其注册位置发生变化的时候及时更新其位置信息。另一方面，当移动用户在连接态从一个小区进入另一个小区，网络需要发起切换流程以保证业务的连续性，而在该切换过程中网络确定目标小区和完成用户信息及数据的转发，这些都有可能带来数据的中断，如何减少切换带来的中断时延是 5G 移动性研究的重点。

（二）高可靠性

在 5G 的总体愿景中，强调用户应当能在任何时间和地点都享受超过 100 Mbit/s 的体验速率。在移动性视角下，此目标要求用户服务小区的变化不能导致传输速率的显著降低。任何移动性管理流程的失败都会导致用户需要重新与网络建立连接以恢复数据传输，因此，为了最大限度地避免切换失败带来的服务质量下降，切换流程必须快速、准确并高度可靠。设计应包括快速和精确的链路检测及恢复机制，以便用户及时发现并应对移动性带来的链路质量问题，这样可以尽快恢复连接，减少对业务传输的影响。

（三）低功耗

未来的 5G 将是更加环保的绿色移动通信系统，在移动性管理上同样需要考虑这一特点。一方面，移动性管理的流程将会更加简化，在减少信令开销的同时能够降低用户和网络用于维持业务连续性带来的功率消耗；另一方面，考虑到 5G 中可能出现的动态小区的概念，需要在小区动态开启的情况下依然实现业务的连续性，在确保移动性能的同时进一步提高整体网络的能耗效率。此外，针对某些特定的业务（如电池续航的物联网终端）或者在某些特定的条件下，可以引入低功耗状态，通过简化终端在移动过程中对网络信号的追踪来进一步降低终端的功率消耗。

（四）灵活性

随着移动互联网和物联网的爆炸式增长，未来 5G 业务也将呈现出前所未有的多样性，不同的业务对移动性有着不同程度的需求。例如，物联网中的智能家居、智能公共服务业务，用户终端大都是固定放置在某一位置，或者在某一小范围（如家庭范围）内移动，它们和网络的连接也相对固定和稳定，这样，对这些终端可以进行更为简单的移动性管理，比如更小范围的寻呼区域以及更少的位置信息更新；相反地，对于车联网这样的高速移动终端，则需要提供低时延、高可靠的移动性保证。此外，还有一些特殊的场景（如中继），在这些场景下可以根据其特点来设计更为有效的移动性解决方案。因此，移动性管理可以根据业务和场景的不同特性和需求进行灵活的定制，在保障终端用户移动性的同时实现移动通信系统整体性能的提升。

二、5G 网络中移动性的场景分析

（一）场景 A：分布式的移动性场景

在这一场景中，每个接入点相当于传统意义上的基站，具有完全的移动性控制和管理功能，在用户移动过程中，该接入点控制所有移动性相关的指令，包括测量配置、切换判决以及切换命令的发起。两个接入点之间通过回传链路相连接，该回传链路可以由有线（如电缆、光纤）来承载，也可以是无线回传链路，但共同的特点是在两个接入点之间的信令和数据传递存在回传时延，在传统的切换过程中数据的转发会带来切换中断时延的增加。尽管 5G 的回传链路可以采用光纤来实现超高速率的传输，但接入点的接收信号处理、存储和转发仍然需要一定的时间，回传时延是这一场景区别于其他场景的最大特点，也是影响移动性时延性能的重要因素。

重要的是，分布式场景一直是传统移动通信系统的主要研究焦点，同时构成了 5G 移动性研究的基础。尽管 5G 网络架构的"云"概念淡化了接入点间的传统链路，但当移动终端在不同"云"下的接入点或不同接入网络间移动时，回传链路的移动性管理仍然至关重要。因此，如何有效实现分布式场景下的 5G 移动性管理，成为 5G 移动性研究中的一个关键课题。

(二) 场景 B：集中式的移动性场景

相对于分布式的移动性场景，场景 B 中在无线接入部分引入了"云"的概念，也就是所有的移动性控制和管理功能都集中放置在"云"端，而接入点可以认为是分布式天线只用作数据的物理层传输。由于所有的接入点都直接连接到"云"端进行集中控制，那么只要用户接入某一个接入点，该用户相关的上下文以及数据也都被"云"内其他的接入点共享，在终端接入点发生变化时也不再需要重新获取用户的上下文以及转发存储的数据，从而避免了回传链路带来的回传时延。尽管接入点和云端的连接也会带来一定程度的前端时延，但由于此时的接入点不需要进行基带处理，可以大大降低前端传输的时延，通常前端时延可以被忽略。

随着 5G 网络架构中各种"云"的引入，这种场景将会是 5G 移动性研究的一个典型场景，特别是在超密集网络部署中，有利于彻底消除移动性带来切换中断时延，并且有利于终端建立多连接来保证高可靠的移动性。

(三) 场景 C：介于分布式和集中式的移动性场景

介于分布式和集中式的移动性场景，这一场景中依然把移动性管理和控制功能放到"云"端，但在接入点保留了数据链路层的功能。这种场景中的"云"端类似于3G 系统中的无线网络控制节点，对"云"内所有的终端进行移动性管理，但数据调度、自动重传响应等功能仍然由每个接入点独自完成，这种场景利用本地的数据链路控制减少了底层控制信令前端链路上的传输，而"云"端的集中式移动性管理又避免了回传链路带来的切换中断时延，有助于提高移动性的性能。

总而言之，由于 5G 网络架构的多样性，5G 的移动性研究也需要考虑多种可能的移动性场景，根据每种场景的特性来设计更为合理的移动性解决方案。

三、移动性解决方案

根据终端用户连接小区数目的多少，可以通过单连接或者多连接的方式来实现用户的移动性管理。单连接的移动性，也就是传统移动通信系统中普遍采用的硬切换方式，在用户从一个小区移动到另一个小区的过程中，通过把用户信令和数据连接转移到新的目标小区来实现用户业务的连续性，其中会不可避免地出现业务的中断，这也是通常所说的硬切换。多连接的移动性，是指终端用户同时连接到多个小区，也叫作软切换，这样当用户远离其中某一个小区时，可以通过其他小区保持业务的连续性，从而实现零时延、高可靠的移动性管理。这里集中讨论单连接的移动性管理。

(一) 备选的移动性方案

单连接的移动性主要有网络控制切换和终端自动控制切换两种方式，取决于切换的发起实体。在传统的移动通信系统中，主要采用网络控制切换，即切换决策和执行均由网络承担。相应地，终端自动控制切换则由终端进行切换决策并发起行动。在网络控制的切换流程中，包含了触发测量报告、准备切换、资源调度、下发切换命令和接入目标小区等主要步骤。初始阶段，终端和网络连接后，终端根据所在小区 (源基站) 的测量配置情况，进行信道测量并上报结果；源基站依据终端的测量报告和自己的切换策略，进行切换决策，并选定目标小区后发起切换请求；目标小区同意源基站的切换请求后，源基站向用户发送切换指令；用户在接收到切换命令后，断开与源小区的连接，向目标小区发起接入请求，建立新的连接。在整个切换过程中，网络技术实施控制和监督，终端按照网络的指令执行切换，无须参与决策过程。

终端自动控制切换流程中，由于切换的判决和发起都由终端用户自主完成，终端可以在第一时间检测到信道质量的下降并及时发起切换请求，而不再需要发送测量报告。通常情况下，目标小区接收到终端用户的切换请求后会向源小区索取用户的上下文和存储数据，从而继续该终端的业务传输，由于终端用户已经中断了和源小区的连接，这样的上下文索取流程带来了双倍的回传时延，大大增加了切换的中断时延。因此，这里的终端自动控制切换流程考虑在终端用户离开源小区之前发送了再见的信息，源小区接收到该信息就立即发送用户的上下文并转发存储的数据，这里用户的上下文和转发以便用户在成功接入目标小区之后能尽快继续数据业务的传输。

(二) 影响移动性的关键技术

无论是网络控制的切换方式还是终端自动控制的切换方式，单连接的移动性大多需要完成以下步骤：终端用户在源小区的测量和测量报告，终端用户断开与源小区的连接与目标小区进行同步，终端用户获取目标小区的系统信息，终端用户随机接入目标小区，切换过程中的链路失败检测、恢复与重建以及回传链路的传输。本部分将详细讨论这些步骤在 5G 系统中对移动性的影响，并提出可能的解决方案。

1. 用户测量和测量报告

移动终端需持续监测无线链路质量以触发切换。由于无线信道快速衰落，单一且间断的测量样本难以准确反映链路质量，可能导致切换失败或频繁切换。因此，物理层和高层均需采用测量过滤机制，确保测量报告的稳定性。测量时间的长度决定了终端的反应时间，时间越短，切换越迅速；反之，则会延长切换反应，特别是在高速移动环境下，如高铁环境中，可能导致业务中断。合理的测量时间对于顺利切换至关重要。

同时，网络可通过调整测量过滤参数来控制平均测量时间。尽管无线信道快速衰落，但测量间隔对于稳定结果的影响有限。增加空间分集，如在 5G 中使用超大规模天线，可以减少测量所需时间，加快终端响应。

在测量报告方面，对于网络控制切换，终端必须上报测量报告，以便源基站根据这些报告选择目标小区。而在终端自动控制切换中，测量报告是可选的，终端可直接选择目标小区进行接入，减少了空口信令开销，减轻了网络分析负担。

网络控制切换中，终端发送稳定测量结果后，网络才发起切换请求，相比之下，终端自动控制切换时，用户在获取测量结果后可以直接接入信号最佳的小区，而无须上报。这导致网络控制切换响应时间较长，涉及测量报告传输、小区交互和切换命令传输时间。但此过程中，终端仍保持与源小区的业务传输，不影响上下行业务的连续性。

2. 下行同步

在传统的 LTE 网络中，小区间通常是非同步的。在切换过程中，终端在收到网络的切换命令后，需先与目标小区进行下行同步，以便完成后续的随机接入过程。然而，在 5G 系统这一异构网络中，情况有所不同。尽管广域网的各个小区可能仍保持非同步状态，但在超密集的热点地区，相邻的小区可以被认为是同步的。在这种情境下，终端用户在切换时无须与目标小区重新同步，而可以直接利用源小区的同步信息进行接入。这种方法节省了用户在切换过程中进行目标小区下行同步的时间，从而为减少切换中断的时延创造了有利条件。

3. 随机接入

移动通信系统中的随机接入过程可以分为基于竞争的随机接入和基于非竞争的随机接入过程。终端用户在初始接入网络以及在没有可用的调度请求资源时，需要通过竞争来获取网络的上行发送许可，但有竞争就存在碰撞的可能，会产生接入的失败而影响接入性能。在切换过程中，为了确保业务以及通信质量的连续性，需要避免随机接入带来的切换失败，因此更希望采用基于非竞争的随机接入方式。

基于网络控制的切换方法中，由于源小区与目标小区的切换准备过程发生在终端用户在目标小区发起随机接入之前，源基站可以在切换准备过程中请求目标基站预留随机接入资源（如随机接入序列），然后通过切换命令通知给终端用户。终端用户在接收到该切换命令后，就可以通过预留的随机接入资源以非竞争的方式接入目标小区，从而避免了碰撞，确保了切换的成功。另外，随机接入流程还用于上行的同步，目标小区在切换准备过程中把该小区的时间提前量发送给源小区进而传递给终端用户，用户就可以利用该信息来调整上行发送的时间，从而实现和目标小区的上行同步。在 5G 系统中，考虑到热点小区之间存在良好的时间同步，因此在随机接入过程中，不再需要目标小区提供时间提前量信息。这进一步简化了随机接入过程，甚至在切换准备期间，目标小区可以为终端用户预留用于上行数据传输的资源，并通过源小区向用户发送这些资源。一旦终端用户中断与源小区的业务传输，即可在目标小区对应的预留资源上发送上行数据，从而跳过随机接入流程，最小化切换中断时延。

在终端自动控制的切换方式中，由于终端用户负责评估链路质量并自主地选择目标小区进行切换，用户在目标小区发起随机接入过程之前并没有机会请求目标小区为此预留随机接入的资源，这样，终端只能采用基于竞争的随机接入方式向目标小区发送切换请求，相比于非竞争的随机接入这种方式面临更大的切换失败的风险。此外，对于 5G 系统内能够保持时间同步的小区间的切换，依然可以考虑简化这种基于竞争的随机接入流程。比如，将用户的上行数据和随机接入序列同时发送等方案，但由于"竞争"的特性，终端用户仍然不可避免地需要这种随机接入过程来接入目标小区。

4. 系统信息获取

系统信息获取指的是终端用户从网络的广播中读取接入层和非接入层的系统消息。无论处于空闲态还是连接态，用户均需执行此操作以保持对系统消息的实时更新。这一过程在多种情况下会发生，如终端首次开机选择网络、进行小区重选、异系统切换、返回无线网络覆盖区域、系统消息更新，以及终端已获取的系统消息有效期限届满时。

在现有的网络控制切换方式中，终端完成与源小区的连接中断并与目标小区同步后，一般无须立即重新获取系统信息。目标小区通常会在切换准备过程和切换命令中发送与接入相关的必要系统消息给终端，如目标小区的随机接入资源配置信息。这使得终端能够立即开始随机接入过程，迅速建立与目标小区的连接，恢复业务传输，并在成功接入目标小区后，继续读取其他系统消息。因此，在切换过程中，是否以及何种系统消息需获取取决于终端用户如何接入目标小区。在 5G 系统中，如果终端通过随机接入方式接入目标小区，则可在切换完成后获取系统信息；若终端直接在预留上行资源上发送数据，而未经随机接入，则至少需先读取目标小区的系统帧号以准确定位预留资源，这可能增加切换的中断时延。因此，在 5G 系统的切换过程中，应综合考虑随机接入和系统信息读取的优化，以最小化切换时延。

如果终端用户是以自动控制的切换方式接入目标小区的，由于没有切换准备过程，终端接入目标小区之前没有收到过任何目标小区的信息，因此只能通过读取目标小区的系统信息来获取接入目标小区的相关配置和参数，其中至少包括随机接入配置信息，而系统消息的读取会对切换的中断时延带来一些不利的影响。

为了解决这一问题，在5G系统的移动性研究中，可以考虑让源小区定期地广播邻小区的部分系统信息，这样一方面，终端在读取源小区系统信息的同时，就可以同时获取目标小区的部分系统信息，从而避免了在切换过程中的系统信息读取带来的切换时延；但另一方面，这种广播方式会带来更大的系统信息的开销，并且在目标小区系统信息发生变化时不能及时在源小区得到更新，终端根据在源小区收到的已经过期的系统信息接入目标小区，也会造成接入的失败进而影响切换的性能。另外，考虑到5G异构系统内终端通常需要同时支持多种接入方式，可以根据终端的能力允许部分能力较强的5G终端在源小区进行业务传输的同时读取邻小区的系统信息以备未来切换使用，从而避免在切换过程中获取系统信息带来的业务中断，达到降低切换中断时延的目的。

5. 切换失败检测及重建

当无线链路在切换过程中出现质量下降以至切换过程中断，就会导致切换失败。如果出现切换失败、无线链路失败、完整性保护失败、无线重配置失败等情况，终端将会触发无线连接重建过程，该过程旨在重建终端与网络之间的无线连接，包括信令承载操作的恢复以及安全的重新激活，仅当相关小区是具有终端上下文的小区时，连接重建才会成功。如果网络不认可重建，或者接入层的安全性没有被激活，终端就会直接转到空闲状态。为了满足5G移动性低时延、高可靠性的需求，移动性的设计必须考虑如何避免切换失败以及在切换失败时如何尽快地重建与网络的连接来恢复数据业务的传输。

在网络控制的切换方式中，从终端用户接收到切换命令开始，如果能成功地完成目标小区内的随机接入就认为切换成功。由于这期间切换的成功与否取决于目标小区内的随机接入过程，在5G系统内可以考虑通过非竞争随机接入以及在随机序列重传来保证随机接入过程的顺利完成。在没有随机接入过程的情况下，终端用户通过直接在预留的上行资源上发送上行数据来接入目标小区，在链路质量下降的情况下可以考虑降低数据传输的调制编码方式以及同步的自动重传等方式来确保成功接入，从而避免切换的失败。

在终端自动控制的切换方式下，从终端用户向目标小区发送切换请求开始，或者向源小区发送再见消息开始，如果终端能够成功地收到来自目标小区的切换许可，即可认为切换成功。在这一过程中，终端用户需要完成在目标小区内的随机接入过程，目标小区也需要等待来自小区的用户上下文，并决定是否接纳该用户的切换请求，而且由于上下文的传输带来的回传时延延迟了目标小区切换许可信息的发送，终端需要等待较长时间，从而增加了信道变化的可能性。因此，在此方式下，切换成功不仅依赖于随机接入过程的链路质量，还取决于目标小区的接纳控制策略。确保高度可靠的切换性能，将是一个更加严峻的挑战。

由于任何系统都不能保证100%的切换成功率，因此要求在切换失败时终端用户能够及时地检测到切换失败并且尽快地发起无线链路重建请求。在5G系统中可以考虑在终端等待切换响应的过程中，提前建立备份链路来应对切换失败的发生，从而减少由于链路重建带来的切换中断时延的增加；或者提前把用户的上下文转发到多个目标小区，以提高用户重建过程成功率。

6. 信息安全

用户数据的私密性安全保护也是5G的重要课题之一。在未来的5G系统中，仍然需要支持网络与用户之间的双向鉴权和双向认证。在终端接入系统后，网络需要为用户创建安全上下文，用于保护用户与网络之间的通信过程，为整个系统的运行提供安全保障。在网络控制的切换过程中，用户的安全性保护是一致且连续的，从切换命令到终端向目标小区发送用户数据，所有的消息和数据都可以经过加密或完整性保护。因此，用户在切换完成之后仍然是网络信任和控制的终端，无须额外的鉴权认证过程。

如果终端采用的是自动控制切换方式，则会给信息安全带来一定的挑战，比如目标小区需要对接入的终端进行相应的认证，以确保该终端是一个合法的用户，并且通过自主移动性的方法移动到本小区，从而进一步确认该用户的安全上下文，以继续安全密钥的配对以及后续的加密和完整性保护流程。

7. 回传网络传输

在分布式的移动场景下，无论是网络控制还是终端自主控制的切换方式，源小区都需要将用户的上下文以及存储数据，转发给目标小区以继续业务的传输，回传链路带来的时延也会对切换性能带来比较大的影响。

具体来讲，在网络控制的切换流程中，源小区和目标小区在切换准备过程中需要交换切换请求和确认消息，其中应包含用户上下文信息以及目标小区接入的相关信息。由于此握手过程在终端用户接收源小区切换命令之前发生，也就是说，源小区的业务传输仍未中断，所以即使回程链路的时延扩大了用户的切换响应时延，其并未增加切换的中断时延。只要及时启动切换流程，回程时延对用户上行业务传输的影响便是可控的。另外，一旦终端用户成功接入目标小区，目标小区就会请求核心网转换用户平面的路径，也即停止向源小区发送数据而改为向目标小区发送。在此过程中，源小区需要将已从核心网接收并存储在本地的下行数据发送至目标小区，这一用户平面路径的转换也同样依赖于回程网络的传输。

在未来的 5G 系统中，尽管可以通过增加光纤容量承载回程链路，但回程链路的时延不仅取决于传输媒介，还受到回程链路两端处理信号的速度影响，这与系统负荷、连接数量以及处理时间等众多因素有关。此外，回程链路的性能大部分依靠运营商的部署，如是集中式还是分布式、是在远端还是近端进行信号处理等，这些因素均会影响回程链路的延迟特性。即便在某些特定情况下可以实现小于 1 毫秒的超低延迟，其在其他场景下仍可能产生高达几毫秒的延迟。比起 5G 系统小于 1 毫秒的空口延迟指标，回程链路的延迟对移动性具有较大影响，尤其是在终端控制的切换模式下，其中的延迟将直接决定切换中断时延的性能，从而影响用户的移动体验。因此，如何降低或消除回程延迟对移动性能的影响，以便在目标小区内迅速恢复业务传输，将是 5G 移动性设计中需要解决的关键问题。

(三) 观察和分析

通过对网络控制和终端自动控制切换方式在不同关键技术上的对比，不难看出，网络控制的切换方法能够通过预先的切换准备过程，更好地保证切换的成功率和有效性，彻底消除随机接入过程，从而降低切换带来的中断时延。最为重要的是，网络控制的方式能最大限度地确保运营商对网络移动方案的控制权。因此，在很长时间内包括未来，5G 系统都将会是最基本的移动性解决方案。此外，终端自主控制的接入方式能够有效地降低终端的时延，在 5G 系统中，可以根据网络小区部署的特点和特殊性，允许实现局部区域的终端自动控制移动性解决方案，适当地把移动性决策权下发到终端，以达到减轻网络负担和提高切换效率、完善切换性能的目的。当网络同时支持两种切换方式时，需要考虑如何避免两种切换方式的冲突，以确保在网络和用户端执行唯一的切换操作，这些都将是 5G 移动性研究的重要方向。

第十章　纳米光通信技术与应用

第一节　纳米光通信概述及分类

为了更清楚地理解纳米光通信的含义，本节首先简要介绍光载体、光纤通信和无线光通信的基本概念，然后说明纳米光通信的具体含义。

一、光通信采用的信息载体

在光通信中，信息传输的媒介是光，这是一种由物质的原子中外层电子向内层跳跃时释放出的能量形式。这个过程产生的能量就是光能，它是信息传输中的关键要素。光能的产生与传播基于物理原理，其作用在于提供一种高速且高效的通信方式。经典相对论揭示了物体存在的"双重性"，即同时具备波动性和微粒性。在尺寸大于其波动幅度的宏观层面，物体的微粒性更为显著，而波动性几乎不可察觉。在这种情况下，我们可以较准确地测量物体的尺寸和位置，符合日常生活中对时间和空间的经典概念。然而，当物体尺寸减小到与波动幅度相当时，波动性变得明显，导致其位置的不确定性增加。在这个量级上，物体开始表现出显著的波动性，其位置变得难以精确测量。这种情况下，时间和空间的概念与日常经验有所不同，呈现出相对性。

光的存在形式特别凸显其"双重性"。从波动性的角度研究光，我们可以发现光是一种在特定频率上振动的电磁波，其相干性和衍射现象是光作为电磁波的有力证据。因此，光在作为电磁波的状态下遵循电磁场理论。而从微粒性的角度来看，光由具有特定能量（hv）的光子微粒流构成，其中光压现象是光的微粒性存在的明确证明。在这种情况下，光子遵循量子理论，并且其运动规律遵循量子电动力学的规则。

人类之所以能够看到"万物"，是因为物体发出或反射的光线被眼睛接收并由视神经感知。外界的光线通过眼睛的晶体进入，并通过透明的玻璃体传送至视网膜，这里布满了视神经细胞。这个过程形成了一种光信号的接收和发射系统，其中，物体是光的发射源，眼睛则是光的接收器。要使眼睛无法看见某个物体，通常有两种方式：一是物体发出或反射的光线波长不在人眼可感知的范围（$0.4 \sim 1.4 \mu m$）之内；二是物体发出或反射的光线通过折射等方式偏离了眼睛的接收范围。目前，国际上研究的隐身技术主要是通过折射等方法使物体发出的光线偏离接收者的视线。

关于特异功能人士能看见他人内脏的说法，目前缺乏科学依据。虽然人体内部的器官确实会发出或反射极微弱的光线，但这种光线几乎不可能穿透人体到达外界。特异功能人士是否能接收并感知这些微弱的光线信息，目前科学界还没有确凿的证据。

另外，自然界的各种光线，尽管有些对人眼有潜在危害，但人眼的角膜能过滤掉大部分非可见光波段，仅允许 $0.4 \sim 1.4 \mu m$ 波长范围的光线进入，因此大多数自然光对人眼是无害的。但是，如果这些可见光强度过大，也会对眼睛造成伤害。

在光通信迅速发展的今天，激光技术的应用对公共安全和操作者的眼睛安全尤为重要。由于激光束直接进入广阔空间，确保激光的安全使用和操作成了一个重要关注点。正确的安全措施和操作指导对于防止激光对眼睛的潜在伤害至关重要。

二、纳米光通信

(一) 一般光通信

为了更清楚地理解纳米光通信的含义，本部分首先简要介绍现在已普遍存在的一般光通信。从经典相对论观点出发，可将一般光通信分为经典光通信和量子光通信两类，而按使用的传输介质又可将其分为光纤通信和无线光通信两大类。

光通信是以光作为信息载体的一类通信方式，而无线光通信是以光作为信息载体、以光纤作为传输介质的一种通信方式。由于光纤的传光特性，目前只有波长在 $700 \sim 1600nm$ 很小范围的光可在光纤中传播，并且光纤网络使用的光缆敷设只能架空或埋伏在地下或布入水中，更不便于进行移动通信。无线光通信通常又称为自由空间光通信，这是将载有信息的光载体从光纤的束缚中解脱出来，进入了广阔的天地。现阶段无线光通信可定义为以光束作为信息载体、承载信息的光束在自由空间中传输的一类光通信方式。这种载信息的光束所传输的自由空间可以是没有任何物质的真空，也可以是受气候和环境严重影响的大气传输介质或汹涌澎湃的海水传输介质。因此，根据传输介质的情况可将无线光通信分为地面上、深空、近空和水下光通信等几大类。

在地面上的无线光通信是以大气作为传输介质，以激光或光脉冲作为信息载体在太赫级（THz）光谱范围内传送数据信息的通信系统，在有的资料中也被称为无线光网络（Wireless Optical Network，WON）系统或光无线系统。这是一种以光束为信息载体的双向点到点无线光通信技术，可提供数据信息的点对点或点对多点无线高速连接的一种新型通信手段。

发展无线光通信面临着严峻的技术挑战，其中，包括在地面上的无线光通信如何克服大气传输介质造成的对通信传输距离的约束；高速高功率光发送技术；抗干扰高灵敏度光信号接收技术；高精度、高增益、高可靠收发天线；快速、精确地捕获、跟踪和瞄准（Acquisition Pointing Tracking, APT）技术。

（二）纳米光通信

纳米光通信技术融合了纳米科技和纳米机器人的应用，展现了光通信技术的新境界。这一领域不仅包含传统光通信的所有要素，还融入了独有的纳米级特性。本部分将着重介绍纳米光元器件、纳米组件、纳米设备及其网络架构。

在纳米光通信系统中，纳米光元器件、纳米部件以及纳米设备的应用，是基于纳米技术与纳米电信材料的先进集成。这些组件利用智能纳米机器人进行精确的研发和自动化生产监控，确保了产品的卓越性能、稳定可靠的工作和长久的使用寿命。

纳米光通信网络的构成和分类也显示了该技术的多样性和广泛应用。网络架构包括纳米光纤和各种纳米光通信设备，如纳米光发射机、纳米光接收机、纳米光线路端机、路由设备及网络监控管理系统。这些网络不仅覆盖地球的地面、海底、空中，还扩展到宇宙深空，实现星际间的纳米光通信。

纳米光通信网络的建设、维护和管理涵盖了广泛的领域。智能纳米机器人在其中扮演关键角色，负责网络的高效设计、施工与控制管理。网络管理包括配置管理、性能管理、事件处理、账务管理及安全性和可靠性保障。网络建设不仅包括设计与施工，还应包括相关的配套技术工程，如采用的供电系统及测试、维护和运营的管理系统设施等。

纳米光通信技术主要分为纳米光纤通信（Nano Optical Fiber Communication, NOFC,）和纳米无线光通信（Nano Wireless Optical Communication, NWOC）两种类型。纳米无线光通信的发展具有极其重要和深远的影响。这种技术不仅能整合地面上的各种通信网络，实现统一的标准制式，而且在近地空间，甚至未来人类探索深空时，也将采用无线光通信方式。

纳米无线光通信在人类探索宇宙、遨游太空的过程中具有不可替代的重要作用。多年来，人类始终渴望深入太空，探索宇宙的奥秘。近年来的研究表明，在庞大的银河系中，恒星数量可能超过3000颗。利用"开普勒"望远镜，在银河系中已发现1235颗可能为行星的天体，其中至少50颗位于适宜生命存在的"宜居带"。科学家普遍认为，类似银河系的星系可能多达1000亿个。在这些"宜居带"之间的通信联络如何实现，成为一个关键问题。在这个背景下，纳米无线光通信显得尤为重要，它可能成为实现这一目标的首选技术。

三、纳米光通信的分类

(一) 按光存在的形式分类

1. 经典光通信

在经典光通信领域，光被视作具有特定波段范围的电磁波来进行研究。利用光载波传输信息的机制，与现有的微波无线电通信在本质上相似，都是利用电磁波作为信息的传递介质。由于这种相似性，无线电通信中的各种概念、理论和技术可以有效地应用于经典光通信。在这一领域内，将电磁波作为信息载体的通信方式统一被称为经典通信，其传输信道被称为经典信道。光通信系统的通信容量上限受限于高斯噪声的影响，一般情况下，其容量不会超过 104 GHz。

经典光通信将光视为一种光波，并深入研究其波动特性，包括直线传播、反射、折射和衍射等传播特性。光波的传播可以进一步分为"视距"传播和"非视距"传播两大类。目前，经典光通信领域涵盖了多种通信方式，既包括已经十分成熟并广泛应用的光强度调制/直接检测（IM/DD）通信制式，也包括正在研究和开发中的相干光通信、多重光通信（MOC）、光孤子通信等。其中，IM/DD 制式是一种广泛采用的成熟模式，其工作原理是在光发射机中直接使用待传输的电信号来调制光源的参数，在接收端则直接检测光载波信号以获得原始电信号。这一制式是目前光通信领域中普遍采用的一种标准模式。

复用光通信是一种充分利用传输介质信道、提高通信容量的多维通信手段。在这里，首先是把来自多个信息源的信息进行合并（称为复接），然后将这个合成的信息群经由单一共用的传输设备进行传输，在接收端再将这个信息群进行分离（称为分接或解复），并分别重现原信息。因此，复用技术实质上是一种起着多信道作用的信息传输方式。

光孤子通信技术通过运用光纤的非线性特性来抵消其色散效应，实现了稳定的光孤子形成。在这种通信系统中，光孤子被作为传递信息的介质。其显著特征在于能够在无色散的条件下实现远距离传输，系统中只需通过光放大器来增强光信号，无须对信号进行再整形处理。光孤子通信因其低成本、简易复用等多项优势，在通信行业内备受关注。在国际层面上，已经有实用化的光孤子通信系统，其传输速率可达 20Gbit/s 至 40Gbit/s，而传输距离能够达到数千公里。这一技术的发展和应用，大大推动了通信技术的进步，使之在高速长距离数据传输领域显现出巨大潜力。

相干光通信又称外差光通信，凡是使用外差或零差检测方式的通信都可以称为外差通信或相干通信。这种通信模式，在发端利用光波的相干特性将要传输的信息载入光波的波幅、相位或频率等各种参量之中；在收端则采用光外差检测方式恢复原信号。

外调制—外差检测制式是在高速光缆传输系统的光发射机中，通过用要发送的电信号去调制光载波的振幅、相位、光频中的一个或几个参数的方法将要发送的电信号载到光波上。一般来说，光外差检测要通过接收光信号与接收机内设置的本地光频振荡器（本地光源）的差频处理，将原光载波频率范围从 200THz（10^{12}）量级的光频区域搬移到吉赫（10^9Hz）量级的射频（RF）中频频率范围。

2. 量子光通信

（1）量子光通信系统的基本部件

量子光通信的基本部件包括量子态发生器、量子通道和量子测量装置等。量子光通信采用的硬件与经典光通信有显著区别，其关键技术是光子计数技术，量子无破坏测量技术及亚泊松态激光器等。此外，在收信端，光子通信所采用的光子计数技术，不需要从发射信息端吸收信息能量。也就是说，量子光通信系统中光子所携带的信息能量可供给极多的收信者使用。

（2）光量子通信信息分类

量子光通信信息分为经典和量子两类信息。前者是经由经典通道传送的；而后者是经由量子通道传送的。在这两类通信中，前者主要用于量子密钥的传输；而后者则可用于量子隐身传送和量子纠缠的分发。这里所称的隐身传送是指脱离实物的一种"完全"的信息传送方式。从物理学角度来讲，其隐身传送过程是，先提取原物的所有量子态信息，然后将其传送到接收点，接收者依据这些量子态信息，选取与构成原物完全相同的基本单元（如原子），恢复出原完美的复制品。

（3）量子光通信中存在的几个关键技术

①光子源问题

最近，在光子源问题方面已取得突破性进展。日本的一些专家试验成功一种可用于量子光通信的小型激光器光子源，目前正在努力完成其实用化。

②量子无破坏测量技术

量子无破坏测量装置技术的研究也有了实质性进展。最近已研制成功使用光纤的量子无破坏测量装置，很适合于量子光通信系统使用。

③光子计数器技术

传统上，光子计数器主要采用光电倍增管技术，并需配备冷却设施，这限制了它们在复杂系统中的应用。目前，正积极研发基于雪崩光电二极管（APD）的光子计数器。但是，由于这类器件的噪声水平仍然高于传统光电倍增管，研究者开始探索基于 PIN 结构的光子计数器作为一种可能的替代方案。

在量子光通信系统方面，尽管目前仍处于实验室研究阶段，但其创新思路和卓越性能已广受关注。相关专家和研究人员正全力投入这一领域的研究，并且其吸引力日益增强。进入 21 世纪，在信息技术飞速发展的背景下，量子光通信与光量子计算机的融合不仅大幅超越了传统电子学和经典信息理论的界限，还通过与电动量子力学等基础学科的合作，解决了一些关键技术难题，推动量子光通信技术逐渐走向成熟。预计在 21 世纪初，随着量子光通信和光量子计算机技术的成熟，量子光通信将实现实用化，这将在通信领域引发一场深刻的革命，并开启光通信科学技术的新时代。这一进展预示着对人类社会产生深远影响，为人类步入更加美好的社会创造了极为有利的条件。

(二) 按网络的配置位置分类

作为纳米光通信使用的载信息的光束可以在环绕地球的大气层内或水下传播，即不离开地球；也可以离开地球穿过大气层进入太空在星际之间传播。一般来说，通常将前者称为"近空"纳米光通信，而将后者称为"深空"纳米光通信。纳米光通信网络一方面在地球上正在迅猛发展，形成所称的"近空通信网络"；另一方面也正在卫星之间的深空通信中大展宏图，形成"深空通信网络"，甚至于人们预言到纳米光通信将成为人类遨游太空的主要通信方式。纳米光通信可逐步地将其地面上的各种干线网、城域网和用户接入网采用的通信技术融为一体，并在地球和深空星际之间形成立体多维通信网。

地面上的纳米光通信是以激光束为信息载体、以大气为传输介质的无线通信方式。其使用的激光波段目前基本上与光纤通信使用的激光波段相一致，即其波长范围为 800 ~ 1600nm。水下纳米光通信是以海水为传输介质的一类通信方式，其信息载体是蓝绿激光。蓝绿激光是一种使用波长介于蓝光与绿光之间的激光，水下无线蓝绿激光通信是目前较好的一种水下通信手段。地面上的纳米光通信可将其细分为干线、城域网和光用户接入网几种类型。纳米光通信网络的系统配置通常是指发射机与接收机及其之间使用的信道安排。按纳米光通信网络的基本系统配置进行分类又可分为室内型和室外型两大类。按信道类型进行分类可分为视距型信道（Line Of Sight, LOS）和非视距发散漫射信道（Diffuse Paths）型两大类。视距型信道纳米光通信系统又可分为宽视距信道型系统、具有跟踪装置的窄视距信道型系统、采用多光束分集的窄视距信道型系统；非视距发散漫射信道型纳米光通信系统又可分为一般发散漫射信道型纳米光通信系统、准发散漫射信道型纳米光通信系统等。

最近几年开始从材料和器件设备上考虑室内和室外纳米光通信。为了增加其系统的速度，纳米光通信系统已采用多副载波（Multiple Subcarrier, MS）系统。但是，在光通信领域，平均光功率与直流偏置成正比，因此最小化偏置信号显得尤为关键。这里探讨多副载波技术以及新提出的并行组合多副载波（Parallel Combinatory-Multicarrier System，PC-MS）系统。PC-MS 系统的优势在于它不仅能够有效减少直流偏置，还能在每个符号间隔中包含的信息量超过传统多副载波系统的 n 倍，提高了信息传输的效率和密度。

（三）按使用的传输介质分类

1. 纳米光纤通信

纳米光纤通信是光作为信息载体、以纳米光纤作为传输介质的一类通信方式。纳米光纤通信利用光作为信息载体，并以纳米级的光纤作为传输介质。在这种通信方式中，常规光纤的传光特性限制了传播光的波长范围，仅在 70 ~ 1600nm 的窄波长范围内有效。此外，光纤网络的光缆布局通常依赖于架空、地下或水下敷设，这种布局方式在移动通信应用中表现出明显的局限性。这些因素共同决定了纳米光纤通信技术的应用范围和效率。

2. 纳米无线光通信

纳米无线光通信，又可称为纳米自由空间光通信（Nano-Free Space Optical Communication，NFSO），这将载有信息的光载体从纳米光纤的束缚中解脱出来，进入了更广阔的天地。现阶段纳米无线光通信可定义为以光束作为信息载体、其载信息的光束在自由空间中传输的一类光通信方式。这种载信息的光束所传输的自由空间可以是没有任何物质的真空，也可以是受气候和环境严重影响的大气传输介质或汹涌澎湃的海水传输介质。因此，根据传输介质的情况可将纳米无线光通信分为地面上、深空中、近空中和水下纳米无线光通信等几大类。

在地面上的纳米无线光通信是以大气作为传输介质，以激光或光脉冲作为信息载体在太赫光谱范围内传送数据信息的通信系统。

发展纳米无线光通信其意义重大而深远，其不但可将地面上的各类通信网络融为一体采用统一标准制式，而且在近空，乃至将来人类进入宇宙深空的通信也要采用纳米无线光通信制式。

四、纳米光通信采用的复用体制

在光通信领域，为了最大限度地发挥传输介质的潜能并扩展传输带宽，以便传输更多的宽带多媒体信息，光通信网络普遍采用了多路复用技术。这种技术的应用，极大地提升了光纤通信系统的效率和容量。

光纤通信的复用方法主要分为两大类：光波复用和光信号复用。光波复用主要包括波分复用（WDM）和空分复用（SDM）两种方式。波分复用技术通过按波长分割的方法，将多个波长的光信号同时传输于同一根光纤中，从而大幅增加了光纤的传输容量。而空分复用则是通过空间分割的方式，利用单根光纤的多个空间模式或者多个光纤来实现数据传输，进一步扩大了传输带宽。

光信号复用则包括时分复用（TDM）和频分复用（FDM）等方式。时分复用是通过将时间划分为多个时间槽，每个时间槽内传输不同信号的方式，实现多路信号在同一光纤中的传输。而频分复用则是基于不同频率信号的复用，使得不同频率的信号可以同时在单一光纤中传输。

除此之外，还有如码分复用（CDM）、副载波复用（SCM）以及各种组合复用技术。这些复用技术通过不同的技术手段，进一步提高了光纤通信系统的传输效率和容量。码分复用通过为每个信号分配独特的码序列来区分信号，而副载波复用则是利用不同频率的电信号去调制光载波，以实现复用。

除了上述常见的复用方式，还存在如方向划分复用、时间压缩复用等更多的复用技术。这些技术在特定的应用场景中也发挥着重要的作用，但由于篇幅所限，在此不作详细展开。

第二节　纳米光通信传输系统及调制技术

一、纳米光通信传输系统组成

（一）光传输设备

光通信传输系统的设备包括光发射机、光接收机和光中继器、光放大器等。为提高系统工作的可靠性，通常设置有辅助工作系统。辅助工作系统包括监控设备、勤务设备和主备切换设备等。

光缆通信传输系统的配置可设置 N：1的主备切换，也可根据可靠性要求及经济技术指标分析，多加开一个系统，组成互为主备的工作系统。

其线路设备当前主要采用光强度调制／直接检测。其主要特征是在光发射机中直接用准备传输的电信号去调制光发射机的某个参数，或更具体地说，用准备传输的电信号去调制发射机的半导体光源（LED，LD）的工作电流，从而实现对光载波的光强度调制和基本设计长度。

在光接收机中，直接将光信号变换为电信号，然后将其放大、判决恢复原信号。这种工作模式的主要优点是调制、解调比较容易实现；对光电器件性能要求比较低，因此，从技术上看，已经很成熟并且已进入广泛实用阶段。这种工作模式的主要缺点：接收灵敏度比较低，因而无中继传输距离比较短，目前最长无中继传输距离在100km 之内；接收机选择性能差，对于间隔几百兆赫的光载波所载信息难以分辨；接收灵敏度低；通信容量不够大，没有充分发挥光载波的巨大潜力。

在纳米光通信中，其线路设备都采用了纳米技术和纳米机器人技术，这将带来光通信网络性能的巨大革命性飞跃。例如，通信容量将得到惊人的提高，通信距离将得到惊人的增大，因而无须为增加传输距离设置中继器或放大器，设备系统的管理、维护更加自动化，使系统几乎可处于"永久性"正常运行状态，因此，在网络中不再需要设置 N∶1 的主备切换功能，通信设备将更加坚固耐用、寿命更长等。

（二）传输介质

光通信传输系统所使用的传输介质具有多样性。例如，光纤通信系统主要使用光纤作为传输介质，这些光纤分为单模和多模两种类型。值得注意的是，在纳米级光通信领域，使用的是具有高带宽和可靠性的纳米光纤。而无线光通信系统的传输介质则更为多变，可能是大气、海水，甚至是真空。

（三）系统主要性能指标

数字光通信系统的主要技术指标涵盖了传输距离、发射光功率、接收灵敏度和动态范围、线路传输速率，以及传输介质和收发器性能等方面。对于这类系统，有几个核心要求：系统性能必须稳定可靠；能满足用户对性能指标的需求；维护使用应简便；系统应符合国家标准和通用标准；同时要考虑未来的可扩展性及经济性。

提高系统可靠性的方法多种多样，例如，延长元器件尤其是激光组件的使用寿命；提升线路可靠性需设置适当的备用系统以便于主备切换；并且应配置监控系统以实时监控系统运行状态。一般根据光纤通信系统的性能指标，对光发射机、光中继器、光接收机及光缆线路设定具体的技术参数。

对于纳米光通信系统来说，由于其采用的材料、器件乃至设备均基于纳米技术和纳米机器人技术，其可靠性已经非常高，通常不需要额外的备份系统。这一点是纳米光通信技术的一个显著优势。

二、纳米光通信采用的调制解调技术

这里的纳米光通信采用的调制技术是指将要发送的信号调制在光波上，从而形成以光波作为载体的载波信号。下面首先扼要介绍一般的调制方式，然后着重介绍适用于光源的调制方式。

(一) 一般的调制方式

调制技术主要分为模拟调制和数字调制两大类。模拟调制的特点是,其信号在时间上可以是连续或离散的,但在调制参数(如幅度、频率、相位等)上必须是连续的。相对地,数字调制的信号在时间上是离散的,并且其调制参数也是离散的。

1. 模拟调制技术

模拟调制技术主要分为两种类型:第一种是时间和调制参数均为连续的,包括幅度调制(AM)、频率调制(FM)和相位调制(PM)。第二种是时间上为离散的,而调制参数(如幅度、频宽、相位等)为连续的,通常称为脉冲调制。脉冲调制包括脉幅调制(PAM)、脉宽调制(PWM 或 PDM)、脉位调制(PPM)和脉频调制(PFM)。

PAM 调制是指输出的脉冲幅度随调制信号的变化而变化;PWM 调制则是指输出的脉冲宽度根据调制信号的变化而变化;PPM 调制指的是输出脉冲的位置(相位)随调制信号的变化而变化;而 PFM 调制则是指输出脉冲的频率随调制信号的变化而变化。

特别地,PFM 调制方式对传输设备的线性要求相对较低,具有良好的远距离再生性能。这使得 PFM 调制特别适用于光纤用户接入网络中,特别是在光纤电视图像的远距离传输中表现突出。PFM 调制的工作频率需求在 10MHz 以上,这一点对于现代通信设备来说是完全可行的。

2. 数字调制技术

在光通信网络中,基本上都是采用数字调制技术。选择二进制数字方法的优点:在一般的载频噪声比情况下,仍可得到高的信噪比或低的比特误码率;二进制数字信号能允许由色散、噪声等造成的信号衰减,而不影响信号信息的传送;由于接收机的判决电平只有两个(有或无脉冲),使得光源器件(LED, LD)的光功率与驱动电流关系曲线的非线性一般将不影响用于二进制数字信号的发送和接收。

数字传输的上述优点是以将信号的占用带宽扩展为代价的,甚至会将其扩展超过 2 倍。数字调制技术主要有脉冲编码调制(Pulse Coding Modulation, PCM)和增量调制 AM 两类。这两种方法都是最常用的将模拟信号变换为数字信号的模数变换方法。

(1) 脉冲编码调制

脉冲编码调制(PCM)的主要步骤包括:一是以上将模拟信号通过抽样保持的方式转换成时间上离散的脉冲幅度调制(PAM)信号;二是对 PAM 信号进行量化处理,即将其分级并进行四舍五入以取整;三是根据量化的结果,将信号编码成 PCM 格式。

（2）增量调制

增量调制是一种利用单比特二进制码来编码模拟信号取样值的方法。在这种调制方式中，如果当前时刻的取样值相比前一时刻的取样值有所增加，则编码为"1"；如果减少，则编码为"0"。

3. 模拟调制技术与数字调制技术的比较

模拟调制技术的优点在于其所需设备相对简单，且生成的脉冲频率较低。然而，它的缺点也显而易见：抗干扰性较差，不便于加密，且当信号通过中继器时容易增加噪声，不适宜多次中继传输。

相比之下，数字调制技术具有显著的优势：它在抗干扰方面表现出色，便于实现加密，能有效去除经过中继器时的噪声，易于集成，并且能够很好地适应光源器件（如 LED 和 LD）的非线性工作特性，加之其易于实现安全加密等特点。但是，数字调制技术所需设备较为复杂，且数字信号比原始模拟信号占用更宽的带宽，扩展幅度通常超过 1 倍。

（二）现行的光纤网络采用的调制方式

1. 内部光强度调制／直接检测（IM／DD）

在采用 IM/DD 的光纤通信系统中，发射机直接利用待传输的信号调制光源的关键参数。具体来说，它通过调制半导体光源的工作电流，实现光源的直接强度调制。而在接收端，采用直接检测方法来处理接收到的信号。内部光强度调制作为一种已在工程应用中广泛使用的技术，其在光通信领域中扮演着重要角色。

（1）直接光强度调制

直接光强度调制是一种在工程领域中广泛应用的技术。该方法通过在发射端调制光强度来生成光信号，并在接收端通过直接检测光信号的方式将光强度信号转换为电信号，从而解调出信息。在这种调制方式下，光功率的瞬态响应与电信号的瞬态响应呈正比关系。此方法亦称为模拟传输方法。其优点在于系统简单，适合短距离传输；缺点是对发射机和接收机的特性匹配度要求高，不利于长距离传输和模拟信号的中继传输，且要求光源具有良好的线性度。

（2）副载波预调制，光强度调制

副载波预调制，光强度调制，首先对副载波进行电信号预调制，然后利用已调制的副载波对光源发出的光进行光强度调制，从而获得更优的传输特性。其优点包括提高信噪比，并且这种方法的性能不受光电传感器非线性度的影响。

（3）数字调制

数字调制是直接光强度调制的一种特殊形式，它使用数字编码信号控制光源的开关，即通过根据信息规律来控制光源的开关，实现光信息的调制传输。由于光电器件能够实现高达 10^9 次／秒的开关转换速度，这种调制传输方式适用于长距离、大容量的高质量数据传输。

2. 相干调制

相干调制是相干光通信系统的核心技术，相干光通信是在发信端采用相干调制、在收信端采用外差解调的光通信系统。下面就相干调制原理、优越性和发展前景做扼要说明。

（1）相干调制原理

相干调制方式是将光作为载运信息的载波，在发端通过调制光载波的幅度、频率、相位中的一个或几个参数将信息载入光载波上，然后将被调制好的光载波发送出去；在收端，将本地激光器产生的本地光频振荡信号与接收到的被调制光载波信号进行混频，混频产生的中频信号经滤波、放大后进入解调器，即进入第二次检波，检波可以是非相干的（异步、包络检波等），也可以是非相干的（同步检波等），通过对于中频信号检波得到原基带信号，最后再经滤波放大，进一步恢复得到原发送的基带电信号。若采用的是零差检测，混频输出就已经是原基带信号了，因此可省去中频信号处理的过程。这里光发射机的输出端插入一级光匹配器，其目的是获得最高发射效率，使在已被调制的光载波的空间分布与光纤的基模（HE_{11}）之间达到最佳匹配；另一目的是确保已被调制的光载波的偏振态与光纤的本征偏振态相匹配。在光接收机输入端加入一级光匹配器，其目的是使输入的光载波的偏振态与空间分布能够和光本地振荡器输出的光信号相匹配，以确保获得最大的混频效率。

总之，相干调制是利用相干光作为载波，对载波的幅度、频率、相位等参数进行调制的相干光信息传输系统。在这里，光外差检测可方便把处于 200THz 量级的光频区域的信号搬移到吉赫（10^9Hz）量级的射频区域来处理。

至于光频的相干调制方式，它包括光的幅度移键控（ASK）、频率移键控（FSK）、相位移键控（PSK）和微分相位移键控（DPSK）等主要形式。

（2）优越性和存在的关键问题

光纤通信采用外差接收的优势主要体现在以下两点：一是接收灵敏度显著提升，特别是在 $1.55\mu m$ 波段，理论上的提升可超过 25dB，而在实用系统中已达到 20dB。二是由于采用窄带宽和高稳定性的激光器，系统的选择性得到大幅提升，达到 $10^3 \sim 10^4$ 的水平。因此，将光频分复用技术与相干光通信结合使用，能大幅增强通信系统的容量。

相干光通信面临的关键技术挑战包括：一是对高稳定激光源的需求，其稳定度需优于 10^{-9}；二是激光器需要具备窄频带和优良的单色性，最佳频带宽度应在几兆赫范围内。目前，分布反馈动态单模激光器（DFB-LD）和动态单模激光器（DSM-LD）等已能满足这些要求。

为了保持原始的偏振状态，必须控制进入光接收机的光载波偏振状态与本地振荡光波的偏振状态保持一致。此外，本地振荡光波的相位稳定性是光零差拍检波技术的关键。

(三) 将相干光通信系统技术引入纳米光纤通信网

在纳米光纤通信网络中引入相干光通信系统技术，将显著提高网络的用户接入能力和覆盖范围。这主要归功于其高接收灵敏度和优良的选择性等显著优势。例如，引入该技术后，网络在 $1.55\,\mu m$ 波段的接收灵敏度大幅提升，理论上可达 25dB 以上，而在实际应用系统中已实现 20dB 的提升。同时，由于采用窄带宽和高稳定性的纳米激光器，系统的选择性得以提高至 $10^3 \sim 10^4$ 级别。因此，结合光频分复用技术和相干光通信，可极大增强通信系统的容量。

尽管相干光通信技术的快速发展为光纤通信网采用更先进的技术提供了可能，尤其对于需要高容量、远距离传输的用户来说，这意味着巨大的机遇。然而，相干光通信系统技术的成熟度以及其高昂的成本，目前仍然是其在纳米光纤通信网中广泛应用的主要障碍。

第三节　纳米光通信网络的建设与管理

纳米光通信网络的建设不仅包括工程设计、施工和验收，还包括通过建设一个网络管理系统来实现对光通信网络的安全、高效、智能化的实时管理。这样的管理旨在确保网络的稳定运行，并能根据用户需求采取相应的安全措施或重新配置网络。应当指出，由于在建设和管理过程中应用了先进的纳米技术和纳米智能机器人，这使得整个过程更加智能化，网络运行更加可靠，而且网络的管理和维护也更为简便。

一、纳米光通信网络的工程设计

纳米光通信网络的总体工程设计在一般光通信网络的基础上更为简洁明确。一般光通信网络的设计分为初步设计和施工设计两个阶段。对于那些网络结构简单、设计方案明确且主要技术和经济原则已确定的工程，也可采用以施工设计为主的设计阶段。

(一) 纳米光通信网络的初步工程设计

纳米光通信网络的初步工程设计阶段的任务是根据设计任务书的要求，在进行现场勘察和用户调查的基础上，在确保技术可行性、经济合理性、安全可靠性的同时，满足用户的通信需求，并考虑未来的发展，确定建设方案。在充分论证方案后，根据总体设计对所需设备、传输介质和材料进行选择，并编制初步设计文件和概算。初步设计文件通常应包括设计说明书、设计图纸等，涵盖设计依据、设计范围和分工、设计原则和主要技术条件，以及设计文件组成、经费指标和其他必要问题的说明及备忘录等。

1. 现场勘测与用户调查文档资料

在实行工程总体设计之前，进行工程现场勘测与用户调查是编制出符合客观实际的正确设计文件的关键。了解工程现场地域情况（地理位置、气候条件等），初步确定网络数据管理中心（机房）的位置；了解网络施工环境和安装的条件及所受限制；了解各楼内节点用户类型，网上运行的应用程序，需要网络资源的种类和数量，近年来的要求和远期的扩容需要及移动和增减用户的频度等，建筑物内更详细的调查可细致到了解用户要求每个楼层的各办公室的连接电脑的台数、预测电缆（光缆）在楼道和室内的布置及线缆的种类、长度，通信柜、配线柜和接线盒的位置等。综合现场勘测与用户调查所得原始资料形成文档资料，作为工程总体设计的依据。关于在建筑（群）外部的布放光缆地域环境调查及勘测布置方面的注意事项，需要特别强调的是对建筑（群）外部的布放光缆地域环境进行详细调查和勘测，并准确了解在建筑（群）外部的布放光缆位置的标记情况。

2. 工程总体设计地域

总体设计应包括网络组成、总体网络框图和网络的性能指标及要求的设备种类、数量和技术性能等。设计中需考虑的因素包括网络覆盖范围、支持的用户数量、采用的技术（例如，物理层的信息传输速率、设备类型、传输介质、线路编码、通信模式、流量控制等）、网络管理能力，以及所遵循的标准。同时，还应考虑网络预期达到的主要性能指标（如最大利用率、吞吐量、丢包率等），以及未来网络升级和扩展的可能性。

3. 数据管理中心（机房）的设计

在设计数据中心（机房）的过程中，设计者应该注意以下内容：一是要确定其设计范围，并明确该范围的分工；二是要考虑到设备布局的原则，如通道和供电设计等；三是需要考虑测量仪器的配置和节点设备的安装图。这些要求取决于数据中心所处的光通信网络独立性。如果该数据中心完全独立于 IP 网络、长途传输干线

SDH/WDM 光子网络，则其规模、设备种类和数量以及设计复杂度都将受到影响。

4. 电源设备的安装设计

电源设备的安装设计应包括交流供电系统和直流供电系统的配置、电源设备的布局原则、安装图和接地系统的选择。还需提供 UPS 主备系统的选型和电源设备清单，包括考虑的充电机、功率表等仪器清单，近期和远期交流负荷的预估清单以及所配备的各类直流电池。此外，应特别注意排烟和降温措施，以确保环境无污染且温湿度适宜。

对于纳米光通信网络，其电源容量要求较小，且电源设备采用纳米材料和智能纳米机器人进行管理，确保了系统的高可靠性。

5. 传输介质线路的设计

传输介质线路的设计应包括路由方案的比较、选择、设计方案概述、沿线自然环境考量、特殊地段处理方案以及电缆和光缆线路的设计图。纳米光通信所采用的传输介质应是高性能的纳米电缆和纳米光缆。由于这些电缆和光缆及其连接器具有极低的传输损耗，因此线路中通常无须加入放大中继设备。

6. 楼内子网络的设计

在设计楼内子网络时，首先应详细了解楼内的通信需求。这包括各楼层的办公室（或教室、居室）数量、每个空间所需接入的计算机数量以及未来可能的增减情况，还有所需通信信号的种类和频度。基于这些信息，可以估算每个楼层所需接入的计算机数量和通信频度，并据此统计整个建筑所需的通信类型和总容量。这些数据将为设计楼内子网总体布局和整栋建筑的网络分布提供依据。

接着，测量各楼层及楼道的空间大小，以确定网络布线在各楼层和楼道的分布。这些信息有助于设计各楼层和楼道的布线图。同时，考虑楼层内几个相邻办公室（或教室、居室）的计算机接入需求、通信频度、未来可能的变化以及所需通信信号类型，为这些空间的机柜与配线柜的安装设计提供依据。

在纳米光通信楼内子网设计中，应充分利用纳米技术、纳米材料以及智能纳米机器人的功能，以提升网络的性能和效率。

7. 概算和附件

概算制表说明应包括制表编制依据、编制范围、所依据的各项费率标准、汇总工程总造价和技术经济指标分析等。概算内容应包括"总概算表""综合概算表""工程数量表""设备、材料以及工具、仪表种类数量表"等。初步设计编制的文件最后应附有工程来源、工程设计的依据等文件，如下达的设计任务书、签署的会议纪要等。

(二) 光通信网络工程的施工设计文件

一般光通信工程的施工设计文件以初步设计文件为基础，在初步设计文件批准后才可进行施工设计。施工设计文件是施工单位施工的依据，应与初步设计文件相一致，这里涉及工程项目建设的原因、建设单位、施工单位和主管部门等。在完成施工设计文件的初步设计后，设计单位、建设单位、施工单位和主管部门等组成鉴定委员进行会审，提出鉴定结论性意见。这里还涉及工程采用的国家和行业标准，必须满足相关标准规范要求。此外，施工设计文件中还应附录与工程施工相关单位的协调意见，来往文件、协议和纪要等。在纳米光通信工程中，与一般现行光通信工程不同之处在于应满足新的纳米光通信工程相关标准规范要求。这些要求包括更高的可靠性、更加智能化的设计以及更为人性化的工程。因此，在进行施工设计图纸项目时，应根据工程的规模和技术难度具体确定。无论工程规模大小，都应包括网络布局总图、传输介质线路、机房（设备室）布局、楼内子网络布局图等。每部分图纸都应该根据实际情况进行增减。

1. 网络布局总图

网络布局总图应该包括网络通信布局总图、电路分配系统图（网络层次图）、网络管理与监控系统图和供电系统图等。

（1）网络通信布局总图

网络通信布局总图具体描述出整个系统数据通信网的组成，其中包括使用的设备、传输介质和附件等，给出各子网络系统的容量、各节点（站点）设备的种类和数量、光缆（电缆）的程式和芯数以及各站点到中继器（或交换机）的线路长度等。

（2）电路分配系统图（网络层次图）

电路分配系统图（网络层次图）具体描述出整个网络的电路分配情况，按需要分配给各区域（或子网络）的网络资源（例如，有多少端口的碰撞域或交换域等）详细安排，特别标示出特殊需要的线路。描绘出各节点设备的配置和具体连接方式等。

（3）网络管理与监控系统图

对于复杂的大型接入网要设置网络管理系统。网络管理的内容，主要涉及网络的配置、性能、安全与可靠性和故障管理等，网络管理系统由网络监控站通过代理对于各层次网络用户的运行状态进行监控，对于整个网络的管理，各支路网（子网络）的拥塞情况和流量统计与控制等。

（4）供电系统图

供电系统图具体描述了整个网络各个区域层次网（子网络）、站点（办公室、教室或每户居民）电源配置情况和电源工作条件。明确供电系统的冗余安排，电源监控和主备切换条件。

在纳米光通信工程的施工设计文件中，对于传输介质线路的设计应根据前述原则进行，但其设计过程相对更为简化。得益于纳米光通信技术的应用，尤其是纳米电缆、纳米光缆和纳米连接器的使用，传输介质线路的各个组成部分变得极为简洁。在设计布局图时，必须明确标注采用纳米技术和纳米材料的具体位置，尤其是智能纳米机器人的位置及其功能。这样的标注不仅有助于清晰理解设计，而且对施工和后期维护都极为重要。

2. 传输介质线路

有线光通信网络的传输介质是光缆和电缆。光缆（电缆）线路部分包括：光缆（电缆）路由图、光缆（电缆）路由测量图、管道图、入孔展开图、光缆（电缆）芯线接续图、特殊地段敷设图和远供系统图等。

（1）光缆（电缆）路由图

光缆（电缆）路由图给出整个系统光缆（电缆）布放的路由、路由长度、光缆（电缆）预留等。

（2）光缆（电缆）路由测量图

光缆（电缆）路由测量图给出依据光缆（电缆）路由图，对于光缆（电缆）布放的实际路由进行测量复核，从而给出整个系统光缆（电缆）的真实路由布局长度。

（3）光缆（电缆）管道图

光缆（电缆）管道图给出整个系统各站点之间光缆（电缆）管道位置、走向、长度的连接图。

（4）入孔展开图

入孔展开图给出系统入孔布局、各个入孔截面剖视图，指明各个入孔内管道情况以及入孔大小和管孔尺寸。

（5）光缆（电缆）芯线接续图

光缆（电缆）芯线接续图给出系统光缆（电缆）芯线接续位置、芯线接续对应关系以及芯线接续产生损耗要求指标。

（6）特殊地段敷设图

特殊地段敷设图给出整个系统特殊地段的位置、采用的相应的敷设方法等。

（7）远供系统图

远供系统图给出整个光通信网络的供电方式和供电距离、输电线芯径及损耗参数等，通常是不需要远供系统的。

以上是对于有线光通信网络线路部分采用地下管道敷设方式的光缆（电缆）线路部分主要图纸，对于无线光通信网络线路部分还要涉及网络的工作频段、采用的调制复用技术、信道个数与工作带宽等。所有设备的无线接口、采用的调制复用技术都应统一到整个网络要求采用的调制复用技术和工作频段上，对于无线光通信网络的固定节点也有相应的布置图纸。

对于纳米光通信工程的施工设计文件中关于传输介质线路的设计可参照上述论述，但是其传输介质线路的设计要简单得多。由于纳米光通信设备，特别是纳米电缆、纳米光缆与纳米连接器的应用，使得传输介质线路各部分极其简单。当然，在各部分布置图中，都应增加采用纳米技术、纳米材料的位置标注，特别是智慧纳米机器人的位置与功能的标注。

3. 机房（设备室）布局

对于大型机房（设备室）应有其布局的详细图纸，包括机房或设备室平面布置图、接线架布置图、机房设备连接线缆总图、机房设备监控信号连接图、机房设备报警连接线缆图、机房电源设备连接线缆图、机房设备排列图和机房设备结构安装图等。

（1）机房或设备室平面布置图

机房或设备室平面布置图给出整个网络所包括的所有节站的机房或设备室概况、设备的安装位置、机房或设备室的平面布置尺寸、机房或设备室中其他设备（如空调设备、消防设备等）的布置情况。

（2）接线架布置图

接线架布置图给出整个网络所包括的所有节站的机房或设备室中接线架布置情况，接线架的三维尺寸、位置、材料和固定方式等。

（3）机房设备连接线缆总图

机房设备连接线缆总图给出整个网络所包括的所有节站的机房或设备室中设备各种线缆连接的示意图，用于施工中设备各种线缆连接的指导。

（4）机房设备监控信号连接图

机房设备监控信号连接图给出整个网络所包括的所有机房或设备室中设备各种监控信号的连接情况，其中包括各种设备（如网桥、交换机、路由器、Ethernet over SDH / WDM 光子网络设备等）监控信号出线端子连接视图、站监控设备入线端子连接视图和站监控设备监控信号线缆规格、长度和导线表等。

（5）机房设备报警连接线缆图

机房设备报警连接线缆图给出整个网络所包括的所有节站的机房或设备室中各种设备报警线缆连接情况，其中包括各种设备报警信号出线端子连接视图、设备报警入线端子连接视图等。在机房内应该设置相关的报警系统，以便在环境恶化出现时，如温度、湿度超出允许范围时，能够及时发出警报。

（6）机房电源设备连接线缆图

机房电源设备连接线缆图给出整个网络所包括的所有节站的机房或设备室中各种设备电源的连接线缆图，其中包括各种设备电源入线端子连接视图、供电电源设备出线端子连接视图、电源线缆连接方式图、电源线缆规格与长度、断路器规格与大小明细表、电流量和线径对照表等。

（7）机房设备排列图

机房设备排列图给出整个网络所包括的所有机房或设备室中各种设备排列顺序及各机架设备的安装位置。按机架内设备的安装位置图安装设备应以从左到右、从上到下的顺序进行。

（8）机房设备结构安装图

机房设备结构安装图给出整个网络所包括的所有机房或设备室中各种设备结构的安装方法，其中包括各种设备接线架结构的安装方法及相应的结构零件图、地线连接板的安装图、机架与接线架和地线连接板的连接图等。

4. 楼内子网络布局

这里应明确，子网络是指进入每栋楼的楼内网络，其设计施工图纸应包括楼内子网络布置总图、各楼层平面图、楼层网络布置图、整栋楼房内电缆（光缆）走线图、各楼层和楼道布线图、供电和地线布置安装图、机柜与配线柜安装设计图等。

（1）楼内子网络布置总图

设计者要详细了解楼内需要通信情况，如具体各楼层办公室（教室或每家居室）数量、每个室需要接入计算机数量和将来可能的增减、需要通信信号的种类和通信频度，从而估算出各楼层需要接入计算机数量、通信频度，进而统计出整个楼房内需要的通信种类和总容量。

（2）各楼层平面图

各楼层平面图给出整个网络所包括的各楼层情况，楼层内办公室（教室或每家居室）数量与分布具体位置，安装线缆和机柜与配线柜所需要的物理空间尺寸，也给出其他设备（如空调设备、消防设备等）的布置情况。

（3）楼层网络布置图

设计者根据楼层内办公室（教室或每家居室）数量、每个室需要接入计算机数量和将来可能的增减、需要通信信号的种类和通信频度，从而估算出各楼层需要接入计算机数量、通信频度，进而确定各楼层网络图。

（4）整个楼房内电缆（光缆）走线图

设计者根据测量的各楼层和楼道的空间大小，确定其网络在各楼层和楼道的分布位置，从而设计出整个楼房内电缆（光缆）走线图。

(5) 各楼层和楼道布线图

设计者根据测量的各楼层和楼道的空间大小，确定其网络在各楼层和楼道的布线，确定机柜与配线柜分布位置。

(6) 供电和地线布置安装图

设计者根据测量的各楼层和楼道中办公室（教室或居室）数量、位置，确定供电与地线位置。

(7) 机柜与配线柜安装设计图

设计者按确定的机柜与配线柜负责有关楼层办公室（教室或每家居室）数量、每个室需要接入计算机数量和将来可能的增减、需要通信信号的种类和通信频度，确定机柜内安装设备的种类和型号及配线柜走线到各室的终端总数。

在施工设计文件中，关于机房（设备室）布局的设计应该相当简单，这是因为纳米光通信设备，特别是纳米电缆、纳米光缆与纳米连接器的应用，使机房（设备室）占用面积变得极小。为此，在各部分布置图中，都应该加入关于采用纳米技术、纳米材料以及相关位置标注，特别是智慧纳米机器人的位置与功能标注，以充分体现其在整个纳米光通信工程中的作用和重要性。

这里还应详细列出网络工程对于采用的纳米技术、纳米材料的总体要求，特别是对于智慧纳米机器人功能的要求，不允许有漏缺项和功能缺陷的存在。尤其是在纳米技术在工程中应用的初期更要多加注意。

二、纳米光通信网络工程的施工与验收

工程的调试与验收是纳米光通信网络工程建设的最后关键阶段，关系到光通信网络工程的质量是否达到预期工程设计指标及用户的要求。现就其调试与验收分别作扼要说明。

（一）纳米光通信网络工程的施工

1.机房设备的安装

在进行机房设备安装时，应遵循施工设计文件的要求。如果在具体的安装过程中遇到了问题，难以按照施工设计图纸进行处理时，应与工程设计单位进行协商解决，不能擅自处理。机房设备的安装需要按照施工准备、按图纸施工和施工检查验收三个阶段进行。设备的安装质量直接影响到调试开通工作的顺利进行，也关系到整个网络的性能指标的实现。因此，在进行设备安装时，应严格按照相关标准和要求进行，确保设备的安装质量得到充分保障。施工人员在施工之前必须熟悉和掌握施工设计文件，以便顺利完成设备的安装工作。

2. 光缆（电缆）的敷设

大型光通信网络工程建设主要包括机房（数据管理中心）、楼房内子网络和机房与楼房间敷设的传输线路三部分。通常，考虑到光缆尤其是纳米光缆所具有的诸多优点，传输线路的选择倾向于使用光缆传输介质，仅在一些特殊要求地方敷设电缆。

3. 楼内子网络的安装

楼内子网络通常是由进线室、通信室、机柜／配线柜、楼内连接电缆（光缆）和工作室组成。从数据管理中心或其他栋楼来的数据信号经光缆（电缆）传输后，进入楼房入口的进线室，进线室内信号经通信室内的设备送入楼内连接电缆（光缆）。在楼内连接电缆（光缆）内的数据信号经机柜／配线柜中的设备（分支交换机或中继器）和配线架（盘）将其分配到各个工作室的计算机中。楼内子网络的安装施工依据其设计施工图纸和国家与行业推荐的建筑布线标准进行。子网络施工图纸应包括子网络布置总图、各楼层布置图、电缆（光缆）走线图、通信室设备与线缆安装图、机柜和配线柜配置图，以及机柜和配线柜内设备与线缆安装图等。

（二）光通信网络工程中的测量技术

光通信网络工程调试使网络工程达到或超过预期工程设计指标是工程顺利通过验收的前提，工程调试达到的系统性能指标直接反映了工程的设计水平和安装施工质量。工程调试通常分为网络设备调整和敷设电缆（光缆）线路调试两部分。网络设备和电缆（光缆）线路均包括单独调试和为满足网络工程正常运行的调整两个阶段。在工程调试中，要确实把握好网络使用的电缆（光缆）和设备的出生产厂前测试检验、现场测试检验及在网络中的系统测试检验三个重要环节。

1. 光通信网络设备技术性能指标的调试

（1）光纤通信网络相关设备的调整测试

设备的技术性能是满足用户要求与保证网络工程优质的关键所在。对于光纤通信工程网络设备的首要性能条件是满足有关标准规范和工程要求，取得入网的许可证。光纤通信网络系统设备在出厂前、现场和网络工程中三个阶段的测试中涉及的要求说明如下。

①出厂前的检验测试。检测的内容应当是全面的，包括设备的所有技术规范：一是应遵守的标准，如光纤通信网络应满足标准 ITU-T G.902、ITU-T G.959、ITU G.983、ITU G.984、ITU G.994、YDN057-1997 等的技术要求；二是光纤通信（OFC）网络系统设备应满足统一的全网工程性能要求；三是每种设备在网络中要完成的基本功能；四是物理性能参数的检验，这里包括设备的供电要求与功耗、机械结构强度和表面涂层情况、安装和维修难度、屏蔽电磁干扰能力、适应环境能力（温度和

湿度范围)、使用寿命及设备的体积、质量等。

总之,出厂前设备的检验测试应根据产品说明书和技术规范做全面的检查验收,全面合格后才能允许出厂。

②在现场单机设备的调整测试。检测内容包括:一是设备运输到现场,应开箱检查运输对设备有无损伤,特别是机械结构强度和表面涂层及各相关接插件、插板的情况,松动的紧固件要重新拧紧;二是对于运到现场的设备要有详细记录,明确设备是否完好,若发生损伤等情况应按要求及时处理,不能影响工程的进度和质量。由于现场条件和工程时间要求的限制,不能对设备出厂的全部性能指标都进行测试,其进行现场单机设备的调整测试项目应主要是在现场有测试条件并直接关系到网络工程总体要求的性能指标。例如,屏蔽电磁干扰能力、适应环境能力(温度和湿度范围)、供电要求与功耗、工作速率、通信模式、介质接入与流量控制规则及每种设备在网络中要完成的不同基本功能等。

③在网络中的系统测试检验。在设备经过出厂和现场调整测试检验合格后,按照设计图纸的要求,将其安装到网络工程中相应的位置,并进行系统测试检验。其中,主要检查设备是否能够满足网络工程的需求和要求。

(2)无线光通信网络相关设备的测试检验

无线光通信网络系统设备在出厂前、现场和网络工程中三个阶段的测试中涉及的要求说明如下。

①出厂前的检验测试。检测的内容应当是全面的,包括设备的所有技术规范:一是应遵守的标准。对于无线光通信网络的设备要满足的标准包括 IEEE802.11 标准系列或 Home RF 标准系列、HIPERLAN 标准系列、5-UP 和 IrDA 标准等。二是各种无线光通信网络系统设备应满足统一的全网工程性能要求的测试。WOC 网络工程性能要求应包括网络的布局规模、拓扑结构形式、主要的网络性能和采用的相关无线光通信网络标准等。三是无线光通信网络相关的设备必须服从无线光通信网络的上述总体布局和网络性能要求,网上所有设备必须充分满足网络的总体规划要求。四是物理性能参数的检验。这里包括设备的供电要求与功耗、机械结构强度和表面涂层情况、安装和维修难度、屏蔽电磁干扰能力、适应环境能力(温度和湿度范围)、使用寿命及设备的体积、重量等。

总之,出厂前设备的检验测试应根据产品说明书和技术规范做全面的检查验收,全面合格后才能允许出厂。

②在现场和在网络工程中的检验。在现场和网络工程中执行的检验程序和要求基本与光纤通信网络系统设备的通用原则相同,因此不再赘述。

2.光通信网络敷设光缆（电缆）线路的技术性能指标的调试

在光通信网络工程调试中，要确实把握好网络使用的电缆（光缆）的出生产厂前测试检验、现场测试检验及在网络中的系统测试检验这三个重要环节。

（1）出厂前的检验测试

出厂前光缆（电缆）的检验测试应根据产品说明书和技术规范做全面的检查验收，全面合格后才能允许出厂。

①光纤的检验测试。确认该光纤是否符合 ITU-TG.651、G.652、G.653、G.654或 G.655 等多项标准。这种光纤可以是多模或单模的，并涉及多个方面，如光纤的结构、涂覆和机械强度、温度与湿度环境、折射率分布（多模梯度型或单模阶跃型）、物理尺寸（芯径、外径、同心度和椭圆度等）、传输损耗、传输带宽或色散、模场直径、数值孔径或有效截止波长等性能参数。这些参数对于光纤在网络中的稳定性和可靠性具有重要影响。因此，只有确保光纤符合相关的标准和性能参数才能保证数据传输的质量和安全性。

②光缆的检验测试。出厂前光缆的检验测试主要是光缆结构和机械强度是否符合工程设计要求。这里包括对于涂覆光纤、缆芯和外套的检验测试及内部的铜导线特性和光缆的机械性能试验等。

③电缆的检验测试。在出厂前，电缆的检验测试是一项十分重要的工作，其主要目的是检查电缆的结构和机械强度是否符合国家标准及工程设计中对于特殊要求的符合程度。此外，电缆铜芯线的直流电阻、不平衡电阻、绝缘电阻和绝缘强度等参数也应符合国际和国内的通信电缆铜导线的电气性能标准。

（2）现场测试检验

光缆（电缆）运输到现场，首先应检查运输对光缆（电缆）有无损伤的情况。对于运到现场的光缆（电缆）要有详细记录，明确光缆（电缆）是否完好，若发生损伤等情况应按要求及时处理，不能影响工程的进度和质量。由于现场条件和工程时间要求的限制，不能对于光缆（电缆）出厂的全部性能指标都进行测试，其进行现场光缆（电缆）的调整测试项目应主要是在现场有测试条件并直接关系到网络工程总体要求的性能指标。例如，通常仅检验测试光缆（电缆）内光纤的总传输损耗和铜导线的电气性能（直流电阻、不平衡电阻、绝缘电阻和绝缘强度等）参数。

①光纤的总传输损耗

光纤总传输损耗的测试方法目前有剪断测试法、介入测试法和反向散射测试法等。工程上通常采用介入测试法，这是利用被测试光纤所带的光纤活动连接器，使用光源和光信号注入系统及光功率计进行总传输损耗测试的。

②铜导线的电气性能

在现场，一般测试检验的项目仅有直流电阻和绝缘电阻两项。一是直流电阻的测试。其测试方法是将铜导线每两根在远端连接短路，在近端用直流电桥测量环路直流电阻，这里可忽略引线电阻。在测量时还需要对测量结果进行温度修正。二是绝缘电阻的测试。其测试方法是将每根铜导线在远端对地开路，在近端用高阻计测量铜导线间、铜导线对地间的绝缘电阻。

（3）安装后的测试检验

光缆（电缆）按设计施工图纸要求安装到机房、楼内子网络和地下或架空的传输线路中后，还应做进一步的测试检验。

核对敷设、布线光缆（电缆）是否符合设计施工图纸要求，光缆（电缆）的接续、连接是否良好无误。核对敷设、布线光缆（电缆）的规格程式是否符合设计施工图纸要求。进行光纤的总传输损耗和铜导线电气性能（直流电阻和绝缘电阻）的测试检验。

3. 光通信网络系统的技术性能指标的调试

在完成网络设备调整和敷设电缆（光缆）线路调试后，可进入光通信网络系统测试阶段。在这个阶段要按照设计任务书对光通信网络工程的总体要求，进行全面检查测试。

检查测试项目包括网络的布局规模、拓扑结构形式、主要的网络性能和网络管理系统安排及采用的相关光通信网络标准等。

对于光纤通信网络系统的网络性能测试检查，主要应包括网径的大小、信号帧结构、工作速率、通信模式、介质接入与流量控制规则、传输介质接口和最大吞吐量、网络的利用率、网络管理能力、网络的安全与可靠性及遵守的标准系列等。

对于无线光通信网络性能测试包括工作频段、采用的调制复用技术、信道个数与带宽、允许的网径大小、采用的介质接入规则、每个信道允许的最高数据速率和最大吞吐量、网络的利用率、网络管理能力、网络的安全与可靠性，等等。此外，还要检测室内网和室外网的布局，特别是与干线光网络的连接方式、覆盖模式、区间的切换漫游和频段干扰和安全保密等情况。

最后，还要了解明确此光通信网络工程是否按设计任务书要求实现了与 SDH/WDM 光子网络或 IP 网络的良好连接，此光通信网络工程中的用户是否可通过 SDH/WDM 光子网络或 IP 网络实现在更广阔的区域通信。

（三）光通信网络工程的验收

光通信网络工程的验收通常是分几个阶段进行的。在工程验收时还必须提供齐备的竣工技术资料文件。

1. 光通信网络工程验收的几个阶段

光通信网络工程的验收大体可按初步验收、试运行、最终验收和保修运行四个阶段进行。

（1）初步验收阶段

初步验收阶段是在机房设备安装、光缆敷设和楼内子网络安装等工程施工全面完成并且网络各系统的特性与功能经测试均达到设计任务书指标要求的基础上，各种技术资料、图纸经工程施工实践考验以后，完成了整理修改齐套，则可进入初步验收阶段。若在初步验收阶段中，对照设计任务书规定的总体技术指标要求，对工程做全面细致的检测其结果均满足要求并有详细的测试记录，并且图纸文件质量均符合要求，则可进入试运行阶段。

（2）试运行阶段

试运行阶段是在初步验收阶段完成后进行的，对网络工程的稳定性、可靠性和可用性进行较长期的考验。在试运行阶段中，工程设计任务书规定的总体技术指标应长期稳定达到要求，不允许有达不到总体技术指标的时段存在。这一阶段运行时间，根据工程的具体情况可取 3～6 个月。试运行阶段应有详细的运行测试记录，记下存在的问题和改进意见。

（3）最终验收阶段

在工程建设的试运行阶段，只有稳定性、可靠性和可用性均达到设计要求，才能进入最终验收阶段。如果在最终验收阶段中发现存在问题，可以适当延长试运行期。在最终验收阶段，可以采取抽样和重点项目复核的方式，确保结果符合要求。如果所有检查结果都符合要求，则意味着最终验收阶段已经结束。此时，工程将被宣布完成，并可以进行移交并网使用。

（4）保修运行阶段

在保修运行阶段，需要对网络的稳定性、可靠性和可用性进行进一步的验证和确认。这一阶段通常持续 1 年左右的时间，其目的是通过对网络运行情况的详细记录，对网络的性能进行全面评估，确保网络能够持续、稳定地运行，并且满足客户的需求和期望。在保修运行阶段，需采取科学合理的方法对整个网络运行环境进行监测和分析，以发现并解决潜在的问题，保障网络的高质量运行。同时，还需要建立完善的故障处理流程和应急预案，以便在遇到问题时能够及时、有效地进行处理和恢复，确保网络的高可用性和业务连续性。

2. 竣工文件

工程验收中，施工单位应向建设单位提交竣工技术资料，其主要内容包括以下三项。

（1）工程竣工图纸

工程竣工图纸应一式三份，工程竣工图纸应包括：实际机房安装设备平面图；实际楼内子网络布置图；实际网络工程总线路图；各工作区布置图和各机柜／配线柜布线图等。

（2）工程测试记录

工程测试记录应包括单机设备、光缆（电缆）线路和楼内子网络及整个网络工程的测试记录，设备与元器件故障及修复记录和初步验收阶段记录等。

（3）工程洽谈会记录

工程必须严格符合国际标准 ITU-T JEEE802 等、国家标准以及国家行业相关的相关标准的要求。

三、光通信网络工程的维护与管理

纳米光通信网络管理的内容很多，包括配置管理、性能管理、事件（故障）管理和安全管理等。网络管理系统包括网络管理站（NMS）、被管理设备、代理（Agent）、管理数据库（MIB）和网络管理协议等。

本部分在介绍网络管理的基本概念的基础上，将首先详细地讨论光通信网络采用的简单网络管理协议（Simple Neturor Management protocol，SMNP），然后较详细地介绍两种通用的管理数据库即 MIB-Ⅱ MIB 和管理数据库远程监视程序（RMON MIB），最后讨论光通信网络的安全问题。

（一）网络管理的基本概念

网络管理的目的是确保网络处于最佳运行状态，以便顺畅通信。网络管理包含的内容很多，主要涉及网络的配置管理、性能管理、安全与可靠性管理和故障管理等。光通信网络的管理要满足以下基本要求。

①具有一系列标准接口（包括协议和若干规定），可与各类局域网、因特网、城域网或广域网设备与网络管理系统互联。

②具有标准化的网管功能结构、物理结构和信息结构。

③有标准化的计算机专用管理工作站，提供充分而有效的管理，对其光通信网络进行配置、性能、安全和故障管理。

④便于管理者操作，有智能化管理能力。

（二）管理标准接口

具有一系列统一标准接口，是对组成网络的所有设备进行卓有成效管理的不可缺少的必要条件。为此，互联网架构委员会（Internet Activities Board，IAB）在1988 年提出了在给定被管理目标数据上定义的设备通信协议标准，就是通常所称的 SNMP。与此同时，IAB 又定义了一种数据描述方法，即抽象化语法表示 ASN.1（Abstract Syntax Notation 1）格式。组成网络的所有网元设备都必须有统一的、开放的 SNMP 协议接口，因此网络管理者可以通过 SNMP 去访问所有网上网元设备，读取各种表征网元设备运行状态的关键数据；网络管理者也可以通过 SNMP 向网上网元设备内控制器（代理）发送各种控制数据。总之，通过 SNMP 可实现被管理的网上网元设备与管理者之间的通信，从而实现对于网络、设备和部件的管理；SNMP 也可以用于实现网上网元设备之间的通信。

应该指出，这里所称的管理目标是对被管理网络系统内部资源的抽象，资源本身又分为物理资源和逻辑性功能资源两大类。物理资源包括被管理的网络系统、网络设备以及相关辅助硬件；而逻辑性功能资源包括相关通信协议、规程、应用程序以及网络服务软件等。这样一来，管理目标与其资源有其对应关系。因此，管理目标是管理者通过管理接口所管理的资源即被管理对象。

在网络设备的构成中，作为核心模块的控制器（通常为中央处理器）承担着多项职责，其中包括设备的整体管理以及对内部控制器的协作通信。更重要的是，管理者还可以通过设备内部控制器对设备进行控制与管理。这些功能都是通过控制器内部运行的程序实现的，被管理设备的控制器内运行的这些程序统称为"SNMP 代理"（SNMP A-gent）。"管理代理"应处于被管理的设备、部件之中，管理者通常是通过与管理代理通信来实现对于被管理设备进行管理的。

（三）网络管理使用的 SNMP

SNMP 是一个应用层重要协议，用于简化设备之间管理信息的交换。它是传输控制协议（Transmission Control Protocol，TCP）和互联网协议（Internet Protocol，IP）组成的 TCP / IP 一套协议的一部分。最常用于 IP 网络、Ethernet 网络，也可用于 IPX 和其他网络层协议上。SNMP 方便了网络管理者对于光通信网络进行简单、标准化的管理。SNMP 已有 SNMP-V1（SNMP Version1）、SNMP-V2（SNMP Version2）和 SNMP-V3（SNMP Version3）三个版本。SNMP-V2 版本是 SNMP-V1 版本功能的扩展，SNMP-V3 版本是 SNMP-V2 版本的进一步完善。

SNMP 概括为由命令和响应组成。这里有四种基本命令，即为读（Read）、写（Write）、中断（Trap）和遍历（Traversal）基本命令。读命令用于 NMS 执行对于被管理设备的监视，NMS 通过代理读取表征被管理设备运行状态的性能参数从而了解被管理设备的运行状态是否正常；写命令用于网络管理站控制被管理设备，可通过更改被管理设备的相关参数的方法来控制设备性能和配置；中断命令可由被管理设备使用，当突然发生某种类型事件时被管理设备发送中断命令到网络管理站，以便将发生的突然事件及时地报告给 NMS，以便 NMS 做出相适应的处理；遍历操作命令由网络管理站使用，用于方便确定各种被管理设备的支援和确定在变量表中（如路由表中）更多的序列信息。SNMP 的命令和响应在协议数据单元（Protocol Data Unit，PDU）中编码。PDU 是 IP 数据报数据部分的定义，用它来承载 SNMP 的各种命令和响应。当然，SNMP 的 PDU 也可通过其他协议来传送。

网络、设备的管理者与被管理设备的代理之间通过 SNMP 通信，设备的管理者使用所称的网络管理站向被管理设备的代理发送 SNMP 命令，而被管理设备的代理则对接收到的 SNMP 命令做出应答。

（四）管理数据库

管理信息库也称管理数据库，是被管理的网络、设备或者部件内目标数据、结构和配置运用抽象化语法表示 ASN.1（Abstract Syntax Notation 1）格式将其保存在以美国国家信息交换标准代码（American National Standard Code for Information Interchange，ANSCII）形式出现的文件文本中，每个文件称为管理数据库，显然管理数据库的大小可能相差悬殊。利用管理数据库描述被管理的网络、设备或者部件内目标数据、结构和配置的目的是便于通过管理数据库协议来实现对于网络的管理。由于管理数据库描述了网络、设备或部件内部的目标数据、结构和配置，因此网络管理站可以通过 SNMP 协议访问或更改管理信息库中的管理数据库。光通信网络上的每个站点都必须支持其描述站上设备、部件内部目标数据和结构的管理数据库和 SNMP，否则此站点将无法接受网络的统一管理。

管理数据库是一种描述被管理设备、系统所支持的目标数据的简单目录格式。网络管理站必须理解设备所支持的目标数据才能与被管理设备进行通信。网络管理站通过读取管理数据库中存储的数据来了解被管理设备的状况。管理数据库可以分为非标准的和标准的两大类。非标准管理数据库通常是指企业管理数据库，这是由企业内部制定的标准管理数据库。所谓标准管理数据库是指由 IAB 统一定义的管理数据库。在光通信网络的网络管理中，通常只允许使用标准的管理数据库。

光通信网络管理主要利用两种类型的管理数据库：MIB-II（管理信息库 II）和 RMON MIB（远程监控管理信息库）。MIB-II 使网络管理站能够单独监控网络中的各种设备，如特定网络接口、中继器、网桥或交换机等。通过 MIB-II，网络管理员可以读取特定站点发送的数据帧总数，获取中继器的特定端口碰撞统计数据，检查端口的开启或关闭状态，以及查看交换机的地址表和端口地址寿命参数等。另外，

RMON MIB 使网络管理站能够监控整个网络的运行状况。RMON MIB 是一种远程监控标准，允许网络管理员配置监控探测器和控制台系统，以满足多样化的网络监控需求。

目前，IETF 正在开发 RMON2 的下一代管理数据库远程监视程序（RMON MIB），其功能更完善。为相区别，将前期开发的管理数据库远程监视程序（RMON MIB）称为 RMON1。RMON1 用于为网络的管理者提供有关网段的健康运行的性能参数，而 RMON2 用于为网络的管理者提供有关整个网络的健康运行的性能参数，监测网络客户机／服务器的应答和端到端的通信。

（五）SNMP 管理与安全性

SNMP 是一种基于分布式管理协议的协议，其特点是一个系统可以仅由一个网络管理控制台（站）或一个代理来进行操作。在某些情况下，一个系统可能同时由网络管理站和代理来进行操作。在这种情况下，如果另一个网络管理站需要查询被管理设备的信息，则它可以要求该设备提供存储管理信息的摘要条件或者报告存储管理信息的位置。

为了提高网络安全性，SNMP 采取了一系列措施，防止未经授权的设备或用户进入网络，或者对网络配置进行不正当更改。其中，SNMP 代理要求网络管理站在发送命令时附加用于安全的"特有口令"。这使得 SNMP 代理能够根据附加的"特有口令"的正确性来判断网络管理站是否被授权访问其数据库。这个附加的"特有口令"通常被称为 SNMP 的"共同体"。因此，SNMP 的"共同体"是指 SNMP 管理代理和网络管理站之间的特定关系，该关系在 SNMP 协议中具有重要意义，只有通过验证才能实现对它们的访问。网络管理站需要为所有管理代理创建一个统一的"共同体名"，以便按该"共同体名"对其管辖的所有管理代理进行安全管理。

尽管 SNMP 为了网络的安全采取了上述措施，但是仍然会受到各种安全威胁，包括假冒（Masquerading）、信息篡改（Modification of Information）、报文顺序与定时的篡改（Messare Sequence and Timing Modification）和泄密（Disclosure）等。假冒是指未经授权的实体企图假冒授权管理实体的身份完成对网络的管理操作。信息篡改涉及未经授权的实体企图篡改由授权的实体产生的信息报文，从而导致未经授权者实现对网络的统计管理或进行非法的配置管理操作。报文顺序与定时的篡改是未经授权的实体对于授权的实体产生的信息报文进行非法重新排序、延迟、复制等操作产生的后果。泄密是指未经授权的实体获取了目标（对象）中存储的信息，或者窃取了管理者与代理之间交换的关于监控使用的重要事件报告。

第十一章　光纤通信技术与运用

第一节　光纤通信基础

一、光纤通信技术的概念

光纤通信技术，作为光通信领域的佼佼者，已经发展成为当代通信领域的重要支柱之一。在当今的电信网络中，光纤通信扮演着不可或缺的角色。作为一项崭新的技术，光纤通信近年来的发展速度之快、应用范围之广，在通信史上堪称罕见。同时，它也是当今世界技术革命的一个重要标志，是未来信息社会各种信息传输的关键工具。

光纤，即光导纤维的简称，是一种基于光在玻璃或塑料纤维中全反射原理的光传导工具。它主要由内芯和外包层构成。其中，内芯的直径一般只有几十微米至几微米，甚至比头发丝还要细。外层的包层则负责保护内芯。由于光纤主要采用玻璃材料制作，其为电气绝缘体，因此在使用过程中无须担忧接地回路的问题。光波在光纤内的传输，不仅安全且高效，极少发生信息泄露的现象。光纤本身体积细小，从而在空间占用上显得尤为经济，有效解决了实际应用中的空间限制问题。

在光纤的应用方面，根据制造工艺、材料组成以及光学特性的不同，光纤可被分为多种类型。在实际使用中，光纤通常按照用途进行分类，主要分为通信用光纤和传感用光纤。根据传输介质的不同，光纤又可以细分为通用型和专用型。此外，还有一类特殊的光纤，即功能器件光纤，这类光纤专门用于完成光波的放大、整形、分频、倍频、调制及光振荡等多种功能。这种功能器件光纤通常以特定的器件形式出现，为光纤通信技术的应用提供了更多的可能性和灵活性。

光纤通信，一种以光波作为信息承载媒介、利用光纤进行信号传输的通信技术，可视为以光导纤维为传输介质的"有线"光通信方式。在实际应用中，光纤通信系统并非使用单一光纤，而是由多条光纤汇聚成的光缆来实现信息传递。

在光纤通信系统中，基础元素包括光纤、光源以及光检测器。这一系统由光发信机、光收信机、光纤或光缆、中继器以及各类无源器件如光纤连接器、耦合器等构成。光发信机负责实现电信号到光信号的转换，它由光源、驱动器以及调制器组成，主要功能是将电信号调制成光信号，并通过光纤或光缆传输。此处的电端机指的是传统的电子通信设备。

光收信机则承担光信号到电信号的转换任务,由光检测器和放大器组成。其主要作用是接收光纤或光缆传输的光信号,通过光检测器将其转换为电信号,并经过放大处理后传送至接收端。光纤或光缆在这个系统中起到传递光信号的关键作用,确保发信端发出的信号能够经由光缆远距离传输至收信端。

中继器是光纤通信系统中的重要组成部分,由光检测器、光源和判决再生电路构成。其主要职能是补偿光信号在传输过程中的衰减和对波形失真的脉冲进行修复。由于光纤的生产工艺和施工条件的限制,一条光纤线路可能需要多根光纤连接。因此,在光纤间的连接、光纤与光端机的连接以及耦合过程中,对光纤连接器、耦合器等无源器件的使用成为必不可少的环节。

二、光纤通信的特点

光纤通信,作为一种通过光导纤维传递光波信息的高新技术,已成为现代通信技术的一大突破。它以独特的优势在光通信领域中崭露头角,对现代电信网络的建设与发展贡献显著。接下来,将详细探讨光纤通信的几个显著特点。

(一) 保密性能强

在现代光纤通信系统中,其保密性表现尤为突出。传统的电缆线在电波传输过程中容易因电磁波泄露而干扰信号通道,尤其是铜线在长期使用过程中,易出现老化等问题,从而影响信号传输效果,并降低保密性。相反,光纤通信通过光导纤维传递光信号,其封闭性极强。这不仅使得光信号严格限制在光导纤维内部,而且由于其外围的保护层设计,进一步增强了保密性,有效避免了信息泄露的风险。

(二) 频带极宽, 通信容量大

光纤通信技术以其庞大的通信容量和宽广的频带,引领着现代通信技术的发展。这种技术利用高频光波进行数据传输,频率通常可达到1014Hz。这样高频的特性,使得光纤通信在容量上远超过传统的微波通信技术,其优势可谓十分显著。与传统微波通信相比,光纤通信的容量增加了超过100倍。这一显著的提升,意味着在相同的传输条件下,光纤通信能够处理的数据量远远超出微波通信。例如,在目前已知的最大容量传输宽带为50000赫兹的情况下,光纤通信能够同时容纳数百个频道,这对于数据传输效率的提升具有重大意义。

此外,光纤通信在传输带宽方面也展现出了巨大的优势。与传统的铜线或电缆相比,光纤的传输带宽更大,这为数据传输提供了更加宽敞的空间。但需要注意的是，在单波长光纤通信系统中，由于终端设备的限制，这种带宽的优势并不总能得到充分发挥。为了更好地利用光纤通信的宽带优势，技术的创新成为必要。在这方面，密集波分复用技术（DWDM）便是一种有效的解决方案。这项技术通过在同一光纤上同时传输多个波长的光信号，极大地提升了传输容量，从而使光纤通信技术的潜力得到了更加充分的发挥。

（三）抗电磁干扰能力强

在现代通信技术的众多评价指标中，抗干扰性能无疑是衡量其优越性的一个重要方面。光纤通信之所以能在这一方面表现卓越，关键在于其独特的材料属性和构造特性。光纤主要由二氧化硅制成，这种材料本身具有出色的抗腐蚀性和优良的绝缘性。这些特性使得光纤在面对各种环境因素，尤其是电磁干扰时，都表现出了强大的抵抗力。光纤通信技术由这种独特的材质构成，不会受到外部电磁环境的影响，也能有效避免人为设置的电缆等可能产生的干扰。在长距离的信息传输过程中，光纤通信的这一优点尤为重要。由于其出色的抗干扰能力，即便是跨越数百公里甚至数千公里的通信，也能确保信号的完整性和准确性，不受任何电磁干扰和破坏。这一特性在确保信息安全和通信稳定性方面发挥着不可或缺的作用。在特殊领域，如强电环境的通信应用和军事领域，光纤通信技术的这一特性更是显得至关重要。在这些领域中，常常需要在复杂的电磁环境下进行准确无误的数据传输。光纤通信技术的抗电磁干扰能力，为这些领域提供了可靠的通信手段，确保了信息的安全传输和高效处理。

（四）无串音干扰，保密性好

在传统的电波通信方式中，电磁波在传播过程中常受到多种干扰，其中最显著的问题之一是其对信息保密性的威胁。电磁波易于泄露信息，这严重影响了数据传输的安全性。然而，在光纤通信技术中，这一问题得到了有效解决。光纤利用光波传递数据，由于其固有的特性，可以有效防止串音干扰，显著提高了信息的保密性。在当今信息高度敏感和保密性需求日益增强的社会背景下，光纤通信技术的这一特点尤显重要。

除了显著的保密性外，光纤通信还具有许多其他优势。首先，光纤具有细薄、轻便的特点，与其他通信传输线缆相比，具有更高的弯曲性和耐磨性。这种物理特性使得光纤在复杂的布设环境中表现出色，极大地方便了铺设工作。其次，光纤的原材料丰富、易于获取，降低了生产成本。在极端环境下，如温度剧烈变化时，光纤依然保持稳定的性能，不易受外部环境影响。最后，光纤通信设备具有长寿命、高稳定性和耐用性，这使得光纤在通信领域的应用寿命更长，大大节约了运维成本，确保了高效的通信服务。

（五）传输距离远

光纤在传输过程中损耗极低。例如，在 1.55 微米波长下，石英光纤的损耗仅为每公里 0.2 分贝，远低于现有的任何传输介质。因此，光纤通信的传输距离可以达到数十公里甚至数百公里。未来，如果应用更低损耗的非石英传输介质，理论上损耗还能进一步降低。这意味着光纤通信系统能够降低系统建设成本，从而带来更高的经济效益。在光传输、传输距离和抗电磁干扰方面，光纤通信都优于铜缆线。

此外，光纤还具备其他优势，如线径细、重量轻等。例如，144 芯的光缆直径不超过 18mm，远小于 47mm 的标准同轴电缆，有效解决了地下管道的拥挤问题。轻质的光纤在飞机制造中也发挥着重要作用，不仅降低了通信设备和飞机制造的成本，还提高了通信系统的抗干扰性和飞机设计的灵活性。

光纤通信在公共和专用通信系统之外，还广泛应用于测量、传感、自动控制以及医疗卫生等领域。

当然，光纤也存在一些缺陷。在生产过程中，光纤表面可能出现微小裂纹，导致抗拉强度降低。光纤的连接和光路的分配、耦合需要专门的工具和仪器，且不太方便。此外，光纤不能弯曲过度，否则可能损伤。但这些问题在实际应用和维护过程中均可通过采取相应措施来避免或解决。

三、光纤通信的调制方式

（一）基本概念

光通信中的调制与解调过程与电通信中对高频载波的调制与解调过程有着显著的相似性。在模拟或数字系统中，载有信息的电信号首先被输入光发射机；在此设备中，电信号通过调制过程转换成光信号；这些携带信息的光载波随后通过光纤传输线路进行传递；当光信号到达接收端，接收设备将通过解调过程将光信号还原为电信号。

（二）常用的调制方式

光调制的方法主要分为两类，根据其与光源的关系，分别是直接调制和间接调制。

直接调制技术涉及将传输的信息转换为电信号，然后将这些电信号注入激光二极管（LD）或发光二极管（LED），以产生相应的光信号。这种方法也被称为电源调制。

间接调制则是利用晶体的特定属性，如光电效应、磁光效应、声光效应等，来调制激光的辐射。这一类别的调制技术包括电光调制、磁光调制、声光调制，以及电吸收效应和共振吸收效应等。

(三) 调制方式的详细介绍

1. 直接调制

(1) 调制原理

直接调制技术是通过直接作用于光源来实现的，具体而言，它依赖于调节半导体激光器的注入电流的大小，以此来控制输出光波的强度。在传统的 PDH 系统和 2.5Gbit/s 以下速率的 SDH 系统中，LED 或 LD 光源普遍采用这种调制方式。

(2) 优、缺点

直接调制技术以其结构的简洁性、低能量损耗和较低的成本而受到青睐。但是，直接调制也存在一个显著的问题：调制电流的变化会导致激光器的发光谐振腔长度发生改变，进而引发发射激光波长的线性变化。这种波长变化，通常被称为调制啁啾，是直接调制光源无法避免的波长 (频率) 抖动现象。啁啾现象导致激光器发射光谱的带宽扩展，恶化了光源的光谱特性，从而限制了系统的传输速率和传输距离。

(3) 应用场合

直接调制技术由于其特性，被广泛应用于多个领域，包括宽带通信、蜂窝技术、军事设备以及测试与测量等应用领域。这种技术在这些领域发挥着重要作用，特别是在要求成本效益和简易结构的场合。

在光纤通信领域，调制和解调技术的选择对整个系统的性能有着决定性的影响。直接调制以其结构简单、成本低廉的特点，成为很多通信系统的首选。然而，随着通信技术的发展，对高速率、长距离传输的需求不断增长，直接调制技术所面临的局限性也日益凸显。因此，研究和开发更先进的调制解调技术，以适应更复杂、更高效的通信需求，已成为光纤通信领域的重要课题。

在对光纤通信系统进行设计和优化时，理解各种调制技术的原理、优势和局限性是至关重要的。直接调制技术的简洁和经济性使其在许多应用中占据优势，但其在高速率和长距离传输方面的限制也不容忽视。随着光通信技术的不断进步，新的调制解调技术也在不断涌现，推动着整个行业的发展。

2. 声光调制

(1) 调制原理

声光调制实际上利用了介质中的超声波对光波的衍射效应来进行调制。声光调制组件由光介质和电声换能器等组成。进行调制时，需要将电信号施加在由某种压电晶体制成的电声换能器上，如石英和铌酸锂等。经过换能器转换后，电信号变为超声波，而超声波在介质中传播的过程中，会引起介质密度的周期性变化，等同于形成了一个超声波波长等间距的条纹状衍射光栅。因此，通过介质的光波的强度、频率和方向会随着超声波的变化而变化，这便达到了调制的目的。目前，主要采用两种类型的声光调制器，一种是自由空间声光调制器，另一种是光纤耦合声光调制器。

(2) 优、缺点

声光调制具有许多优点，包括体积小、重量轻、输出波形好。它能够提供较高的对比度，而所需的驱动功率远小于电光调制。当与直接调制相比，声光调制具有更高的调制频率，并具有超过 $1000:1$ 的高消光比，以及更低的驱动功率、优良的温度稳定性和良好的光斑质量，其价格也相对较低。但是，它的调制带宽不如电光调制。

(3) 应用场合

声光调制在许多场合都有重要的应用，比如在光刻伺服磁道技术研究中，它通过利用激光微斑记录的特性大幅提高了磁盘存储器的道密度。在预 (光) 刻伺服录写装置中，一个关键任务就是对激光束进行光强调制或光脉冲调制。一般来说，人们会选择使用声光调制。

在激光打印机中，声光调制以布拉格衍射原理进行激光束偏转调制，利用高频驱动电路产生高频电震荡，生成超声波通过超声转换器。然后通过快速控制超声波，达到调控激光束的目的以实现声光器件的调制。

(4) 有关产品

为应对不断变化的通信环境，高效、可靠、低成本的通信方法正在被开发和应用。其中，声光调制技术以其相关优势，在满足现代通信需求的同时，也在不断地优化和发展。原则上，无论是与电光调制还是直接调制相比，声光调制都有其无可代替的利好，但正确的应用也是以理解其原理和优劣势为前提的。光纤通信一直以来都在追求更快、更远、更高清晰度的传输，而声光调制技术的发展正是在这方面发挥了重要作用，帮助我们走向更为高效便捷的光纤通信新时代。

3. 电光调制

(1) 调制原理

电光调制依赖于线性电光效应，又称普克尔效应，其核心在于光波导的折射率会随外加电场的变化而呈现正比变化。在这一效应下，电光调制器中的光波导折射率会发生线性变化，导致穿过波导的光波产生相位移动，实现相位调制。但是，仅凭相位调制是无法改变光强的。为了实现光强的调制，人们设计了一种由两个相位调制器和两个 Y 分支波导组成的马赫 - 泽德（Mach-Zehnder）干涉仪型调制器。

电光调制器通过利用特定晶体材料在外加电场作用下产生的电光效应而制成。常见的应用方式有两种：纵向电光效应（电场方向与通光方向平行）和横向电光效应（电场方向与通光方向垂直）。

（2）优、缺点

横向调制的优点在于能够通过增加材料长度和减少厚度来降低所需的电压。它的缺点是容易受到自然双折射的影响，对温度较为敏感。

纵向调制的优势在于其结构简单且工作稳定，不受自然双折射的影响，无须进行补偿。但是，它的半波电压较高，导致功率损耗较大。

一般而言，横向调制器在横向应用时，其半波电压会低于纵向应用。但由于自然双折射引起的相位延迟，以及随温度变化的漂移，往往会导致调制波形发生畸变，因此常采用"组合调制器"进行补偿。

（3）应用场合

电光调制在众多场合发挥着重要作用。

①用于调节激光束的功率，适用于激光打印、数字数据传输速度记录以及高速光通信等场合。

②在主动锁模技术中发挥作用。

③在开关脉冲采摘、再生放大器和腔倒空激光器等设备中发挥关键作用。

电光调制作为一种精确控制光波特性的技术，其在光纤通信和激光技术领域的应用日益广泛。它不仅能有效调节光波的强度和相位，还能对光信号进行快速且准确的调制，是现代高速通信系统不可或缺的关键技术之一。随着科技的发展，电光调制技术将继续优化，为光通信领域带来更多的创新和突破，推动信息技术的持续发展。

第二节　数字光纤传输体制

在数字通信系统的世界里，传输的信号都是以数字化脉冲序列的形式存在的。这种数字信号在经过数字交换设备的传输过程中，必须维持相同的传输速率，以确保信息的准确和无误传达，这个过程称为"同步"。

数字传输系统分为两大类：一类是准同步数字系列（Plesiochronous Digital Hierarchy，PDH），另一类则是同步数字体系（Synchronous Digital Hierarchy，SDH）。本节主要介绍 PDH 传输系统。

一、PDH 的概念

PDH 系统采用的是准同步数字系列。在这个系统中，数字通信网络的每个节点都配有高精度时钟。这些时钟虽然遵循统一的标准速率，但由于技术限制，它们之间仍存在微小的差异。为了维持通信的高质量，这些时钟间的差异必须控制在特定范围内。由于这种同步方式并非真正的绝对同步，故称为"准同步"。

在 PDH 系统中，如果直接将不同速率的低次群分路信号复用为高次群信号，将导致高次群信号中出现码元的重叠和错位，进而使得接收端无法正确分接和恢复低次群分路信号。为解决这一问题，必须在复用前对各分路信号的速率进行统一调整，以达到同步。常用的调整方法是正码速调整法，即在各分路信号中插入一定数量的脉冲，通过控制这些脉冲的数量来调整分路信号的速率。

二、准同步数字复接

数字通信领域里，为了增加传输的容量并提升效率，经常采用将多个低速度数字信号合并为一条高速度信号的方法。这一过程通过数字复接技术实现，其目的是将多个信号有效地汇集，再通过高速通道进行传输。

数字复接系统可根据支路信号时钟源的不同，以及对各支路数字化率的不同需求，划分为两种方式：异步复接和同步复接。这里提到的复接方式，指的是将不同种类的信息依照特定顺序进行排列的方法。

在准同步数字复接（PDH）体制中，以 2Mb/s 或 1.5Mb/s 的速率作为基础组合，实施高次组合复接。在这个复接过程中，2Mb/s 或 1.5Mb/s 的信号可能来源于不同的设备，每个设备拥有自己的主时钟。为了简化复接流程，制定了一个规则，设定了各信道比特流之间的最大异步范围，这也就是规定了各主时钟之间的最大允许偏差。这种对比特流偏差的限制，正是所谓的准同步工作方式。在这种模式下，比特流被称为准同步数字元素序列，或称为异步数字元素序列 PDH（Plesiochronous Digital Hierarchy）。

三、准同步复接方式的数字元素序列

在数字通信领域，时分复用技术广泛应用于处理多任务数据传输。目前全球主要沿用三种准同步复接体系，形成了特定的数字传输序列标准，这些标准基本上遵循地区性差异，主要分为欧洲(含中国)、北美和日本三大类型。

具体来看，欧洲(中国)采用的数字序列标准以 2.048Mb/s 的速率为基础，此标准在欧洲和中国得到了广泛应用。在这一体系中，通常将四个一次群信号(每个信号速率为 2.04Mb/s) 复接成一个二次群信号 (8.448Mb/s), 进而将四个二次群信号复接为一个三次群信号 (34.368Mb/s), 实现数据传输效率的显著提升。

与之对应, 北美和日本的标准则是基于 1.544Mb/s 的速率, 涵盖 24 个通道。这一体系在北美和日本地区得到了广泛应用, 形成了一个独特的数字传输序列体系。

在具体实施数字信号复接时, 可以采用两种不同的策略: 等级表逐级复用和隔级 (或称为跳级) 复用。等级表逐级复用意味着信号按照既定的级别顺序进行复接, 而隔级复用则是跳过某些级别, 直接进行更高级别的复接。例如, 在一些点到点的四次群光纤数字系统中, 就广泛采用了跳级复用设备。这种设备能够直接将低级别的信号复接到更高的级别, 如直接从一级复接到三级, 这样的技术应用大幅提升了数据传输的效率和稳定性。

四、复接方法

数字光纤通信和 PDH (脉冲码分多路复用) 技术在全球范围内得到广泛应用。PDH 系统在多国中的实施主要基于基群信号的同步复用, 这些基群信号包括 2Mb/s、1.5Mb/s, 以及日本特有的 6.3Mb/s 二次群信号。在这些系统中, 高次群的复用大多采用准同步 (或异步) 复用方式。这种准同步复接方法允许网络中各个支路信号拥有独立的主时钟, 只需保证它们的频率容差在一个特定的范围内。

在准同步复接中, 关键在于确保各支路信号在复用前具有相同的数据率。这通常通过对支路信号进行码速调整来实现, 随后才进行同步复用。在我国, 异步复接的实现主要依赖于正码速调整方法。

以我国和欧洲体制为例, 我们可以深入了解复接原理。在这些体制中, 基群复接是基于字节 (8 位) 单位, 进行 30 个支路信号的同步交错复接; 而二次群及更高次群的复接则是基于比特单位, 进行 4 个支路信号的异步比特交错复用。

(一) PCM 基群 30/32 路复用帧结构

PCM 基群 30/32 路复用帧结构的复接包含两个主要步骤: 首先, 将模拟信号通过脉冲编码调制转换为 64kb/s 的数字信号; 其次, 利用时分复用技术, 将 30 个 64kb/s 的数字 PCM 信号及其相关辅助信息 (如信令、报警、公务联络、误码校验、帧同步及备用信号等) 以字节为单位进行同步交错复接, 形成 2.048Mb/s 的高速复接输出码流。

每个复接帧由 32 个时间槽 (TS0 至 TS31) 组成, 分别分配给 30 个 64kb/s 的数据和相关辅助信息。每 16 个帧构成一个复帧 (F0 至 F15)。每个时间槽包含 8 位数据, 因此一个帧包含 256 位 (32×8), 而一个复帧由 4096 位 (256×16) 组成。基群帧结构的主要参数包括：帧长 125 微秒、时间槽数 32 个、时间槽宽度 3.9 微秒、每帧 256 位、位宽 488 微秒、每时间槽 8 位、采样频率 500Hz、复帧长度 2 毫秒、话路数 30 路。

（二）高次群复接原理

在通信技术领域，为了增加传输信息量，可以将基本的信息流进一步合并成高次群（即 2 次至 5 次群）的高速信息序列。这个合并过程是分步骤进行的。

通常情况下，在异步复接系统中，参与复接的每个支路信号都由独立的时钟源提供时钟信号，而这些时钟信号和复接器的时钟信号是独立的。这就要求每个支路的数码率在名义上相等，但实际上，时钟频率可以在一个特定的容差范围内有所变动。在这种情况下，为了实现各异步支路时钟的同步，需要对码速进行调整。从这个角度来看，异步复接可以被视为码速调整和同步复接功能的结合体。也就是说，异步复接实际上是通过两个步骤实现的：首先，通过码速调整方法，调整各支路信号流，使得它们的速率和相信度完全一致；其次，进行同步复接。

码速调整主要有三种方法：正码速调整、负码速调整和正 / 零 / 负码速调整。在我国，PDH 系统主要采用的是正码速调整方法。这种方法通常使用脉冲插入法（也称为脉冲填充法）。这种方法通过在各支路信号中人工插入一些必要的脉冲，通过控制这些脉冲的数量，使得各支路信号的瞬时数码率达到一致，为下一步的同步复用提供条件。在同步复接过程中，由于信号传输距离的不同，各信号到达复接设备时的相位可能不一致。因此，需要在同步复接器的每个输入口前设置缓冲寄存器，以便按照设定的时刻排列各支路复接信号，完成码速变换。例如，在将基群复接成二次群时，可以先将每个标称速率为 2.048Mb/s 的基群支路信号进行正码速调整，转换成 2.112Mb/s 的数字信号，然后将 4 个支路信号按比特间隔交错排列，同步复用成 8.448Mb/s 的二次群信号。在这个过程中，缓冲寄存器主要承担着码速变换的任务。

（三）高次群复接的帧结构

我国在二次群到五次群复接体系中，采用了一种独特的结构设计，即四个支路的异步数字信号复接形成一个更高次群的数字信号。这些不同次群的帧结构在组成上有着基本的一致性，区别仅在于帧长和速率上的不同。

具体来看，二次群的帧结构特征是其帧长为 100.38 微秒，总共包含 848 个比特，分为 4 个组，每组包含 212 比特。四路基群信号复接成二次群信号的过程，是通过改变每个比特占用的时间来实现数字码率的调整。在调整前，数码率为 $f1=2048$kb/s,

每比特宽 $b1=488.28\mu s$；进行码速调整后，数码率 $fm=2112kb/s$，这时每比特占用时间为 $bm=1/fm=473.49\mu s$，而二次群的数码率为 8448kb/s，对应每比特占用时间为 $bh=1/8448=118.37\mu s$。这样，二次群一帧周期 100.38μs 内就有 848bit。

三次群、四次群和五次群的帧结构与二次群在本质上是相似的，但各有细微差别。以四次群为例，其帧结构的帧长为 21.024 微秒，每帧包含 2928 个比特，分为 6 个码组。帧同步码组是 12 位的（111110100000），用于帧的同步。同时，还有 5 位的码速调整填充标志。而五次群的帧结构则有所不同，帧长为 4.7576 微秒，每帧含有 2688 比特，共分为 7 个码组。与四次群相同，其帧同步码组也是 12 位的（111110100000），并配备了 5 位的码速调整填充标志。

五、PDH 数字传输系统的局限性

在当今社会，随着对数字传输网络的需求日益增长，对其传输容量、传输距离、标准规范以及结构灵活性和智能化管理系统的要求也在不断提高。当前，全球范围内正逐渐形成统一的 B-ISDN 网络。在这种背景下，PDH（准同步数字系列）显示出了一些局限性，尤其是在复接方式、群路上 / 下方式和智能管理方面。

(一) 复接方式

PDH 采用的是异步复接体制，即通过码速调整，实现逐比特同步交错复接。这一过程在每个复接群次中都要重复进行。经过多次的码速调整和帧结构复接后，高次群帧结构中无法直接识别出特定信道的位置或顺序，导致了灵活性的丧失，这对于用户来说是一个显著的劣势。

(二) 群路上 / 下方式

在现行的 PDH 异步复接光纤通信系统中，缺乏专门的上 / 下话路设备，这意味着在中继站实现上 / 下话路时，必须使用两套从低次群到高次群的复接设备。这种设置不仅导致设备和建筑空间的浪费，还增加了电源消耗，并降低了系统的整体可靠性。

(三) 智能管理

从 PDH 的帧结构可以看出，它为辅助信号传输安排了极少的比特，几乎没有考虑到用户和传输网络管理人员的需求，如可移植性、可重用性和可互操作性。这些因素对于减少重复开发、缩短系统开发周期是至关重要的。同时，硬件的抽象层设计思想在 PDH 系统中没有得到充分的应用。在模块化的基础上，硬件平台的设计

应与具体应用软件设计尽可能地独立，以减少彼此间的相互影响。这种设计思路不仅可以促进系统开发过程中使用第三方开发的软硬件结构变得更加容易，而且能为技术合作提供良好的基础，有效提升系统开发效率。

第三节　光纤通信技术及其运用

一、数字光纤通信技术在有线电视中的应用

(一) 用于传输高清数据，提高用户的购买率

高清数据传输是通过先进技术手段实现的，其核心在于分析和利用已获取的电视信号信息。这一过程涉及对电视信号特征的详细捕捉，并基于这些特征制定有效的信号管理策略。在处理不同电视信源购买问题时，重要的是依据观众的丰富观看经历和交易历史进行全面分析，以此来获取关键的数据支持。针对高清数据传输，特别要考虑有线电视信号的固有属性，并据此预测未来的观看趋势。基于这些预测，实施如广告投放和精准营销等措施，旨在促进业绩增长。

具体来说，数字光纤通信技术在提升有线电视网络性能方面有两大作用：一是分析有线电视信号市场动态和盈利潜力；二是构建有线电视信号的盈利预期模型。这两个方面在市场运作中至关重要，不仅影响交易结果，而且直接关系到公司的盈利表现。

在光纤通信过程中，结合理论与实际情况，对有线电视信号的购买行为进行精确的判断和分类。这里的分类与传统理论有显著差异。传统理论中的信号分类旨在选定目标市场，而此处的分类则是在确定目标市场的基础上，精选对相关业务有重要意义和价值的有线电视信号，进行针对性布局，这一点需特别强调。

通过这种方法，我们能够更准确地理解和预测市场需求，从而有效地提升有线电视网络的服务质量和盈利能力。数字光纤通信技术的运用不仅增强了数据传输的高效性，也为有线电视行业提供了新的增长动力。通过精准的数据分析和有效的市场策略，我们可以更好地满足用户需求，提高购买率，从而推动整个行业的发展和创新。

(二) 用于满足电视信号本身的传输需求

随着高清电视技术的快速发展，众多电视制作单位纷纷投资于高清信号的制作。在这一趋势下，光纤通信技术因其先进性，已成为满足电视信号传输需求的核心技

术。光纤通信不仅技术上成熟，而且在有线电视网络中扮演了至关重要的角色，有效支撑了电视信号多样化的传输需求。

有线电视网络通过传输高质量的信号有效地吸引了潜在用户，促使他们使用或购买相关服务。利用先进的光纤通信技术，可以对电视信号的反馈数据进行深度分析，进而构建出电视信号行为的预测模型。这种方法不仅有助于基于数据预测未来的收视趋势，而且对制定有效的有线电视信号策略提供了支持。

在评估相同产品或服务时，可以从多维度出发，以适应不同类型的有线电视信号需求。用户反馈可分为三个级别：-1、1 和 0。其中，-1 表示用户对公司策略持完全反对态度，这要求公司从根本上调整策略；1 表示用户对公司策略持正面态度，认可其产品和服务，针对这类用户应继续采用相同策略以巩固认可；0 则代表用户持中立态度，是潜在的目标客户群体，需要通过策略调整和优化来吸引他们。

（三）提高数据传输效率

提高数据传输效率的关键在于不断进化和完善硬件设施。高品质的硬件基础不仅能够显著加快数据传输速度，还能对整个传输流程产生深远的正面影响。特别是在有线电视信号的优化和提升方面，这一点尤为显著。有线电视信号不仅要满足不断增长的数据传输需求，还要适应市场及用户的多元化需求。

对有线电视信号进行优化的首要步骤是深入分析现状，包括全面了解用户的观看习惯、偏好及反馈。基于这些数据，我们可以更准确地调整和优化有线电视信号的内容及传输方式，以提升用户的满意度和观看体验。值得注意的是，这种调整需要根据实时数据和用户反馈不断进行更新和优化。

另外，光纤通信技术在提高有线电视信号传输效率方面起着至关重要的作用。引入光纤技术不仅减少了维护成本和反馈时间，也提升了数据传输的稳定性和速率。这使得有线电视服务商能更专注于提高用户体验和服务质量，从而提高用户满意度。

此外，光纤通信技术还为有线电视服务商提供了更准确、全面的数据分析能力。公司可以利用这些数据更好地理解目标用户群体的需求，为他们提供更精准、个性化的服务。这不仅有助于降低成本，还能提高公司的整体绩效和市场竞争力。

因此，为了提升有线电视信号的传输量和质量，采取多方位策略是必要的。这包括持续优化硬件设施、深入分析用户需求和反馈，以及利用先进的光纤通信技术来提高服务质量。通过这些措施，可以有效提高有线电视信号的传输效率，满足用户多样化的需求，同时为公司带来更大的商业价值和市场竞争力。

(四)提升用户对于有线电视信号满意度

数字光纤通信技术因其高传输量和稳定性而著称。当此技术应用于有线电视网络时，可显著提升用户对有线电视信号的满意度。事实上，增强用户对有线电视信号的满意度不只是技术层面的挑战，更是一种策略，旨在维护可能流失的有线电视用户。随着运营成本的升高，新市场的开发和有线电视信号的推广变得更加具有财务挑战。因此，对现有有线电视用户的有效维护成为实现经济持续增长的关键。

光纤通信技术在提升有线电视信号满意度方面，应该从以下方面入手：一是需要通过数据分析来识别和理解用户的需求，这包括分析收视数据，识别可能流失的用户群体，以及探究已流失用户的原因；二是基于这些分析，可以制定相应的策略和改革，以提高服务质量和用户体验；三是对个人信用数据的收集和分析也是必要的，这有助于降低经营风险，保护有线电视服务提供商的利益。

在市场竞争日益激烈的环境下，有线电视网络的运营策略也应当更加精细化。这意味着在对用户群体进行细分的同时，还需要利用数字光纤通信技术来预测和分析用户的购买行为，以支持更准确的市场计划。这样的策略不仅能够提高用户满意度，还能增强有线电视网络在市场中的竞争力。

二、光纤通信技术在铁路通信中的应用

(一)光纤通信技术在铁路通信系统中的应用现状

1.波分复用技术

波分复用技术（Wavelength Division Multiplexing，WDM）是一种高效的通信方法，它允许在同一光纤中同时传输多个波长的信号。该技术基于不同光波的独特波长和频率，有效利用了光纤的低损耗窗口，极大地提高了数据传输的容量和效率。在接收端，分波器负责将这些承载不同信息的光波分离。不同波长的光载波信号在传输过程中相互独立，使得单根光纤能够同时处理多路光信号的复用传输。这种技术的优势在于，传输的通信信号不会因天气变化或电磁干扰而受到影响，同时，信息传递的效率也得到了显著提升。目前，波分复用技术已经被广泛应用于铁路通信系统。在这一领域，该技术不仅提高了信号传输的可靠性和效率，还增强了铁路通信网络的整体性能。随着技术的不断进步和优化，波分复用技术在未来有望在更多领域发挥重要作用，为现代通信技术带来更多的创新和突破。

2.光纤接入技术

光纤接入网是信息高速公路的最后一个步骤。它依赖于宽带主干网络的强大传

输能力,将高速信息直接送达千家万户。光纤接入网技术因其卓越性能而成为目前信息接入的核心技术。在光纤宽带接入的实施中,多种传输方式并存,而其中最为普遍的两种模式便是光纤到户(FTTH)和光纤到交换箱(FTTCab)。这两种模式使得光纤传输能够灵活地在不同位置实施,有效地突破了时间与空间的限制。光纤到户,作为光纤宽带接入的最终形式,提供了全光接入的能力,极大地丰富了用户的宽带体验。它不仅满足了用户对宽带接入的基本需求,还能针对不同的宽带特性,提供多样化的服务。此外,光纤接入技术在提高信息传输效率的同时,还大幅提升了网络的可靠性和稳定性。它为用户提供了更快、更稳定的网络连接,极大地促进了数字化生活的普及和发展。随着技术的不断演进和创新,光纤接入技术未来在更多领域的应用前景广阔,将继续推动信息社会的快速发展

(二)铁路通信系统中光纤通信技术发展趋势

1. 超高速、超大容量和超长距离传输

为了提升光纤传输系统的传输能力,光纤技术领域正不断探索和应用超长距离、超大容量的波分复用技术。这项技术展现出广阔的应用前景,尤其在未来的跨海传输系统中显得尤为重要。我国在波分复用系统的发展方面进展迅速,已具备显著的商业潜力,并且正逐渐推进全光传输距离的扩展。

在增强传输容量的众多途径中,光时分复用技术(Optical Time Division Multiplexing, OTDM)是一种重要的方法。结合 OTDM 和密集波分复用(Dense Wavelength Division Multiplexing, DWDM)技术,可以通过单根光纤大幅提高传输信道的容量。OTDM 主要通过增加信道的传输速率来实现这一目标。

OTDM 与 DWDM 的组合在提升光通信系统容量方面虽有其局限性,但可以通过同时使用多个 OTDM 信号来显著提升传输容量。偏振复用技术旨在减少相邻信道间的相互干扰。在高速通信系统中,归零编码信号占用的空间较小,对色散管理的要求相对较低,对光纤的偏振模色散和非线性有较强的适应能力,因此在当前大容量通信系统中广泛应用归零编码传输方式。在 OTDM/DWDM 混合传输系统中,需要解决一系列关键技术问题。

2. 光孤子通信

光孤子通信则是一种采用特殊的 ps 数量级超短光脉冲的技术,其工作位置位于光纤的反常色散区域。这种技术能够平衡光纤的非线性和群速度色散效应,从而使光纤在较长距离内的传输不受速度和波长的改变影响。

光孤子通信技术在未来的应用潜力极大。通过高速长距离通信,它能够利用现有的速率,在频域和时域实现超短脉冲控制,从而减少 ASE 噪声。利用再生技术、

信号整形和重定时等手段可以进一步增加传输距离。同时，高性能的掺铒光纤放大器（Erbium-doped Optical Fiber Amplifier，EDFA）的研发也为提高光学滤波的传输距离提供了低噪声 EDFA 的可能。

3. 全光网络

全光网络是未来高速通信网的重要发展方向，代表着光纤通信技术的理想及最高发展阶段。在这个阶段，光网络能实现节点间的全光化，但目前的挑战在于网络节点处仍然依赖于电器件，这限制了通信网络容量的进一步提升。然而，随着技术的发展，传统的电节点将逐渐被全光网络所取代。在全光网络中，节点之间的信息交换和传输将实现高速化，信息的处理和传输不再依赖传统的比特方式，而是转向以波长为基准的处理方法。

在中国，全光网络的发展还处于初级阶段，但其发展潜力巨大。从当前的趋势来看，全光网络正在逐步形成一个以波分复用技术为核心的光网络层，有望克服电光瓶颈带来的限制。随着光通信技术的不断进步，全光网络有望成为未来信息网络的核心组成部分。

光纤通信技术的应用远不止于此，其在多个领域都有着广泛的应用。鉴于篇幅所限，此处不对其他应用领域做更深入的阐述。

结束语

　　计算机信息技术与通信工程是当前科技领域中备受关注的重要学科，其发展既推动着社会的信息化进程，也深刻影响着人们日常生活和产业的方方面面。本书通过对计算机信息技术与通信工程的系统性研究，为读者呈现了该领域的发展历程、核心理论和最新技术趋势。通过学习本书，我们深入了解计算机信息技术与通信工程对现代社会的重要性，对信息传输、网络架构、数据安全等方面的关键问题有了更加全面的认识。我们也认识到计算机信息技术与通信工程领域依然面临一系列挑战，如人工智能的伦理问题、网络安全的威胁等。为了应对这些挑战，我们需要不断推进科研创新，加强国际合作，促使新技术的可持续发展。同时，我们也要关注技术发展对社会带来的影响，积极引导技术应用与社会伦理的良性互动。

　　未来，计算机信息技术与通信工程将继续深刻改变我们的生活方式和社会结构。我们需要培养更多高素质的专业人才，适应科技创新的快速发展。教育机构应当加强对计算机信息技术与通信工程领域的培训，使学生具备扎实的专业知识和创新能力。同时，政府和企业要共同努力，提供更多资源支持科研项目，推动技术的跨界融合和应用。在未来，笔者仍需不懈努力，深入研究前沿技术，解决实际问题，以期推动该领域的发展。

参考文献

[1] 汪宏伟. 计算机应用基础及信息安全素养 [M]. 南京：河海大学出版社，2018.

[2] 姚俊萍，黄美益，艾克拜尔江`买买提. 计算机信息安全与网络技术应用 [M]. 长春：吉林美术出版社，2018.

[3] 梁松柏. 计算机网络信息安全管理 [M]. 北京：九州出版社，2018.

[4] 徐伟. 计算机信息安全与网络技术应用 [M]. 北京：中国三峡出版社，2018.

[5] 付媛媛，王鑫. 计算机信息网络安全研究 [M]. 北京：北京工业大学出版社，2019.

[6] 李晓华，张旭晖，任昌鸿. 计算机信息技术应用实践 [M]. 延吉：延边大学出版社，2019.

[7] 初雪. 计算机信息安全技术与工程实施 [M]. 中国原子能出版社，2019.

[8] 李平，魏焕新. 计算机信息技术项目化教程 [M]. 北京：北京理工大学出版社，2019.

[9] 郭丽蓉，丁凌燕，魏利梅. 计算机信息安全与网络技术应用 [M]. 汕头：汕头大学出版社，2019.

[10] 闫丹，田延娟，秦勤. 计算机网络技术与电子信息工程 [M]. 昆明：云南科技出版社，2019.

[11] 王曦. 计算机网络信息安全理论与创新研究 [M]. 北京：中国商业出版社，2019.

[12] 温翠玲，王金嵩. 计算机网络信息安全与防护策略研究 [M]. 天津：天津科学技术出版社，2019.

[13] 龚汉东，郑芙蓉. 通信工程勘察与设计 [M]. 北京：中国铁道出版社，2019.

[14] 孙妮娜. 通信工程办公实务 [M]. 北京：北京理工大学出版社，2019.

[15] 曾庆珠. 光纤通信工程 [M]. 北京：北京理工大学出版社，2019.

[16] 朱婧. 通信工程勘察设计与概预算 [M]. 北京：北京理工大学出版社，2019.

[17] 张毅，郭亚利. 电气信息类专业概论系列教材`通信工程（专业）概论 [M]. 武汉：武汉理工大学出版社，2017.

[18] 康松林. 高等学校通信工程专业"十三五"规划教材·现代通信网络管理

[M].北京：中国铁道出版社，2019.

[19] 马英.通信系统工程实践教程 [M].成都：电子科技大学出版社，2019.

[20] 刘俊熙，盛宇.计算机信息检索 [M].3 版.北京：电子工业出版社，2012.

[21] 邵云蛟.计算机信息与网络安全技术 [M].南京：河海大学出版社，2020.

[22] 赵丽莉，云洁，王耀棱.计算机网络信息安全理论与创新研究 [M].长春：吉林大学出版社，2020.

[23] 庄文雅.通信工程设计实务 [M].北京：北京邮电大学出版社，2020.

[24] 樊为民，陆道明.大学计算机信息技术教程 [M].北京：中国铁道出版社，2021.

[25] 江楠.计算机网络与信息安全 [M].天津：天津科学技术出版社，2021.

[26] 余萍."互联网 +"时代计算机应用技术与信息化创新研究 [M].天津：天津科学技术出版社，2021.

[27] 徐嘉晗，张楠，鄢长卿.通信工程制图及实训 [M].武汉：武汉理工大学出版社，2021.

[28] 王国才，施荣华.通信工程专业导论 [M].2 版.北京：中国铁道出版社，2016.

[29] 孙青华，顾长青，刘保庆.信息通信工程设计实务（上册）：设备工程设计与概预算 [M].北京：北京理工大学出版社，2022.

[30] 郭铁梁.新工科背景下的地方高校通信工程专业教学改革研究 [M].成都：西南交通大学出版社，2022.

[31] 王广元，温丽云，李龙.计算机信息技术与软件开发 [M].汕头：汕头大学出版社，2022.

[32] 张焱，李梦，麻冬茹.计算机网络技术与信息化 [M].哈尔滨：黑龙江科学技术出版社，2022.

[33] 刘鹏杰，单文豪，张小倚.计算机网络与电子信息工程研究 [M].长春：吉林人民出版社，2022.

[34] 袁臣虎.普通高等教育新工科电子信息类课改系列教材·微型计算机原理及应用 [M].西安：西安电子科学技术大学出版社，2023.